大学物理通用教程　主编　钟锡华　陈熙谋

《热学》内 容 简 介

全套教程包括《力学》《热学》《电磁学》《光学》《近代物理》和《习题解答》.

《热学》包括平衡态与状态方程、分子动理论、热平衡态的统计分布规律、能量均分定理、近平衡态中的输运现象、热力学第一定律、热力学第二定律、热力学第三定律、单元系的复相平衡及相变等内容,共分六章,并配有 136 道习题.本书以热物理学的基本概念和规律、典型现象和应用为主体内容,尤其注意定律的推导和分析及概念、现象和规律的讨论,同时注意知识的适度扩展和深化,特别是基本规律在当代科学前沿中的应用,以及对学生在学习中的指导.本书具有崇尚结构、承袭传统、力求平实、注意扩展的特色,是一本通用教程,满足于理、工、农、医及师范院校的实际教学需要.

大学物理通用教程

热　　学

（第二版）

刘　玉　鑫　编著

北京大学出版社
PEKING UNIVERSITY PRESS

图书在版编目(CIP)数据

大学物理通用教程. 热学/刘玉鑫编著. —2 版. —北京:北京大学出版社,2013.8

ISBN 978-7-301-22365-9

Ⅰ.①热⋯　Ⅱ.①刘⋯　Ⅲ.①热学-高等学校-教材　Ⅳ.①O551

中国版本图书馆 CIP 数据核字(2013)第 070601 号

书　　　名:大学物理通用教程·热学(第二版)
著作责任者:刘玉鑫　编著
责 任 编 辑:瞿　定　顾卫宇
标 准 书 号:ISBN 978-7-301-22365-9/O · 0922
出 版 发 行:北京大学出版社
地　　　址:北京市海淀区成府路 205 号　100871
网　　　址:http://www.pup.cn
新 浪 微 博:@北京大学出版社
电 子 信 箱:zpup@pup.cn
电　　　话:邮购部 62752015　发行部 62750672　编辑部 62752021
　　　　　　出版部 62754962
印　　　刷　者:河北博文科技印务有限公司
经　　　销　者:新华书店
　　　　　　890 毫米×1240 毫米　A5　8 印张　230 千字
　　　　　　2002 年 2 月第 1 版
　　　　　　2013 年 8 月第 2 版　2024 年 8 月第 10 次印刷
印　　　数:32001—35000 册
定　　　价:20.00 元

大学物理通用教程

第二版说明

这套教程自本世纪初陆续面世以来,至今已重印七次.这第二版的主要变化是,将原《光学·近代物理》一本书改版为《光学》和《近代物理》两本书,均以两学分即 30 学时的体量来扩充内容,以适应不同专业或不同教学模块的需求.

这第二版大学物理通用教程全套包括《力学》《热学》《电磁学》《光学》《近代物理》《习题解答》.在每本书的第二版说明中作者将给出各自修订、改动和变化之处,以便于查对.

这第二版大学物理通用教程系普通高等教育"十一五"国家级规划教材.作者感谢广大师生多年来对本套教材赐予的许多宝贵意见和建议,感谢北京大学教材建设委员会给予本套教材建设立项的支持,感谢北京大学出版社及其编辑出色而辛勤的工作.

钟锡华 陈熙谋

2009 年 7 月 22 日日全食之日

于北京大学物理学院

《热学》第二版说明

本教材第一版自 2002 年面世以来,至今已重印 10 次.第二版主要变化在以下五个方面.

其一,对全书通篇文字再作润色,增加了一些论述.

其二,内容安排上,对第二章第二节中有关麦克斯韦速度分布律的实验检验和麦克斯韦分布律的一些应用做了调整.关于麦克斯韦速度分布律实验检验的原理,原先考虑到其计算推导较复杂,将之放到了应用举例和例题中,现改为统一调整到实验检验部分.这一方面使得对知识点的表述更为系统完整,另一方面有助于学生深化理论与实验相结合的观念并受到设计实验的训练.

其三,增加了表征物质基本性质的体膨胀系数、压缩系数、等体压强系数等在应用方面颇具重要性的内容,以及确定物质的状态方程的一般方法的内容.

其四,增加了经典物理框架下的黑体辐射理论存在"紫外灾难"的内容.

其五,有关热力学第三定律的提出过程,改写了具体表述.

刘玉鑫

2013 年 7 月于北京大学物理学院

大学物理通用教程

第一版序

概况与适用对象 这套大学物理通用教程分四册出版,即《力学》《热学》《电磁学》和《光学·近代物理》,共计约 130 万字.原本是为化学系、生命科学系、力学系、数学系、地学系和计算机科学系等非物理专业的系科,所开设的物理学课程而编写的,其内容和分量大体上与一学年课程 140 学时数相匹配.这套教程具有较大的通用性,也适用于工科、农医科和师范院校同类课程.编写此书是希望非物理类专业的学生熟悉物理学、应用物理学,并对物理学原理是如何形成的有个较深入的理解,从而使他们意识到,物理学的学习在帮助他们提出和解决他们各自领域中的问题时所具有的价值.为此,首先让我们大略地认识一下物理学.

物理学概述 物理学成为一门自然科学,这起始于伽利略-牛顿时代,经 350 多年的光辉历程发展到今天,物理学已经是一门宏大的有众多分支的基础科学.这些分支是,经典力学、热学、热力学与经典统计力学、经典电磁学与经典电动力学、光学、狭义相对论与相对论力学、广义相对论与万有引力的基本理论、量子力学、量子电动力学、量子统计力学.其中的每个分支均有自己的理论结构、概念体系和独特的数理方法.将这些理论应用于研究不同层次的物质结构,又形成了原子物理学、原子核物理学、粒子物理学、凝聚态物理学和等离子体物理学,等等.

从而,我们可以概括地说,物理学研究物质存在的各种主要的基本形式,它们的性质、运动和转化,以及内部结构;从而认识这些结构的组元及其相互作用、运动和转化的基本规律.与自然科学的其他门类相比较,物理学既是一门实验科学,一门定量科学,又是一门崇尚理性、注重抽象思维和逻辑推理的科学,一门富有想象力的科学.正是具有了这些综合品质,物理学在诸多自然科学门类中成为一门伟大的处于先导地位的科学.

在物理学基础性研究的过程中所形成和发展起来的基本概念、基本理论、基本实验方法和精密测试技术,越来越广泛地应用于其他学科,从而产生了一系列交叉学科,诸如化学物理、生物物理、大气物理、海洋物理、地球物理和天体物理,以及电子信息科学,等等.总之,物理学以及与其他学科的互动,极大地丰富了人类对物质世界的认识,极大地推动了科学技术的创新和革命,极大地促进了社会物质生产的繁荣昌盛和人类文明的进步.

编写方针　一本教材,在内容选取、知识结构和阐述方式上与作者的学识——科学观、知识观和教学思想,是密切相关的.我们在编写这套以非物理专业的学生为对象的大学物理通用教程时,着重地明确了以下几个认识,拟作编写方针.

1. 确定了以基本概念和规律、典型现象和应用为教程的主体内容;对主体内容的阐述应当是系统的,以合乎认识逻辑或科学逻辑的理论结构铺陈主体内容.知识结构,如同人体的筋骨和脉络,是知识更好地被接受、被传承和被应用的保证,是知识生命力之本源,是知识再创新之基础.知识的力量不仅取决于其本身价值的大小,更取决于它是否被传播,以及被传播的深度和广度.而决定知识被传播的深度和广度的首要因素,乃是知识的结构和表述.

2. 然而,本课程学时总数毕竟仅有物理专业普通物理课程的40%,故降低教学要求是必然的出路.我们认为,降低要求主要体现在习题训练上,即习题的数量和难度要降低,对解题的熟练程度和技巧性要求要降低.降低教学要求也体现在简化或省略某些定理证明、理论推导和数学处理上.

3. 重点选择物理专业后继理论课程和近代物理课程中某些篇

章于这套通用教程中,以使非物理专业的学生在将来应用物理学于本专业领域时,具有更强的理论背景,也使他们对物理学有更为全面和深刻的认识.《力学》中的哈密顿原理;《热学》中的经典统计和量子统计原理;《电磁学》中的电磁场理论应用于超导介质;《光学·近代物理》中的变换光学原理、相对论和量子力学,均系这一选择的结果.

4. 积极吸收现代物理学进展和学科发展前沿成果于这套通用教程中,以使它更具活力和现代气息.这在每册书中均有不少节段给予反映,在此恕不一一列举,留待每册书之作者前言中明细.值得提出的是,本教程对那些新进展新成果的介绍或论述是认真的,是充分尊重初学者的可接受性而恰当地引入和展开的.

应当写一套新的外系用的物理学教材,这在我们教研室已闲散地议论多年,终于在室主任舒幼生和王稼军的积极策划和热心推动下,得以启动并实现.北大出版社编辑周月梅和瞿定,多次同我们研讨编写方针和诸多事宜,使这套教材得以新面貌而适时面世.北大出版社曾于 1989 年前后,出版了一套非物理专业用普通物理学教材共四册,系我教研室包科达、胡望雨、励子伟和吴伟文等编著,它们在近十年的教学过程中发挥了很好的作用.现今这套通用教程,在编撰过程中作者充分重视并汲取前套教材的成功经验和学识.本套教材的总冠名,经多次议论最终赞赏陈秉乾教授的提议——大学物理通用教程.

一本教材,宛如一个人.初次见面,观其外表和容貌;接触多了,知其作风和性格;深入打交道,方能度其气质和品格.我们衷心期望使用这套教程的广大师生给予评论和批判.愿这套通用教程,迎着新世纪的曙光,伴你同行于科技创新的大道上,助年轻的朋友苗壮成长.

钟锡华　　陈熙谋

2000 年 8 月 8 日于北京大学物理系

作者前言

本书系统简明地介绍物质热运动的基本性质和规律以及热学研究方法.全书内容共分六章,第 1 章介绍热力学系统及其平衡态的基本概念、状态参量之间的关系及其微观本质.第 2 章介绍热力学系统中微观粒子热运动的基本规律——按微观运动状态的统计分布.第 3 章对偏离平衡态不大的系统,即近平衡系统中的输运现象予以简要介绍,并说明输运现象的微观本质.第 4 章和第 5 章介绍热力学过程的基本规律——热力学的第一、第二和第三定律,并对内能、熵、自由能、自由焓及化学势等物理量予以较深入的讨论.第 6 章介绍相和相变的基本概念以及单元系中常见相变的现象、性质和规律.全书内容和分量基本上与基础物理学热学课程约 30 学时相匹配,其最基本内容也可用于 20~24 学时的教学.

本书极重视学生知识结构的建立和对学生分析问题、解决问题及创造性思维能力的培养.编写中始终贯彻"崇尚结构、力求平实、承袭传统、注意扩展"的方针.在内容的选取和安排、例题和习题的配置等方面,既加强基本概念、规律、典型现象和应用等主体内容的系统介绍,又注意知识的扩展和适度深化,尤其是相关的目前活跃的前沿研究领域的发展和应用.由于热学有其不同于其他学科分支的独特研究方法,因此本书还注意热学的热力学和统计力学两种研究方法的介绍及其相辅相成之处,以求使学生尽快适应热学的特点和学习方法.由于时间仓促,加上作者水平所限,书中不妥和错误之处,恳请读者批评指正.

在本书编写过程中,本通用教程的主编钟锡华教授、陈熙谋教授和基础物理教学与研究中心主任舒幼生教授,认真阅读了全部书稿,并多次与作者进行深入具体的讨论,提出了许多宝贵的修改意见,中心的其他教员也提出了许多建议.作者的研究生周舰航和穆良柱以及物理系 2000 级贾宏博、任磊等同学也认真阅读了书稿,并从学生的角度提出意见和修改建议,还参与选编了部分习题及习题答案.作者对上述诸位表示衷心的感谢.

刘 玉 鑫

2001 年 2 月于北京大学物理系

目　录

引　言

　　热学是研究物质的热运动、热运动对物质宏观性质的影响及其与物质的其他运动形式之间转化规律的物理学分支. 热学的研究对象是由大量微观粒子组成的热力学系统. 鉴于此, 热学中常用的研究方法有宏观和微观两种. 所谓宏观方法就是从系统热现象的大量观测事实出发, 通过逻辑推理和演绎, 归纳总结出关于物质各种宏观性质之间的关系以及宏观过程进行的方向、限度的规律, 这种方法又称为热力学方法, 所得的结论称为热力学定律. 由于其基础是大量实验事实, 因此所得的结论是可靠的、普适的, 不论所研究的系统是天文的、化学的、生物的或其他的, 也不论其涉及的现象是力学的、电磁的、天体的或其他的, 只要与热运动有关就应遵循热力学规律. 然而, 这种方法不能揭示宏观规律的微观本质. 所谓微观方法, 也称分子动理论(kinetic theory of molecular)方法或统计力学方法, 是从系统由大量微观粒子组成的前提出发, 根据一些微观结构知识, 把宏观性质视为微观粒子热运动的统计平均效果, 运用统计的方法, 找出宏观量与微观量的平均值之间的关系, 确定宏观规律的本质. 由于目前人们对微观的认识尚不很深入细致, 有关微观结构的知识通常是模型假设, 因此, 尽管所得结论比较深刻地揭示本质, 但是模型相关的. 比较这两种研究方法可知, 宏观方法和微观方法分别从两个不同的角度研究物质的热运动性质和规律, 它们彼此密切联系, 相辅相成, 使热学成为联系微观世界与宏观世界的一座桥梁.

　　根据热物理学研究方法的不同, 通常将之分为热力学和统计力学两部分. 作为热物理学的基础, 本书注意热学的两种研究方法及其相辅相成之处的介绍. 在编写中, 按照"崇尚结构、力求平实、承袭传统、注意扩展"的方针, 加强了知识结构的系统性和严谨性的介绍. 例如, 对热力学系统的组成, 强调不仅限于分子、原子层次, 也包含更深入更微观的层次以及更大的团簇、大分子层次; 对基本概念、定律等,既加强了其推导过程和对其正确性的检验、论证等内容的介绍,又进行了较广泛深入的分析讨论和引申;对典型现象及应用实例等,既加强对常见现象和实例的深入分析和讨论,又适当引入了一些当今活跃的相关的前沿研究领域的发展和应用;既适度扩展、深化了知识,又为加强学生分析问题、解决问题和创造性思维能力的训练和培养提供了较丰富的材料和广阔的空间.希望本书能对新世纪大学生的学习、成长和事业发展有较大的帮助.

热力学系统的平衡态及状态方程

1.1 物质结构的基本图像

· 物质由分子、原子等微观粒子组成

· 物质分子处于不停顿的无规则运动状态

· 分子之间存在相互作用

● **物质由分子、原子等微观粒子组成**

宇宙广袤,生灵万物,千姿百态,种类繁多,它们在构成上是否有相同之处呢?无论在我国,还是在西方,自古就有物质由最小基本单元构成的朴素原子论学说和"一尺之棰,日取其半,万世不竭"的无限可分学说,并且存在激烈争论. 到 19 世纪初,英国科学家道尔顿(J. Dalton)发现,一种物质和另一种物质化合形成其他物质时,它们的质量总成简单的整数比关系.据此,他提出:物质都由原子组成,不同物质的原子的质量有简单整数比的关系.这样就把经典的原子论提高到了一个新的高度. 化学家们还根据可以利用化学方法使化合物分解,但不能利用化学方法使单质分解的实验事实,提出化合物由分子(molecular)组成、分子由原子(atom)组成、原子不能通过任何化学手段分割或改变的观点.虽然在 19 世纪物质结构的原子分子论得到公认,但由于没有直接的证据证明原子分子的真实性,原子分子一直被看作是为描述问题方便而臆想出来的抽象概念. 到 20 世纪初, 关于分子无规则运动——布朗运动的理论建立并得到实验检验之后, 才真正确立了物质结构的原子分子学说.

更深入地, 1911 年卢瑟福(E. Rutherford)的 α 粒子散射实验表明, 原子并不是无结构、不可分割的, 而是由电子(electron)和原子核(nucleus)组成的. 后来又发现大多数原子核由质子(proton)和中子(neutron)组成, 少数原子核不仅包含质子和中子, 还包含超子. 质子、中子和超子等统称为强子, 强子由夸克组成(重子)或由夸克与反夸克组成(介子). 因此, 按照现代科学认识水平的观点, 物质结构的原子分子学说可以表述为: 所有物质都由分子、原子构成, 分子是组成物质的保持物质化学性质的最小单元, 如 O_2, H_2O, …; 原子是组成单质和化合物的基本单元, 它由原子核和电子组成; 原子核由质子和中子等强子组成, 强子由夸克或由夸克与反夸克组成. 由此可知, 物质结构是分层次的, 关于物质性质的讨论是建立在相应的结构层次上的. 在常见物质的热运动性质和规律的层次上, 通常把分子、原子看作组成物质的微观单元. 例如, 讨论常见的以固态(solid state)、液态(liquid state)及气态(gas state)存在的物质的热运动性质及规律时, 都把物质视为仅由分子组成. 但是, 对于中高能原子核碰撞的研究, 就至少应在质子、中子及传递其间相互作用的介子(meson)的层次上; 对于早期宇宙中的强作用物质及目前宇宙中的被称为夸克星等天体的组分物质的研究, 则应该在夸克及传递其间作用的胶子(gluon)的层次上.

- **物质分子处于不停顿的无规则运动状态**

物质分子都在不停顿地作无规则运动. 所谓无规则运动就是完全随机的运动, 该随机性既包括速度的大小, 又包括速度的方向. 这就是说, 对所有分子而言, 其运动是各向同性的, 没有任何一个方向比别的方向占有优势. 这样, 分子的无规则运动就与其整体的定向运动不同. 定量来讲, 分子无规则运动的特征是: 在其体坐标系(或质心系)中, 由大量分子形成的系统的质心动量为零. 分子的这种无规则随机运动又称为热运动(thermal motion). 那么, 在讨论物质分子的热运动时, 应该将之同整体运动区分开来, 并将整体运动扣除掉.

对于物质分子热运动的概念还应该注意,热运动是所有分子运动的宏观的整体表现,并不是对某一个具体分子而言的.分子热运动的典型表现是布朗运动.1827年,英国植物学家布朗(R. Brown)在显微镜下观察悬浮在静止液体中的花粉时,发现花粉颗粒不停顿地作无规则的跳跃运动.后来,人们把微小颗粒的无规运动统称为布朗运动,并把作无规则运动的微小颗粒称为布朗粒子.

虽然观察到了布朗运动现象,如图1-1所示,但在当时及其后相当长一段时间内,布朗运动的本质并不清楚.直到1877年,德尔索(J. Delsaulx)指出,这种现象是由于微粒受到周围分子碰撞的不平

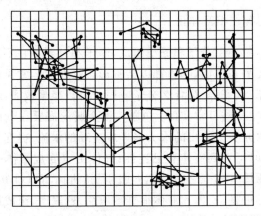

图1-1   实验观察到的藤黄粉末在水中的布朗运动的投影

衡而引起的一种起伏运动.这种不平衡表明,液体或气体分子的运动是无规则的.因为只有无规则运动才能使得在任一很短的时间间隔内从不同方向撞击微粒的分子个数不同,因而微粒在不同方向受到的冲击作用不同,从而微粒向着受到作用大的方向运动.随着微粒线度的增大,荷载它们的介质(液体或气体)的分子从各个方向对它们的冲击的合成效果减弱,从而使微粒的无规运动剧烈程度减弱;随着温度的升高,液体或气体分子运动的剧烈程度增大,其对布朗粒子的冲击变得更频繁,从而使布朗粒子的无规则运动变得更加剧烈.这些结果表明,布朗粒子的无规则跳动与荷载布朗粒子的介质分子的无规则运动,两者互为表里.

　　虽然德尔索的论断阐明了布朗运动的本质,但由于缺乏系统的定量的解析,说服力仍然不足. 到 1905 年,爱因斯坦(A. Einstein)首先在统计力学框架下提出描述布朗运动的理论,随后斯莫陆绰斯基(M. von Smoluchowski)和朗之万(P. Langevin)也分别发表了他们关于布朗运动的理论研究成果,并最终建立了关于布朗运动的理论(参见本书第 3.4 节). 1908 年,佩兰(J. B. Perrin)的实验精确地证实了爱因斯坦等人理论的正确性,图 1-1 是佩兰实验结果的图示. 随着科学的发展和实验技术的进步,其后更多的实验事实都说明原子分子不仅确实存在,并且总是处于不停顿的无规则运动状态.

- **分子之间存在相互作用**

　　一方面,物质由分子和原子组成,原子和分子都在不停顿地作无规则热运动. 另一方面,物质都以某种形态存在,如,常见的物质形态有固态、液态、气态等. 为什么分子或原子可以凝聚成固体或液体呢? 让我们先考察一些日常实例:拉断一段金属丝需要在其两端施加很大的拉力;水龙头中流出的水大多形成连续的水流;提起置于黏稠液体中的棍子时可看到液体有黏连性;气体可以变成液体……凡此种种都表明,物体各部分之间有相互吸引力,进而可以推知,分子之间存在吸引力. 可是,固体和液体很难被压缩. 这表明,组成固体或液体的分子之间不可能靠得太近. 于是可以推知,分子之间还存在排斥力. 综合这两方面的因素可知,分子之间存在相互作用力,通常称这种相互作用力为分子力(intermolecular force). 分子力由吸引力和排斥力两部分构成.

　　根据实验推知,分子力在分子相距较远时表现为吸引力,在分子相距很近时表现为排斥力. 于是,林纳德和琼斯提出,分子力相应的相互作用势可以近似表示为图 1-2 中的实曲线的形式,并可解析地表述为

$$\varphi(r) = \frac{\sigma}{r^s} - \frac{\mu}{r^t}, \tag{1.1}$$

其中 r 为两分子间的间距,σ 和 μ 近似为常量,s 和 t 近似为常数(在多数情况下,取 $s=12$,$t=6$,可以得到与实验较好符合的结果). 这

种形式的分子势称为林纳德-琼斯势（Lenard-Jones potential）.由图1-2知,存在位置r_0,使得分子间的相互作用势能有最小值$-E_B$,通常称E_B为势阱深度或结合能（binding energy）,r_0称为平衡距离,d为分子有效直径.

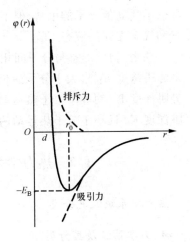

图 1-2 分子间相互作用势

在一些近似讨论中,人们把分子假设成直径为r_0的刚性小球.当分子之间互不接触时,其间无相互作用;当分子与分子接触时,其间的碰撞为弹性碰撞.于是有刚球势模型:当$r \leqslant r_0$时,$\varphi(r) = \infty$;当$r > r_0$时,$\varphi(r) = 0$.

由图1-2可知,当分子质心之间的间距小于平衡距离r_0,尤其是小于等于有效直径d时,分子之间有强大的排斥力.当分子质心之间间距远大于平衡距离r_0时,$\varphi \to 0$,分子间作用力$f \to 0$,即分子成为自由粒子.只有当分子质心间距$r \approx r_0$,即处于势阱中时,才形成间距$r \approx r_0$的束缚状态,从而形成稳定的物质凝聚态.由于分子除与其他分子之间有相互作用外,还具有无规则热运动,即有动能$\frac{1}{2}mv^2$.分子的平均动能

$$\bar{\varepsilon}_k = \frac{1}{2}m\overline{v^2}.$$

当$\frac{1}{2}m\overline{v^2} \ll E_B$时,所有分子都被束缚在势阱中形成稳定的束缚态,即形成固态.

当$\frac{1}{2}m\overline{v^2} \gg E_B$时,物质分子的平均动能远大于其间的势阱深度,所有分子将尽可能均匀地充满其能占据的空间,也就是形成气态.

当$\frac{1}{2}m\overline{v^2} \approx E_B$时,分子的动能与分子间的势阱深度相当,分子

可以不受其他分子的束缚,但不会偏离太远,总的效果是形成介于固态和气态之间的液态.

总之,物质形态与分子间相互作用势能的势阱深度密切相关,如果势阱深度 E_B 远大于分子的热运动平均动能,则物质呈固态;如果势阱深度 E_B 约等于分子热运动的平均动能,则物质呈液态;如果势阱深度 E_B 远小于分子热运动的平均动能,则物质呈气态.

1.2 热力学系统及其状态参量

·热力学系统及其分类   ·热力学系统的状态参量

● 热力学系统及其分类

在热物理学中,通常把在给定范围内由大量微观粒子组成的体系称为热力学系统(thermodynamic system),并简称为系统.与之相对,对热力学系统发生相互作用的其他物体或者体系称为外界或环境.

从宏观上看,通常对热力学系统按下述方式进行分类.

(1)根据系统与外界的关系对热力学系统进行分类

根据热力学系统与外界的关系可以把热力学系统分为开放系统(open system)、封闭系统(closed system)、绝热系统(adiabatic system)和孤立系统(isolated system).开放系统就是与外界既可以有物质交换也可以有能量交换的热力学系统;封闭系统就是与外界之间不可能有物质交换但可能有能量交换的热力学系统;绝热系统就是与外界之间可能有物质交换或仅由机械、电磁相互作用引起的能量交换的热力学系统;孤立系统则是与外界之间既没有物质交换也没有能量交换的热力学系统.由于开放系统既与外界交换物质又与外界交换能量,具体讨论相当复杂,所以本书的讨论主要限于绝热系统、封闭系统和孤立系统.

(2)根据系统的组成成分对热力学系统进行分类

根据系统的组成成分可以把热力学系统分为单元系和多元系.单元系统就是由一种化学成分组成的热力学系统,例如氧气、氮气、纯金属、水、二氧化碳等.多元系统就是由多种化学成分组成的热力学系统,例如空气、溶液、合金等.

(3) 根据系统组成的均匀性对热力学系统进行分类

自然界中物质的存在形态可以粗略地分为固态、液态、气态.精细地,可以把物质形态分为不同的相(phase).所谓相,就是被一定边界包围的,具有确定并且均匀的物理和化学性质的一个系统或系统的一部分的状态.通常的气态只有一个气相;通常的液态也只有一个液相,但极低温度下的液氦却有两个相;通常的固态却有多个相,例如碳有四个相,冰有至少十三个相,铁有四个相.既然有不同的相,这些不同的相之间就可互相转化,这种不同相之间的转化称为相变.有关相、相变等概念及性质的具体讨论参见本书第 6 章.这里我们仅就系统的物理和化学性质的均匀性对系统进行分类.以这种均匀性为判据,可以把热力学系统分为单相系统(monophase system)和复相系统(multiphase system).单相系统就是只有一种物相的系统,也就是系统内部各部分间的物理和化学性质都均匀相同的系统.因此,单相系统又常称为均匀系统.例如,处于气相、或通常的液相、或内部结构相同的固相的热力学系统,都是单相系统.与之相对,由多种物相组成的系统,即系统内各部分间的物理、化学性质不同的系统,称为复相系统或非均匀系统.例如,处于水和水蒸气共存状态的系统,由于水和水蒸气的密度不同,此两相共存状态在空间分布的密度也不同,所以这种系统是非均匀系统,也就是复相系统.

由于每一类系统都具有一些共同的性质,所以通过对一类系统中某一具体系统进行研究,就可以获取关于这一类系统的共同性质的知识.本书将沿着由简单到复杂的路线,先讨论单元单相的孤立系统、封闭系统及绝热系统,并穿插讨论多元单相的孤立、封闭、绝热系统,最后讨论单元复相系统.由于开放系统及多元复相系统比较复杂,在本教程中不予讨论.

● **热力学系统的状态参量**

在力学中,为确定物体的运动状态,引进了物体的位置坐标、速度等物理量,在热物理学中,为确定热力学系统的状态,也需要一些物理量. 这些确定热力学系统状态的物理量称为系统的状态参量, 也称为系统的热力学坐标. 热力学系统的状态参量可以分为几何、力学、电磁、化学和热学五类.

为了确定热力学系统的空间范围, 需要引入几何状态参量. 因为常见的热力学系统一般都分布于三维空间, 所以常见的几何状态参量是体积. 对某些特殊的热力学系统, 有时可以以模型形式假定为一维或二维或高维的, 从而对一些特殊的热力学系统, 其几何状态参量可以是长度或面积或高维体积.

对于热力学系统, 由于外界与系统之间可能有相互作用, 系统各部分之间通常也有相互作用, 因此, 力是热学中的一个重要的力学状态参量. 因为单位面积所受的力为压强 (pressure), 所以, 热力学系统的常见的力学状态参量是压强. 压强的基本单位为 N/m^2, 称为帕斯卡, 简称帕, 记为 Pa, $1\ Pa = 1\ N/m^2$. Pa 是国际单位制 (SI) 单位. 习惯上, 存在一些非 SI 制单位 (现已不推荐使用), 常见的非 SI 制单位有 bar (巴)、atm (标准大气压)、mmHg 和 Torr (托) 等, 其间的换算关系为

$$1\ \text{bar} = 10^5\ \text{Pa},$$
$$1\ \text{atm} = 101\ 325\ \text{Pa} = 760\ \text{mmHg},$$
$$1\ \text{Torr} = 1\ \text{mmHg}.$$

热力学系统可以受到电场或磁场的作用, 有些系统本身就带电或具有磁性. 为描述系统与电场、磁场有关的状态, 我们需要借用电学及磁学中的基本物理量, 例如电极化强度 $\boldsymbol{P}$、磁化强度 $\boldsymbol{M}$ 等电磁状态参量.

由于热力学系统中可能有化学反应, 从而需要化学状态参量. 基本的化学状态参量是物质的量. 通常表示物质的量的单位为摩尔, 记为 mol. 1 mol 物质包含的物质单元的数目对任何物质都为一个常数, 通常称之为阿伏伽德罗常量 (Avogadro constant), 记为 N_A,

$$1N_A \approx 6.022\ 136\ 7 \times 10^{23}\ \text{mol}^{-1}.$$

1 mol 的物质的质量称为该物质的摩尔质量, 通常用 μ 表示.

由于热物理学研究的内容是物质处于热状态下的性质和规律, 因此一定涉及直观上可以感知的物体的冷热程度. 那么, 为了完备地

描述热力学系统的宏观状态,需要引入一个表示物体(或系统)冷热程度的状态参量,该状态参量称为温度(temperature).关于温度的概念和数值标定,参见 1.4 节的讨论.

1.3 平衡态的概念

热力学系统的状态和性质由状态参量描述.但是有些情况下,热力学系统并没有确定的状态参量.例如,一个系统被活动隔板分为左右两部分,左边部分充满气体,右边部分为真空.在活动隔板打开,左边的气体自由膨胀的过程中,容器中任一处的压强都在随时间变化,因此,该热力学系统没有确定的压强,其状态和性质都不确定.这种状态常被称为非平衡态(nonequilibrium state).严格地,在没有外界影响的情况下,系统各部分的宏观性质可以自发地发生变化的状态称为非平衡态.在没有外界影响的情况下,系统各部分的宏观性质长时间不发生变化的状态称为平衡态.在外界的影响下,系统的宏观性质长时间不发生变化的状态称为稳定态.例如,将一根均匀的金属棒的一端置于很大容器内的冰水混合物中,另一端置于酒精灯上加热,则开始时金属棒上各处的冷热程度会发生变化.经足够长时间后,金属棒上各处的冷热程度尽管不相同,但不再发生变化,即系统的各部分分别具有各自确定的温度.这一宏观状态虽然可以长时间保持下去,但由于有外界影响,所以这种状态不是平衡态,而是稳定态.很显然,稳定态与平衡态不同,其区别在于是否存在外界影响.

深入的研究表明,经过适当的时间,偏离平衡态不太远的系统——近平衡系统可以转变为平衡态.热力学系统由其初始的非平衡状态达到平衡态所经历的时间称为系统的弛豫时间.不同的热力学系统有不同的弛豫时间,即使是同一系统,如果初始状态不同,其弛豫时间也会有差异.

由于组成热力学系统的大量微观粒子都处于不停顿的无规则运动状态,系统的宏观性质在不同时刻随微观粒子状态的变化出现小的涨落,而不可能长时间严格精确保持不变,但只要涨落幅度不大,其统计平均值在长时间内就近似固定不变,因此平衡态是热动平衡状态.

对于实际的热力学系统,绝对不受外界影响是不可能的.故平衡态是理想化的概念.然而,只要系统的弛豫时间远小于扰动或操作过程的特征时间,平衡态就可以相当好地实现.

热力学系统的状态和宏观性质由系统的几何、力学、电磁学、化学和热学状态参量等表征.由于几何状态参量及电磁状态参量通常由外界限定,并且电磁学状态参量主要针对系统的电磁性质,所以在考虑热力学系统自身宏观性质时,通常仅考虑力学、化学和热学状态参量,平衡态的宏观性质长时期不发生变化就要求这些状态参量确定不变,并且在所考虑的区域内各处之间达到平衡.力学状态参量长时期不发生变化说明系统内各部分受力平衡,则系统内各个部分没有宏观运动,也就是系统内部及系统与外界之间没有粒子流、没有物质交换,这种状态称为力学平衡.当浓度、化学成分、物相等化学状态参量保持长时间不发生变化时,就要求系统中各处浓度相同,没有物质流动,化学反应达到平衡,相变也达到平衡或形成确定的物相,这种状态称为化学平衡状态.当热学状态参量(温度)不发生变化,说明系统中各处冷热程度相同,从而没有能量流动,这种平衡称为热平衡.总之,热力学平衡态要求热力学系统同时处于力学平衡、热平衡和化学平衡,即平衡态条件包括力学平衡条件、热平衡条件和化学平衡条件,其宏观表征分别为压强均匀、无宏观粒子流动、温度处处相同、浓度相同、化学反应达到平衡、无化学成分变化、无物相变化.顺便指出,为表述简单,热力学平衡态常简称为热平衡态.

1.4 温度与温标

· 温度的概念
· 温度相同的判定原则——热力学第零定律
· 温度高低的数值标定——温标

● **温度的概念**

关于热力学系统的状态参量的讨论表明,标记物体冷热程度的物理量称为温度. 由于几何、力学、电磁和化学状态参量需要利用力学、电磁学、化学手段来确定,因此温度是热学中特有的物理量. 深入的研究表明,本质上,温度是组成系统的大量微观粒子的无规则运动剧烈程度的表现和度量,有关详细讨论参见 1.6 节.

● 温度相同的判定原则——热力学第零定律

在热物理学中,人们把由导热壁连接而实现的接触称为热接触. 导热壁是两热力学系统之间位置固定但可以使其两边的系统的状态相互影响的隔板,例如金属隔板、金属容器的器壁等. 与之相对,两热力学系统之间的位置固定且使两边的系统的状态互不影响的隔板称为绝热壁,例如石棉、云母、木材等材料形成的器壁等可近似为绝热壁.

经验表明,温度不同的两个物体通过热接触,经过一段时间后,可以达到热平衡,即宏观性质不再发生变化,两物体达到相同的温度. 对于两个热力学系统,为判定其温度是否相同,一定需要与第三个可以作为标准的热力学系统比较,观察它们的状态是否相同,从而判定它们是否达到热平衡. 实验结果表明,在不受外界影响的条件下,如果两个热力学系统中的每一个都与第三个热力学系统处于热平衡,则它们彼此也必定处于热平衡,该基本原理称为热平衡定律. 例如,对图 1-3 所示的 A,B,C 三系统,A,B 分别置于由绝热壁隔开的容器的不同部分,如果将处于确定状态的系统 C 分别与 A (如情形(a)所示)、B 接触(如情形(b)所示)时,A 和 C 处于热平衡

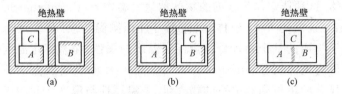

图 1-3　处于热平衡的 A,B,C 三系统

态,B 和 C 也处于热平衡态,则将 A 和 B 放在一起时(如情形(c)所示),A,B,C 三系统必定处于热平衡态. 此时再将 C 分开,则 A 和 B 也必然处于热平衡状态. 这样,根据热平衡原理,如果 C 是选作标准

的热力学系统,当 C 与 A 热接触和 C 与 B 热接触时都处于热平衡,则 A 和 B 一定有相同的温度;如果 C 与 A 热接触达到一个热平衡状态,把 C 恢复到原状态后再与 B 热接触达到另一个热平衡态,则 A 与 B 两系统的温度一定不同.如果已对作为标准的系统 C 进行过数值标定,则通过观察比较 C 与 A 热接触达到热平衡后所引起的变化及 C 与 B 热接触达到热平衡后引起的变化,即可确定 A 与 B 的温度的相对高低及具体数值.由此可见,热平衡定律是关于温度相同的最基本原理,并阐明了判定不同物体温度高低的方法的基本原理.虽然该基本原理在热力学第一、第二定律提出八十多年之后才由否勒(R. H. Fowler)提出(1939 年),但从逻辑关系及关于热物理学的概念、规律的基本程度上看,该原理应在热力学第一、第二定律之前,所以通常称该热平衡定律为热力学第零定律(zeroth law of thermo-dynamics).

● **温度高低的数值标定——温标**

　　根据热力学第零定律,人们可以使具有确定初始状态的第三个物体 C 与两物体 A,B 分别进行热接触,来判定物体 A,B 是否处于热平衡状态,即判定它们的温度是否相同.若不同,人们还可以根据 C 的变化区分 A,B 的温度的高低.但仅这样并不能确定它们的温度的具体数值.为给出温度的具体数值还需要有数值标定方法.温度的数值表示法称为温标(temperature scale).

　　根据热力学第零定律,制定温标首先需要选定作为标准的第三个物体.这种选定作为标准的物体称为测温物质(thermometric substance).通常的气体、液体、固体都可选作测温物质.其次还需要选定测温物质的某个物理量作为标定温度的属性,用来标定温度的物理量称为测温属性(thermometric property).测温属性应该是与温度有显著的单值函数关系的物理量.测温属性与温度之间的函数关系曲线称为测温曲线.测温曲线应该由实验测定,但起初常常人为约定给出.根据这些要求,对于气态测温物质通常选其体积或压强作为测温属性,对于固态测温物质通常选其电阻、发光强度等作为测温属性.由于仅有测温物质和测温属性只能确定物体温度的相对高低及其间的差值,因此为标定温度的数值还需要规定标准点(calibration point)及相应的温度值.然后,根据测温属性相对于其在标准点处数值的变化标定温度的数值.

综上所述,测温物质、测温属性和固定标准点是定量准确地标定温度的基本要素,常称之为温标三要素.值得注意的是:温标三要素中的测温属性不仅包括选定的物理量,还包括其测温曲线;固定标准点还包括指定标准点的温度值.

在实际生产、生活及科学研究中,人们常用的温标主要有经验温标(empirical temperature scale)、理想气体温标(ideal gas temperature scale)、热力学温标(thermodynamic scale of temperature)及国际实用温标(international temperature scale).详细深入地讨论温标需要一些专门知识,在这里仅简要介绍这些常见温标.

(1) 经验温标

目前采用的经验温标主要有华氏温标和摄氏温标两种.华氏温标是德国物理学家华伦海特(G. D. Fahrenheit)于 1714 年利用水银在玻璃管内的体积变化而建立的温标.在华氏温标下,规定冰和盐水的混合物为 0 度,水的沸点为 212 度.在 0 度与 212 度之间一定量的水银的体积(或长度)变化量等分为 212 格,即测温属性与温度之间成线性关系.华氏温标的单位称为华氏度,记作 $°F$.

摄氏温标是瑞典天文学家摄尔修斯(A. Celsius)于 1742 年也以水银为测温物质,细玻璃管中水银的体积为测温属性,测温曲线也是线性函数关系而制定的温标.在摄氏温标下,规定冰与被空气饱和的水在一个标准大气压下达到平衡时的温度(称为水的冰点)为 0 度,水与水蒸气在一个标准大气压下达到平衡的温度(称为水的沸点)为 100 度.摄氏温标的单位称为摄氏度,记作 $°C$.由于在两固定点之间水银的体积(或长度)随温度线性变化,即可记温度 t 与水银柱长度 x 的关系为

$$t(x) = t_0 + kx.$$

再记 $0°C$ 时水银柱的长度为 x_i,$100°C$ 时水银柱的长度为 x_s,则有

$$t(x) = 100 \cdot \frac{x - x_i}{x_s - x_i}.$$

于是从水银柱的高度 x 即可直接读得温度 t 的数值. 据此做成的可用来测定其他物体温度的标准装置即摄氏温度计(Celsius thermometer). 比较测温属性和规定标准点知, 华氏温标与摄氏温标的关系为

$$t_F/°F = 32 + \frac{9}{5}t/°C. \tag{1.2}$$

现在除了在英、美等国仍采用华氏温标外, 世界上绝大多数国家在日常生活中都使用摄氏温标.

(2) 理想气体温标

在经验温标下, 测温物质和测温属性可能千差万别. 由不同测温物质及相应的测温属性做成的温度计测量某一处于确定状态的系统的温度时, 会得到不同的结果. 例如, 利用摄氏温标下的二氧化碳定体温度计或铂-铂铑热电偶温度计或其他温度计, 测量一系列状态的温度所得结果, 相对于氢定体温度计测量结果的差别如图 1-4 所示. 因此, 为了使温度测量得到确定一致的结果, 必须建立统一的温标作为标准. 由图 1-4 可以知道, 二氧化碳定压温度计测量的结果与氢定体温

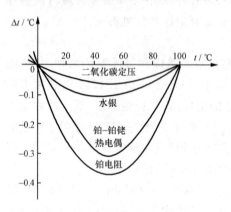

图 1-4　几种温度计对 0～100°C 温区的测量结果相对于氢定体温度计测量结果的偏差

度计测量结果的差别小于 0.1°C. 这表明不同的气体温度计的测量结果比较接近. 于是, 为建立统一的温标可选气体作为测温物质.

对于一定量的气体, 实验表明, 在体积固定的条件下, 压强 p 与摄氏温标下的温度 t 的关系为

$$p = p_0(1 + \alpha_p t), \tag{1.3}$$

其中 p 和 p_0 分别表示温度为 t 和 0°C 时气体的压强, α_p 为该气体的等体压强系数. 这就是著名的查理定律(J. A. C. Charles 1787 年

提出). 实验还表明, 当 $p_0 \to 0$
时, 任何气体的 α_p 都趋于同一个
常量 $\dfrac{1}{T_0}$ (参见图 1-5), 即有

$$\lim_{p_0 \to 0} \alpha_p = \alpha_0 = \frac{1}{T_0}, \quad (1.4)$$

于是 $p = p_0 \dfrac{T_0 + t}{T_0}.$

定义

$$T = T_0 + t, \quad (1.5)$$

则有 $p = \dfrac{p_0}{T_0} T,$

于是得到

$$T = \frac{p}{p_0} T_0. \quad (1.6)$$

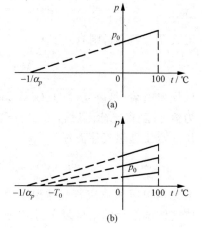

图 1-5   任何气体的 α_p 在 p_0 很小情况下
的行为及在 $p_0 \to 0$ 时的极限行为

由此知, 选定一具有具体压强 p_0 的状态为标准状态, 并规定其温度
为 T_0, 即可确定任意压强状态 p 下的温度 T. 目前, 国际上规定水
的三相点 (triple point, 即冰、水和水蒸气三相共存并达到平衡的状
态) 为标准状态, 并指定其温度为 $T_0 = 273.16$ K, 记其压强为 p_0, 则
由 (1.6) 式可得

$$T = T_0 \frac{p}{p_0} = 273.16 \frac{p}{p_0}.$$

考虑前述的 T_0 为常量的条件, 对上式取 $p_0 \to 0$ 时的极限则得

$$T_V(p) = 273.16 \lim_{p_0 \to 0} \frac{p}{p_0}. \quad (1.7)$$

这样, 在规定一个固定点的情况下就建立了不依赖于具体化学组分
的定体气体温标. 据此可以做成定体气体温度计.

实验还表明, 在压强保持为 p_0 不变的情况下, 气体的体积与以
摄氏温标表示的温度 t 之间有关系

$$V = V_0(1 + \alpha_V t), \quad (1.8)$$

式中 V 和 V_0 分别表示温度为 t 和 $0°C$ 时的体积; α_V 是该气体的体
膨胀系数, 并且当 $p_0 \to 0$ 时, 对任何气体, α_V 都趋于同一常量, 即有

$$\lim_{p_0 \to 0} \alpha_V = \alpha_0 = \frac{1}{T_0}. \tag{1.9}$$

定义 $T = T_0 + t$,则有

$$V = \frac{V_0}{T_0} T. \tag{1.10}$$

该规律由盖-吕萨克(L. J. Gay-Lussac)于 1802 年提出,所以常称之为盖-吕萨克定律. 显然,采用与建立定体气体温标相同的约定可以建立定压理想气体温标.

$$T_p(V) = 273.16 \lim_{p_0 \to 0} \frac{V}{V_0}, \tag{1.11}$$

据此也可以做成定压气体温度计. 由于定压气体温度计的结构比定体气体温度计的结构复杂得多,并且实用时操作也麻烦得多,实际中较少使用.

实验上还发现,压强趋于 0 的气体还遵从玻意耳定律,即当温度保持不变时,一定量的气体的压强和体积的乘积为一个常量. 严格遵从查理定律、盖-吕萨克定律及玻意耳定律的气体称为理想气体. 实验表明,当压强趋于零时,实际气体很好地近似为理想气体,于是上述从定体和定压两种角度建立的气体温标统称为理想气体温标,通常记为 T,单位为开尔文(Kelvin),记为 K. 实验测量表明,热力学温标下,水的冰点为 273.15 K,则由(1.5)式可知,理想气体温标与摄氏温标间的关系为

$$T/K = 273.15 + t/°C. \tag{1.12}$$

实验表明,以理想气体温标为基础制造的理想气体温度计确实与所用的工作物质的化学组分无关,即不依赖于具体的气体.

(3) 热力学温标

热力学理论研究表明,在热力学第二定律基础上可以建立不依赖于任何物质的具体测温属性的温标(参见第 5 章). 这种不依赖于任何测温物质的具体测温属性的温标称为热力学温标或绝对温标(absolute temperature scale),由之确定或标记的温度称为热力学温度或绝对温度. 在热力学温标中,规定热力学温度是基本的物理量,其单位为开尔文(简记为 K),1 K 定义为水的三相点的热力学温度的 1/273.16. 这就是说,水的三相点的温度定义为 273.16 K. 可以证

明,在理想气体温标适用的温度范围内,理想气体温标是热力学温标的具体实现方式.

(4) 国际实用温标

由于以理想气体温标为基础的气体温度计的结构和使用都很复杂,一般只在少数国家的核心计量机构才建立有这类装置,所以利用气体温度计直接确定热力学温度仍很繁复,且不能在国际上推广普遍采用.为解决这些问题,国际上通过约定一系列物质的温度的固定点、特殊温区内作为标准测量用的内插仪器及其测温属性形成了国际实用温标,简记为 ITS. 国际实用温标于 1927 年制定第一版,其后曾多次进行修订. 现在国际上采用 1990 国际温标(ITS-90).

1.5 状态方程的一般讨论

- 状态方程的基本概念
- 描述物质状态变化性质的物理量
- 确定物质状态方程的一般方法

● 状态方程的基本概念

热力学系统的宏观状态由状态参量来描述. 一个均匀热力学系统,通常不显示电磁性质,物质的量一定,密度 ρ 可以由体积 V 及物质的质量决定,那么,体积 V、压强 p 及温度 T 是常见的描述系统宏观状态及性质的状态参量,并且常称这类系统为 p-V-T 系统.

实验表明,单元均匀系统的压强 p、体积 V 和温度 T 不完全独立,这就是说,这些状态量之间有一定的函数关系 $f(p,V,T)=0$,由该函数关系可知,存在三个曲面:

$$p = p(V,T), \qquad V = V(T,p), \qquad T = T(p,V).$$

以 p,V,T 为坐标轴的坐标系(常取为直角坐标系)中,上述三个曲面称为 p-V-T 曲面. 对一定量的纯物质,实验结果表明,其 p-V-T 曲面如图 1-6 所示. 处于平衡态的热力学系统的状态量之间满足的一定的函数关系称为该热力学系统的状态方程(equation of state),简称状态方程. 例如,对单元均匀 p-V-T 系统,状态量之间的函数

关系 $f(p,V,T)=0$ 就是其状态方程.

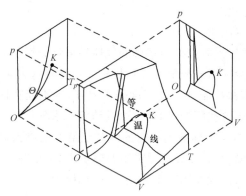

图 1-6   纯物质的 p-V-T 曲面及在 p-V 和 p-T 平面的投影

对通常的 p-V-T 系统，三个状态参量 p,V,T 满足一个状态方程 $f(p,V,T)=0$. 这表明存在一个约束条件，所以这三个状态参量 p,V,T 中只有两个是独立的. 可以由独立变化的状态参量完全确定的状态参量或其他物理量称为热力学系统的状态函数(state function)，简称态函数. 对 p-V-T 系统，如果取压强 p 和温度 T 为状态参量，则体积 $V=V(T,p)$ 就是态函数；若取 T,V 为状态参量，则 $p=p(V,T)$ 就是态函数；若取 p,V 为状态参量，则 $T=T(p,V)$ 就是态函数. 在以后章节的讨论中还会出现内能(U)、焓(H)、熵(S)、自由能(F)、自由焓(G)等物理量，它们都是热力学系统的态函数.

由于 p-V-T 曲面为三维立体图，不容易观察并进行分析讨论，所以通常采用投影图. p-V-T 曲面在 p-V 平面上的投影就是 p-V 图，在 p-T 平面上的投影为 p-T 图，在 V-T 平面上的投影为 V-T 图，如图 1-6 所示.

由于 p-V-T 曲面在 p-V 面上的投影是等温面与 p-V-T 曲面的交线，因此，p-V 图实际上是一系列的等温线(见图 1-7). 图中曲线 $ABCDEF$ 即为某确定温度下的等温线，其 B 点的体积 V_s' 为该物质在该温度下由固相转变为固液共存状态时的体积，V_l' 为由固液共存状态转变为液相时的体积，V_l'' 为液相转变为液气共存状态时的体积，V_g'' 为由液气共存转变为气相时的体积. 由 p-V 图上的等温线不仅可以确定系统的状态参量之间的关系 $T = T(p, V)$，还可以知道系统的状态在该温度下的演化规律. 所以 p-V 图上的等温线在讨论相及相变时常被称为相平衡曲线，详细深入的讨论参见第 6 章.

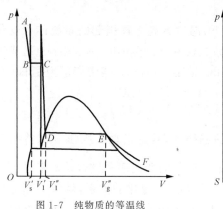

图 1-7　纯物质的等温线　　　　图 1-8　纯物质的 p-T 图

在三维 p-V-T 曲面内，固、液、气三相中任两相共存的曲面都由等温线密布而成，所以这些曲面都垂直于 p-T 平面，其在 p-T 平面上的投影就是它们与 p-T 平面的交线. 因此，固-液共存、液-气共存及固-气共存的状态及其演化就可以分别由 p-T 图上的曲线来表示. 由于 p-V-T 曲面中的三相共存线是等温线，所以其在 p-T 面上的投影为一个点. 常见的 p-T 图如图 1-8 所示. 由于 p-T 图上的曲线表示物质两相共存的状态，那么这三条曲线把 p-T 平面分为三个部分，这三个部分分别表示物质以固相、液相、气相存在时的压强 p 与温度 T 间的关系. 总之，p-T 图不仅表示物质以单相存在时 p 与 T 的关系，还表示物质两相共存状态及三相共存的状态. 因此，p-T 图常被称为相图.

● **描述物质状态变化性质的物理量**

对于 p-V-T 系统，状态方程可以表示为
$$f(p, V, T) = 0,$$
据此可得
$$p = p(V, T), \qquad V = V(p, T), \qquad T = T(p, V).$$

这就是说,系统的压强由体积和温度决定,如此等等.

根据实验测量的可行性,人们引入体膨胀系数、等体压强系数和等温压缩系数,用以描述热力学系统状态变化的基本性质.

(1) 体膨胀系数

在压强保持不变的条件下,温度升高 1 K 引起的系统体积变化的比率称为该系统的体膨胀系数(cubic expansion coefficient),或等压膨胀系数(coefficient of isobaric expansion),通常简记为 α,即

$$\alpha = \lim_{\Delta T \to 0} \frac{1}{V}\left(\frac{\Delta V}{\Delta T}\right)_p = \frac{1}{V}\left(\frac{\partial V}{\partial T}\right)_p, \tag{1.13}$$

其中 $\left(\dfrac{\partial V}{\partial T}\right)_p$ 称为 V 关于 T 的偏导数,其意义是在压强 p 保持固定不变的情况下,体积 V 随温度 T 变化的变化率. 显然,只要实验上测定了一个系统的体膨胀系数 α 随温度 T 变化的关系,就可以知道该系统的体积随温度变化的规律. 前述的气体的盖-吕萨克定律中的体膨胀系数即是一个具体实例.

(2) 等温压缩系数

由 $V = V(p, T)$ 知,系统的体积 V 还可以随压强的变化而变化. 在温度保持不变的情况下,增加单位压强引起的系统体积减小的比率称为该系统的等温压缩系数(isothermal compression coefficient),常记作 κ,即

$$\kappa = \lim_{\Delta p \to 0}\left[-\frac{1}{V}\left(\frac{\Delta V}{\Delta p}\right)_T\right] = -\frac{1}{V}\left(\frac{\partial V}{\partial p}\right)_T, \tag{1.14}$$

其中 $\left(\dfrac{\partial V}{\partial p}\right)_T$ 为体积 V 在温度 T 不变的情况下对于压强 p 的偏导数. 为明确其条件,常将等温压缩系数记为 κ_T.

(3) 等体压强系数

由 $p = p(V, T)$ 知,系统的压强随着系统体积及温度的变化而变化. 在体积保持不变的情况下,温度升高 1 K 引起的系统压强变化的比率称为该系统的等体压强系数(isochoric pressure coefficient),或相对压力系数(relative pressure coefficient),通常记作 β,即

$$\beta = \lim_{\Delta T \to 0} \frac{1}{p}\left(\frac{\Delta p}{\Delta T}\right)_V = \frac{1}{p}\left(\frac{\partial p}{\partial T}\right)_V, \tag{1.15}$$

其中 $\left(\dfrac{\partial p}{\partial T}\right)_V$ 表示在体积 V 不变的条件下压强 p 关于温度 T 的偏导数.

通过对系统的状态方程 $p=p(V,T)$ 取全微分,并考虑体膨胀系数 α、等体压强系数 β 和等温压缩系数 κ_T 的定义,可以证明,它们之间满足关系

$$p\beta\kappa_T = \alpha. \qquad (1.16)$$

上式表明,体膨胀系数 α、等体压强系数 β 和等温压缩系数 κ_T 中只有两个可以独立变化.

综上所述,等压膨胀系数、等温压缩系数和等体压强系数是在系统状态方程的基础上引入的,用来描述系统的一个状态参量随另一个状态参量变化的规律的可观测量,表征物质的基本性质. 例如,实验测量表明,常见气体的体膨胀系数 α_G 为 10^{-3} K^{-1} 的量级、等体压强系数 β_G 为 10^{-3} K^{-1} 的量级、等温压缩系数 $\kappa_{T,G}$ 为 10^0 atm^{-1} 的量级;常见液体的体膨胀系数 α_L 为 10^{-4} K^{-1} 的量级、等体压强系数 β_L 为 $10^{1\sim2}$ 的量级、等温压缩系数 $\kappa_{T,L}$ 为 10^{-6} atm^{-1} 的量级;常见固体的体膨胀系数 α_S 为 10^{-3} K^{-1} 的量级、等体压强系数 β_S 为 10^3 K^{-1} 的量级、等温压缩系数 $\kappa_{T,S}$ 为 10^{-7} atm^{-1} 的量级.

这些系数除了具有重要的理论意义外,还具有重要的应用价值,在各种工程设计及相应的材料选取中必须高度重视. 例如,我们知道固体的等体压强系数为 10^3 K^{-1} 的量级,即在体积不变的情况下,温度升高 1 K,固体内的压强增大几千倍. 在铁路设计和施工中,如果在通常的钢轨接头处不留出合适的缝隙,在夏天温度变化幅度较大的情况下,钢轨内压强急剧增大就引起钢轨扭曲,从而造成列车脱轨的事故. 另一方面,在现在的高速铁路建设中使用的都是长轨,从而对制作铁轨的材料的要求就更高,为得到合适性能的材料,必须开展相应的基础研究. 这些都充分说明基础研究在工程设计及施工中至关重要.

● **确定物质状态方程的一般方法**

前述讨论表明,等压膨胀系数、等温压缩系数和等体压强系数是

在系统状态方程的基础上引入的,它们表征在一个状态参量固定不变的情况下,另外两个状态参量间的依赖关系(严格地,是其中的一个随另一个变化的变化率). 因此利用实验测得的这些系数,一方面可以检验状态方程的正确性,另一方面可以确定系统的状态方程.

由 $f(p,V,T)=0$ 知,$p=p(V,T)$,$V=V(p,T)$,$T=T(p,V)$.由 $V=V(p,T)$ 知,体积 V 的改变量等于压强改变引起的改变量和温度改变引起的改变量之和,用数学形式表述即有全微分

$$dV = \left(\frac{\partial V}{\partial T}\right)_p dT + \left(\frac{\partial V}{\partial p}\right)_T dp.$$

考虑等压膨胀系数 α 和等温压缩系数 κ_T 的定义知,$\left(\frac{\partial V}{\partial T}\right)_p = V\alpha$,$\left(\frac{\partial V}{\partial p}\right)_T = -V\kappa_T$,于是上式可以改写为

$$dV = V\alpha\, dT - V\kappa_T dp.$$

所以有

$$\frac{dV}{V} = \alpha\, dT - \kappa_T dp. \tag{1.17}$$

如果通过一系列实验测定了等压膨胀系数随温度变化的行为 $\alpha(T)$ 和等温压缩系数随压强变化的行为 $\kappa_T(p)$,则(1.17)所示的微分方程可以通过直接积分来求解,从而可以确定状态方程 $V=V(p,T)$.

由 $p=p(V,T)$ 知,压强 p 的改变量等于体积改变引起的改变量与温度改变引起的改变量之和,于是有全微分

$$dp = \left(\frac{\partial p}{\partial T}\right)_V dT + \left(\frac{\partial p}{\partial V}\right)_T dV.$$

考虑等体压强系数 β 和等温压缩系数的定义知,$\left(\frac{\partial p}{\partial T}\right)_V = p\beta$,$\left(\frac{\partial p}{\partial V}\right)_T = -\frac{1}{V\kappa_T}$,于是有

$$dp = p\beta\, dT - \frac{1}{V\kappa_T}dV,$$

即有

$$\frac{dp}{p} = \beta\, dT - \frac{1}{pV\kappa_T}dV. \tag{1.18}$$

　　如果通过实验确定了 β 和 κ_T 与状态参量间的函数关系,则上述微分方程可解,从而可以确定状态方程 $p=p(V,T)$.

　　总之,通过实验测定物质的等压膨胀系数 α、等体压强系数 β 和等温压缩系数 κ_T 与状态参量之间的函数关系,求解(1.17)式或(1.18)式所示的方程,即可确定系统的状态方程.

　　前述讨论实际上是由实验测量确定状态方程的方法.从纯粹理论角度来讲,状态方程即系统的压强与能量密度之间的函数关系,利用统计物理方法或量子场论方法原则上都可以确定系统的状态方程(实际计算通常很困难);但由于相关内容超出本课程的范畴,这里不予具体介绍.

1.6　气体的状态方程

· 理想气体状态方程
· 理想气体压强及温度的初级微观理论
· 实际气体状态方程简介

● 理想气体状态方程

　　由 1.4 节关于温标的讨论可知,当温度较高、压强趋于零时,各种气体的宏观状态(平衡态)的演化都遵从玻意耳定律、查理定律和盖-吕萨克定律,并且有相同的 α_p 和 α_V. 满足这些性质的气体称为理想气体(ideal gas),因此理想气体是实际气体在压强很小的情况下的极限,是一个气体模型.

　　由实验发现的玻意耳定律知,理想气体的压强 p 和体积 V 的乘积是温度 T 决定的常量,即有 $pV=C(T)$,将其应用于水的冰点状态的水蒸气,则有

$$p_0 V_0 = C(T_0).$$

实验还表明,在体积保持固定不变的情况下,理想气体的压强与温度成正比,那么,对于体积保持在冰点处的体积、温度和压强可以变化的气体,有

$$pV_0 = C(T),$$

根据在实验观测基础上建立定体温度计的原理,有

$$T = 273.16 \lim_{p_0 \to 0} \frac{p}{p_0} = 273.16 \lim_{p_0 \to 0} \frac{p V_0}{p_0 V_0} = 273.16 \lim_{p_0 \to 0} \frac{C(T)}{C(T_0)}$$

$$= 273.16 \frac{C(T)}{C(T_0)},$$

所以

$$C(T) = \frac{C(T_0)}{273.16} T = \frac{p_0 V_0}{273.16} T.$$

实验表明,在温度为 0 ℃,压强为 1 atm 的情况(这一情况常被称为标准状态)下,1 mol 的任何气体的体积 V_m 都为 22.4144 L. 由玻意耳定律知,对于 1 mol 任何气体 $p_0 V_{m,0} = 22.4144$ atm · L/mol 为一个常量,那么

$$\frac{p_0 V_{m,0}}{273.16} = 8.314510 \text{ J/(mol · K)}$$

为对任何气体都相同的常量,称之为普适气体常量(universal gas constant). 记普适气体常量为 R,则 1 mol 理想气体的压强 p、体积 V_m 和温度 T 之间的关系可以表示为

$$pV_m = RT. \tag{1.19}$$

该关系式即 1 mol 理想气体的状态方程.

对于 ν(mol) 理想气体,由于体积为广延量,有 $V = \nu V_m$,则 ν(mol) 理想气体的状态方程为

$$pV = \nu RT. \tag{1.20}$$

由于物质的量 ν 可以由其质量 M 和摩尔质量 μ 表示为 $\nu = M/\mu$,所以质量为 M 的理想气体的状态方程为

$$pV = \frac{M}{\mu} RT. \tag{1.21}$$

按照前述的一般方法,查理定律表明理想气体的等体压强系数 $\beta = \frac{1}{T}$. 盖-吕萨克定律表明,理想气体的体膨胀系数 $\alpha = \frac{1}{T}$. 于是由

$$p\beta\kappa_T = \alpha$$

知,理想气体的等温压缩系数 $\kappa_T = \frac{1}{p}$.

将这些实验测量结果代入基本方程 $\dfrac{\mathrm{d}V}{V}=\alpha\,\mathrm{d}T-\kappa_T\,\mathrm{d}p$,得

$$\frac{\mathrm{d}V}{V} = \frac{\mathrm{d}T}{T} - \frac{\mathrm{d}p}{p}.$$

积分,则得

$$\ln V - \ln V_0 = \ln T - \ln T_0 - (\ln p - \ln p_0),$$

其中 p_0, V_0, T_0 为取作参考状态的状态参量.

移项、并考虑对数函数的性质,得

$$\ln(pV) = \ln\left(\frac{p_0 V_0}{T_0}T\right),$$

所以有
$$pV = \nu R T,$$

其中的 $\nu R = \dfrac{p_0 V_0}{T_0}$,由取作参考状态的状态参量决定.

显然由两种方法得到的结果完全相同.

对于由几种组分组成的混合理想气体,设其共有 n 种组分,其中第 i 种组分的质量为 M_i,摩尔质量为 μ_i,则其物质的量为 $\nu_i = M_i/\mu_i$,那么,混合气体系统的总物质的量为

$$\nu = \nu_1 + \nu_2 + \cdots + \nu_n = \frac{M_1}{\mu_1} + \frac{M_2}{\mu_2} + \cdots + \frac{M_n}{\mu_n}. \tag{1.22}$$

由于每一组分的理想气体的状态参量都满足理想气体状态方程,设系统的温度为 T,第 i 种组分气体的压强和体积分别为 p_i 和 V_i,则

$$p_i V_i = \nu_i R T.$$

如果各组分气体都分别均匀分布于混合气体系统所处的整个空间 V 中,即 $V_1 = V_2 = \cdots = V_n = V$,即对第 i 种组分气体 $p_i V = \nu_i R T$,则

$$\sum_i p_i V = \sum_i \nu_i R T,$$

于是有

$$pV = \nu R T.$$

这就是说,对于混合理想气体,其状态方程仍可以表示为(1.20)式的形式,但其压强为

$$p = p_1 + p_2 + \cdots + p_n. \tag{1.23}$$

也就是说,混合气体系统的压强为各组分气体分压强之和,这就是著

名的道尔顿分压定律(Dalton law of partial pressure).

　　另一方面,如果假定组成混合气体的所有各种组分气体都具有相同的压强 p,则也可得出 $pV=\nu RT$ 的结论.只不过其中

$$V = V_1 + V_2 + \cdots + V_n,$$

这就相当于把各组分气体分别局域限定于子空间中,其子空间的大小 V_i 使得相应组分气体满足 $pV_i=\nu RT$. 这样,混合气体的状态方程 $pV=\nu RT$ 还可以从分体积的角度来理解.

　　例题 1　图 1-9 为低温测量中常用的一种气体温度计的示意

图,上端 A 是压力计,下端 B 是测温泡,两者通过导热性能很差的毛细管 C 相连.毛细管很细,其容积与 A 的容积 V_A 和 B 的容积 V_B 相比可以忽略不计.测量时,先把温度计在室温 T_0 下充气到压强 p_0,并密封起来,然后将 B 浸入待测物质.设 B 中气体与待测物质达到平衡后,A 的读数为 p,试求待测温度(用 V_A,V_B,p_0,T_0 及 p 表示).

　　解　设待测温度为 T,工作物质可近似为理想气体.由于毛细管 C 很长,导热性能很差,则 B 中气体与待测物质达到热平衡时,A 中气体的温度仍保持为 T_0,但 A 和 B 中气体的压强却同为 p.再设 A 中原有气体的质量为 M,B 中原有气体的质量

图 1-9　气体温度计

为 m.当 B 浸入待测物质后,压强降低,有一部分气体由 A 经毛细管 C 进入 B;记这一部分气体的质量为 Δm,则在压强平衡后,B 中气体的质量为 $m+\Delta m$,A 中气体的质量为 $M-\Delta m$.根据理想气体状态方程可得

　　测温前压力计 A 中:

$$p_0 V_A = \frac{M}{\mu} RT_0, \tag{a}$$

测温前测温泡 B 中:

$$p_0 V_B = \frac{m}{\mu} RT_0, \tag{b}$$

测温后压力计 A 中:

$$pV_A = \frac{M - \Delta m}{\mu} R T_0, \tag{c}$$

测温后测温泡 B 中：

$$pV_B = \frac{m + \Delta m}{\mu} R T, \tag{d}$$

(a)＋(b)式并整理,得

$$p_0 \frac{V_A + V_B}{T_0} = \frac{M + m}{\mu} R, \tag{e}$$

改写(c)和(d)式并相加,得

$$p \left(\frac{V_A}{T_0} + \frac{V_B}{T} \right) = \frac{M + m}{\mu} R, \tag{f}$$

(f)－(e)式,得

$$\frac{p - p_0}{T_0} V_A + \left(\frac{p}{T} - \frac{p_0}{T_0} \right) V_B = 0,$$

由此可解得

$$T = \frac{pV_B}{p_0(V_A + V_B) - pV_A} T_0.$$

例题 2 中等肺活量的人在标准状况下吸气一次大约吸进 $1.0\,\mathrm{g}$ 的氧,如果空气温度及各组分含量不随高度变化,飞行员飞到气压等于 $5.0 \times 10^4\,\mathrm{Pa}$ 的高空时每次吸进的氧气有多少克?

解 因为题中所给压强为空气压强,即混合气体压强,所以用理想气体状态方程直接计算时得到的实际是空气质量. 设空气中氧气所占质量百分比为 x,则吸进质量为 m 的氧时实际吸进空气的质量为 m/x. 设飞行员每次吸进的空气的体积为 V,并记高空处空气的压强为 p,温度为 T,摩尔质量为 μ,则由理想气体状态方程可得

$$pV = \frac{m/x}{\mu} R T,$$

于是有

$$m = \frac{x\mu pV}{RT}.$$

设在标准状况下飞行员每次吸进氧气的质量为 m_0,则实际吸进空气的质量为 m_0/x,标准状况下空气压强为 p_0,温度为 T_0,则由题意和理想气体状态方程得

$$p_0 V = \frac{m_0/x}{\mu} R T_0,$$

那么

$$x\mu = \frac{m_0 R T_0}{p_0 V},$$

所以

$$m = \frac{pV}{RT} \cdot \frac{m_0 R T_0}{p_0 V} = \frac{p T_0}{p_0 T} m_0.$$

由题意，$T = T_0$，$p = 5.0 \times 10^4$ Pa，$p_0 = 1.01325 \times 10^5$ Pa，$m_0 = 1.0$ g，则

$$m = \frac{p}{p_0} m_0 = \frac{5.0 \times 10^4}{1.01325 \times 10^5} \times 1.0 \text{ g} = 0.493 \text{ g}.$$

例题 3 在制造 He-Ne 激光器的激光管时，需要充入一定比例的 He 和 Ne 混合气体，如图 1-10 所示，原来在容器 1 和 2 中分别充有压强为 2.0×10^4 Pa 的氦气和压强为 1.2×10^4 Pa 的氖气，容器 1 的容积是容器 2 的两倍. 现打开活塞，使这两部分气体混合. 试求混

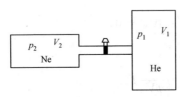

图 1-10 He-Ne 激光器气体混合装置

合后气体的总压强和两种气体的分压强.

解 依题意，可设混合前后氦、氖两种气体都为理想气体，它们的温度都不发生变化，且相等，混合后两组分的分压强分别为 p_{He}，p_{Ne}. 因为混合后其体积都是 $V_1 + V_2$，则由理想气体状态方程可得

$$p_{He}(V_1 + V_2) = p_1 V_1,$$
$$p_{Ne}(V_1 + V_2) = p_2 V_2,$$

于是

$$p_{He} = \frac{V_1}{V_1 + V_2} p_1 = \frac{2V_2}{2V_2 + V_2} p_1 = \frac{2}{3} p_1 \approx 1.33 \times 10^4 \text{ Pa},$$

$$p_{Ne} = \frac{V_2}{V_1 + V_2} p_2 = \frac{V_2}{2V_2 + V_2} p_2 = \frac{1}{3} p_2 = 4.0 \times 10^3 \text{ Pa},$$

混合气体的总压强为

$$p = p_{He} + p_{Ne} = 1.73 \times 10^4 \text{ Pa}.$$

例题 4 通常说混合气体中各组分的体积百分比指的是每种组分单独处在与混合气体的压强、温度相同的状态下其体积占混合气

体体积的百分比. 已知空气中几种主要组分的体积百分比分别是：氮 78%，氧 21%，氩 1%，并且氮、氧、氩的相对分子量分别为 28.0，32.0，39.9，求在标准状况下空气中各主要组分的分压强和密度以及空气的密度.

解　设标准状况下空气的体积为 V，压强为 p_0，则依题意可知，氮、氧、氩的体积分别为 $V_{N_2}=0.78V$，$V_{O_2}=0.21V$，$V_{Ar}=0.01V$. 把这三种气体混合成标准状况下的空气时，它们的状态的变化分别是

$$\text{氮：}\quad p_0, V_{N_2}, T \longrightarrow p_{N_2}, V, T,$$
$$\text{氧：}\quad p_0, V_{O_2}, T \longrightarrow p_{O_2}, V, T,$$
$$\text{氩：}\quad p_0, V_{Ar}, T \longrightarrow p_{Ar}, V, T.$$

因为混合前后温度保持不变，则由理想气体状态方程可得

$$p_0 V_{N_2} = p_{N_2} V, \quad p_0 V_{O_2} = p_{O_2} V, \quad p_0 V_{Ar} = p_{Ar} V,$$

所以

$$p_{N_2} = \frac{V_{N_2}}{V} p_0 = 0.78 p_0,$$

$$p_{O_2} = \frac{V_{O_2}}{V} p_0 = 0.21 p_0,$$

$$p_{Ar} = \frac{V_{Ar}}{V} p_0 = 0.01 p_0.$$

又由理想气体状态方程 $pV = \dfrac{M}{\mu} RT$，知

$$\rho = \frac{M}{V} = \frac{\mu p}{RT},$$

于是，在标准状况下空气中各组分的密度分别为

$$\rho_{N_2} = \frac{\mu_{N_2} p_{N_2}}{RT} = \frac{28.0 \times 10^{-3} \times 0.78 \times 1.01325 \times 10^5}{8.31 \times 273.15} \text{ kg/m}^3$$
$$\approx 0.97 \text{ kg/m}^3,$$

$$\rho_{O_2} = \frac{\mu_{O_2} p_{O_2}}{RT} = \frac{32.0 \times 10^{-3} \times 0.21 \times 1.01325 \times 10^5}{8.31 \times 273.15} \text{ kg/m}^3$$
$$\approx 0.30 \text{ kg/m}^3,$$

$$\rho_{Ar} = \frac{\mu_{Ar} p_{Ar}}{RT} = \frac{39.9 \times 10^{-3} \times 0.01 \times 1.01325 \times 10^{5}}{8.31 \times 273.15} \ \text{kg/m}^3$$

$$\approx 0.02 \ \text{kg/m}^3,$$

那么,标准状况下空气的密度为

$$\rho = \rho_{N_2} + \rho_{O_2} + \rho_{Ar} \approx (0.97 + 0.30 + 0.02) \ \text{kg/m}^3$$

$$= 1.29 \ \text{kg/m}^3.$$

例题 5 宇宙中的恒星是由高温高密原子核组成的自引力系统,其能源主要是引力势能和核燃烧(即核反应)产生的能量,而核燃烧只有在一定温度以上才能"点火".试用理想气体状态方程定性讨论恒星"永恒"存在的原理.

解 由于恒星是自引力系统,那么,与其它没有硬边界约束的系统一样,恒星中的物质的密度和温度都自中心向外逐渐减小,因此,核反应主要在内部进行.由于核反应产生能量后,会向外释放能量,从而温度会下降,经过一段时间,温度降到低于核反应的"点火"温度以下时,核燃烧即中止.由理想气体状态方程知,在体积不变的情况下,温度降低导致压强降低,那么在引力和核反应区外侧压强的作用下,核燃料会收缩,这种收缩使得压强增大、温度升高,核燃烧会重新"点火".这样周而复始,使得恒星在核燃料消耗完之前保持"稳定"的温度燃烧下去,一方面向外不断释放能量,一方面自身稳定存在.

● **理想气体压强及温度的初级微观理论**

(1) 理想气体的微观模型

由于组成热力学系统的微观粒子之间都有相互作用,这种相互作用在短程区域的很强的排斥力使得人们可以形象地认为微观粒子具有确定的体积,这就是说,微观粒子不是质点.但是,由于在相距不是很近的情况下,微观粒子之间的相互作用一般都比较弱,所以可以近似地认为除碰撞的瞬间外,微观粒子之间没有相互作用.平均来讲,在压强较低的情况下,微观粒子本身的线度远小于粒子间的距离.例如,在标准状况下,1 mol 常见气体的体积都是 22.4 L,即 $V_0 = 2.24 \times 10^4$ cm^3,其包含的微观粒子的数目都是 $N_A = 6.02 \times 10^{23}$.那么,分子之间的平均间距为 $\bar{l} \approx (V_m/N_A)^{1/3} = 3.34 \times 10^{-7}$ cm,而实验测量表明,常见气体的直径大约为 10^{-8} cm. 由此可见,组成气体的微观粒子本身的线度最多是其间距的 1/10. 故在温度较高、压强较小的情况下,组成气体的微观粒子的大小与其间的距离相比通常可以忽略,从而可以近似为质点.综上所述,从微观上讲,理想气体是满足下述条件的气体:

(i) 组成气体的微观粒子都是质点,并遵从牛顿力学规律;

(ii) 粒子之间除碰撞的瞬间外无相互作用;

(iii) 粒子之间的碰撞及粒子与容器壁之间的碰撞都是完全弹性碰撞.

(2) 理想气体的压强公式

压强是单位面积上所受的正压力,组成气体的微观粒子之间具有相互作用.考察气体内部任意一个假想截面 ΔS,则有:一方面 ΔS 两侧附近的分子的相互作用对 ΔS 产生压力,另一方面,这些分子可以携带动量穿过 ΔS,也就是传递动量,那么这些携带动量穿过 ΔS 的分子也对截面 ΔS 产生压力.一般而言,气体分子的运动和分子间的相互作用都对压强有贡献,气体的压强应为这两部分贡献之和.对于理想气体,由于除碰撞的瞬间外分子间无相互作用,因此理想气体的压强仅由组成气体的分子的运动产生.因为单个分子穿过截面 ΔS 而对 ΔS 的作用是瞬时脉冲,所以理想气体的压强为大量分子对截面 ΔS 作用的平均效果和整体贡献,这就是说,理想气体的压强是理想气体分子在单位时间内作用在单位面积上的冲量的统计平均值. 那么,只要确定了单位时间内气体分子通过单位截面传递的动量的平均值就确定了气体的压强.

为简化计算,我们在气体所处容器的器壁上任取一面元 ΔS,并取 x 方向沿其法线方向,如图 1-11 所示.因为不同分子的运动速度不同,与面

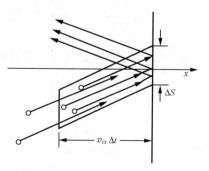

图 1-11 推导理想气体压强公式

元 ΔS 间的距离也不同,所以在时间 Δt 内不可能所有气体分子都与面元 ΔS 相碰.假设分子的速度可以分组,记第 i 组的速度为 $\boldsymbol{v}_i$,则只有处于以 ΔS 为底、以 $v_{ix}\Delta t(v_{ix}>0)$ 为高的柱体内的分子才能与 ΔS 相碰.设气体中 $v_{ix}>0$ 的分子数密度为 $n_i^{(+)}$,则该柱体中可以与面元 ΔS 相碰的分子数为

$$N_i = 数密度 \times 体积 = n_i^{(+)}\Delta S v_{ix}\Delta t.$$

设第 i 组分子中每个分子沿 x 方向的动量为 P_{ix},因分子与器壁间的碰撞为弹性碰撞,碰撞后,其在 x 方向的速度和动量分别变为 $-v_{ix}$ 和 $-P_{ix}$,所以在 Δt 时间内该组分子施以面元 ΔS 的冲量为

$$\Delta P_i = \Delta P_{ix} N_i = 2P_{ix}n_i^{(+)}\Delta S v_{ix}\Delta t,$$

其中 $v_{ix}>0$.由于分子运动具有各向同性的性质,则 $2n_i^{(+)}=n_i$ 为 $v_{ix}>0$ 和 $v_{ix}<0$ 的分子的总数密度,那么,这组分子施以面元的冲力为

$$\Delta F_i = \frac{\Delta P_i}{\Delta t} = P_{ix}n_i\Delta S v_{ix},$$

其中 $v_{ix}\in(-\infty,+\infty)$.根据压强的定义,该组分子的运动引起的压强为

$$p_i = \frac{\Delta F_i}{\Delta S} = n_i P_{ix}v_{ix}.$$

那么,总的压强就是

$$p = \sum_i p_i = \sum_i n_i P_{ix}v_{ix} = \frac{\sum_j n_j \cdot \sum_i n_i P_{ix}v_{ix}}{\sum_j n_j}.$$

因为 $\sum_j n_j = n$ 为所有气体分子的数密度,$\left.\sum_i n_i P_{ix}v_{ix}\right/n$ 为所有气体分子的 $P_x v_x$ 的平均值,所以

$$p = n\overline{P_x v_x}.$$

由于单个理想气体分子的热运动是完全无规则的、各向同性的,宏观整体上是没有运动的,即 $\bar{v}_x=\bar{v}_y=\bar{v}_z=0$,所以

$$\overline{P_x v_x} = \overline{P_y v_y} = \overline{P_z v_z},$$

于是

$$\overline{\boldsymbol{P} \cdot \boldsymbol{v}} = \overline{P_x v_x} + \overline{P_y v_y} + \overline{P_z v_z} = 3 \overline{P_x v_x},$$

也就是说

$$\overline{P_x v_x} = \frac{1}{3} \overline{\boldsymbol{P} \cdot \boldsymbol{v}},$$

所以理想气体的压强可以表示为

$$p = \frac{1}{3} n \overline{\boldsymbol{P} \cdot \boldsymbol{v}}. \tag{1.24}$$

对于常见的非相对论性气体，设分子的质量为 m，其动量为 $\boldsymbol{P} = m\boldsymbol{v}$，则 $\boldsymbol{P} \cdot \boldsymbol{v} = mv^2$，因此

$$p = \frac{1}{3} nm \overline{v^2}. \tag{1.25a}$$

由于在非相对论情况下粒子运动动能 $\varepsilon_k = \frac{1}{2} mv^2$，则（1.25a）式可以改写为

$$p = \frac{2}{3} n \overline{\varepsilon_k}. \tag{1.25b}$$

对于极端相对论性粒子，$P = mc$，$\varepsilon_k = mc^2$，则

$$p = \frac{1}{3} n \overline{\varepsilon_k}. \tag{1.25c}$$

　　回顾上述讨论过程，虽然面元 ΔS 是取在容器壁上的一个面元，但可以证明，由气体内部任一面元出发进行讨论，得到的压强也可以表示为（1.24）式. 总之，处于平衡态的非相对论性理想气体的压强都可以由（1.25b）式确定，处于平衡态的极端相对论性理想气体的压强由（1.25c）式确定. 一般地，系统的压强与能量密度之间的关系 $p(\varepsilon)$ 也称为系统的状态方程.

　　(3) 温度的本质

　　由理想气体状态方程（1.20）式知，理想气体的压强可以表示为 $p = \frac{\nu}{V} RT$. 记 $R = N_A k_B$，其中 N_A 为阿伏伽德罗常量，则

$$p = \frac{\nu N_A}{V} k_B T.$$

因为 $\nu N_A / V$ 即气体的分子数密度 n，则理想气体状态方程又可以表示为

$$p = n k_B T, \tag{1.26}$$

其中 $\qquad k_{\mathrm{B}} = R/N_{\mathrm{A}} = 1.380\,658 \times 10^{-23}\ \mathrm{J/K},$ $\qquad$ (1.27)

称为玻尔兹曼常量. 玻尔兹曼常量是描述一个分子或一个粒子统计平均行为的普适常量, 所以玻尔兹曼常量 k_{B} 是热力学与统计物理中的基本常量, 其重要性远远超出气体的范畴.

比较 (1.25b) 式和 (1.26) 式, 得

$$\bar{\varepsilon}_{\mathrm{k}} = \frac{3}{2} k_{\mathrm{B}} T, \qquad (1.28\mathrm{a})$$

于是有

$$T = \frac{2}{3} \frac{\bar{\varepsilon}_{\mathrm{k}}}{k_{\mathrm{B}}}. \qquad (1.28\mathrm{b})$$

由此可见, 理想气体的温度是组成气体的分子的无规则运动剧烈程度的度量. 推而广之, 从本质上讲, 温度起因于大量微观粒子的无规则运动, 温度是组成系统的大量微观粒子的无规则运动剧烈程度的度量.

利用理想气体状态方程的 (1.26) 式表述, 可以较方便地讨论一些实际问题, 例如, 飞行物飞行速度的"音障困难"的主要原因. 声波是振动在介质中形成的疏密波, 声速就是该介质疏密波的波速. 当外界压迫气体的速度大于声速时, 压迫速度大于疏密波传播、扩散的速度, 在气体中就形成实际的高密度气体层, 由理想气体状态方程 $p = nk_{\mathrm{B}}T$, 压强以相同倍数增加. 对于飞行物体, 该强大的压强就会使之受到严重的破坏, 并且这种情况下还形成激波, 激波也会对飞行物体造成极大的破坏. 所以通常飞机的飞行速度有"音障"困难. 因此, 对超音速飞行物 (超音速飞机、火箭等) 都需要从飞行动力学的角度进行研究, 设计出合适的外形 (尤其是前端), 避免"音障"造成破坏.

例题 6　电子真空管抽气抽到最后阶段时, 还应将真空管内的金属丝加热再进行抽空, 原因是金属表面上吸附有单原子层厚度的气体分子, 当金属受热时, 这些气体分子便释放出来. 设真空管的灯丝由半径为 0.02 mm、长度为 600 mm 的铂丝绕制而成, 而每个气体分子所占的面积大约为 $9 \times 10^{-16}\ \mathrm{cm}^2$, 真空管的容积为 25 cm^3, 当灯丝加热至 1000℃ 时, 所吸附的气体分子就从铂丝上跑出来散布于整个管内. 如果这些气体不抽出, 试问由之产生的压强是多大?

解　依题意, 记铂丝的半径为 r、长度为 L, 则铂丝的表面积为

$S=2\pi rL$. 再记每个气体分子所占的面积为 S_0, 则铂丝上吸附的气体分子总数为 $\Delta N=S/S_0$. 那么, 这些气体分子脱离铂丝表面而散布于整个管内时, 管内气体的分子数密度增加量为

$$\Delta n = \frac{\Delta N}{V}.$$

由理想气体状态方程 $p=nk_B T$ 可得, 这时管内压强的增加量为

$$\Delta p = \Delta n k_B T = \frac{S/S_0}{V}k_B T = \frac{2\pi rL k_B T}{S_0 V}.$$

将已知数据代入, 则得

$$\Delta p = \frac{2\times 3.14\times 2\times 10^{-5}\times 6\times 10^{-1}\times 1.38\times 10^{-23}\times 1273}{9\times 10^{-20}\times 2.5\times 10^{-5}}\ \text{Pa}$$

$$= 0.589\ \text{Pa}.$$

例题 7 一容器内贮有氧气, 其压强为 $1.013\,25\times 10^5$ Pa, 温度为 27℃, 求: (1) 单位体积内的分子数; (2) 氧气的密度; (3) 氧分子的质量; (4) 分子间的平均距离; (5) 分子的平均动能; (6) 若容器是边长为 0.30 m 的正方体, 当一个分子下降的高度等于容器的边长时, 其重力势能改变多少? 并将重力势能的改变与其平均动能相比较.

解 (1) 因为氧气的压强 $p=1.013\,25\times 10^5$ N/m^2, 温度 $T=(273+27)$ K $=300$ K, 那么, 由 $p=nk_B T$ 可得 1 m^3 内的氧分子数[①]为

$$n = \frac{p}{k_B T} = \frac{1.013\,25\times 10^5}{1.38\times 10^{-23}\times 300}\ \text{m}^{-3} = 2.447\times 10^{25}\ \text{m}^{-3}.$$

(2) 由理想气体状态方程 $pV=\dfrac{M}{\mu}RT$, 该容器中氧气的密度为

$$\rho = \frac{M}{V} = \frac{\mu p}{RT} = \frac{32.0\times 10^{-3}\times 1.013\,25\times 10^5}{8.31\times 300}\ \text{kg/m}^3$$

$$= 1.30\ \text{kg/m}^3.$$

(3) 设氧气分子的质量为 m, 则由 $\rho = mn$ 可得

---

① 标准状况下单位体积内理想气体分子的数目称为洛施密特(Loschmidt)数. 由此方法可知 $n_L = 2.69\times 10^{25}$ m^{-3}.

$$m = \frac{\rho}{n} = \frac{1.30}{2.447 \times 10^{25}} \text{ kg} = 5.312 \times 10^{-26} \text{ kg}.$$

（4）设分子间的平均距离为 $\overline{L}$，则 $\overline{L}^3$ 相当于一个分子的有效体积，那么由 $\overline{L}^3 n = 1 \text{ m}^3$ 得

$$\overline{L} = \left(\frac{1}{n}\right)^{1/3} = \left(\frac{1}{2.447 \times 10^{25}}\right)^{1/3} \text{ m} = 3.444 \times 10^{-9} \text{ m}.$$

（5）该容器中氧分子的平均动能为

$$\bar{\varepsilon}_k = \frac{3}{2} k_B T = \left(\frac{3}{2} \times 1.38 \times 10^{-23} \times 300\right) \text{J}$$
$$= 6.21 \times 10^{-21} \text{ J}.$$

（6）题设过程中氧分子重力势能的改变为

$$\Delta\varepsilon_p = mg\Delta h = (5.312 \times 10^{-26} \times 9.80 \times 0.30)\text{J}$$
$$= 1.562 \times 10^{-25} \text{ J}.$$

那么，

$$\frac{\Delta\varepsilon_p}{\bar{\varepsilon}_k} = 2.52 \times 10^{-5}.$$

由此可见，氧气分子重力势能的改变与其平均动能相比可以忽略不计.

- **实际气体状态方程简介**

（1）范德瓦耳斯方程

对于理想气体，人们假定其分子都是质点，并且除碰撞的瞬间外分子之间无相互作用，但事实上，气体分子和其他物质的分子一样，其间都有相互作用. 这种相互作用在分子相距很近时表现为排斥力，形象地说，分子具有体积；而当分子相距较远时表现为吸引力. 1873年，范德瓦耳斯(J. D. van der Waals)指出，由于分子具有体积，气体中分子所能自由活动的空间不是气体所占空间的体积，记 1 mol 气体所处的容器的容积为 V_m，则组成这些气体的分子所能活动的空间的体积为 $V_m - b$. 考虑到气体分子之间具有吸引力，实际气体的压强并不只是分子运动引起的压强 p，还有分子相互作用引起的压强，从而应引入一修正量，使得 $p \rightarrow p + \dfrac{a}{V_m^2}$，于是 1 mol 实际气体的状态

方程应为

$$\left(p + \frac{a}{V_{\mathrm{m}}^2}\right)(V_{\mathrm{m}} - b) = RT. \tag{1.29}$$

这就是著名的范德瓦耳斯方程,其中 a 和 b 称为范德瓦耳斯修正量.

对范德瓦耳斯方程(1.29)式在 $T=$ 常量的条件下,取 $p \to \infty$ 的极限,可得 $V_{\mathrm{m,min}} - b = 0$,所以 $b = V_{\mathrm{m,min}}$. 由此可知,b 为 1 mol 非理想气体在不能再继续压缩的极限情况下所占的体积 $V_{\mathrm{m,min}}$. 具体计算可知,如果一个气体分子的体积为 v_0,则

$$b \approx 4N_{\mathrm{A}} v_0,$$

即 1 mol 气体内所有分子体积的 4 倍. 总之,范德瓦耳斯修正量 b 是考虑气体分子体积而引入的修正量.

分子无规则热运动引起的压强通常称为动理压强,记为 p_{k},由理想气体压强公式的推导可知,理想气体的压强 p 实际上全部是气体的动理压强 p_{k}. 将范德瓦耳斯方程与理想气体状态方程比较可知,$p_{\text{范}} + \dfrac{a}{V_{\mathrm{m}}^2}$ 相当于动理压强 p_{k},于是 $p_{\text{范}} = p_{\mathrm{k}} - \dfrac{a}{V_{\mathrm{m}}^2}$. 由于气体的压强为气体分子在单位时间内作用在单位面积上的冲量的统计平均值,那么,

$$p_{\text{范}} = p_{\mathrm{k}} - a/V_{\mathrm{m}}^2$$

是由于分子之间存在相互吸引力而导致相互拖曳,从而使得分子对气体中任一面元的冲量发生变化所致. 这就是说,$-a/V_{\mathrm{m}}^2$ 是由于气体分子之间的相互作用(吸引力)而引起的内压强 p_{u}. 因此,范德瓦耳斯修正量 a 是考虑气体分子间相互吸引力而引起的内压强参数. 较深入的计算表明,内压强参数 a 可以由分子的体积 v_0 和分子的结合能 E_{B} 及阿伏伽德罗常量近似表示为

$$a = 4N_{\mathrm{A}}^2 E_{\mathrm{B}} v_0.$$

综上所述,范德瓦耳斯修正量 a 和 b 具有明确的物理意义,范德瓦耳斯方程不仅形式简洁,易于计算,而且物理图像鲜明、意义清楚. 但是,修正量 a 和 b 对不同的实际气体是经验参数,没有普适数值. 一些常见气体的范德瓦耳斯修正量如表 1.1 所示. 实际计算表明,范德瓦耳斯方程可以较好地描述一些实际气体的宏观状态参量之间的

关系. 于是,可以由范德瓦耳斯方程描述的实际气体称为范德瓦耳斯气体. 基于这些工作及液体状态方程的工作,J. D. 范德瓦耳斯获得了 1910 年的诺贝尔物理学奖.

表 1.1　一些常见气体的范德瓦耳斯修正量

气　体	修正量 $a/(\text{atm} \cdot \text{L}^2 \cdot \text{mol}^{-2})$	修正量 $b/(\text{L} \cdot \text{mol}^{-1})$
He	0.0341	0.0234
H_2	0.247	0.0256
N_2	1.361	0.0385
O_2	1.369	0.0315
CO_2	3.643	0.0427
H_2O	5.507	0.0304

$1 \text{ atm} = 1.013\,25 \times 10^5 \text{ Pa}.$

(2) 位力[①]展开和昂内斯方程

把理想气体状态方程(1.19)式与范德瓦耳斯方程(1.29)式比较可知,其间的差别主要是体积项由 $V_m \rightarrow V_m - b$,并且 $V_m - b < V_m$,从而气体的摩尔浓度由 $\dfrac{1}{V_m} \rightarrow \dfrac{1}{V_m - b} = \dfrac{1}{V_m(1 - b/V_m)} > \dfrac{1}{V_m}$. 那么,一般地,将宏观状态参量 p 与 T 的关系按密度的幂次展开,即可得到

$$pV_m = A + \frac{B}{V_m} + \frac{C}{V_m^2} + \frac{D}{V_m^3} + \cdots \qquad (1.30)$$

或

$$pV_m = A' + B'p + C'p^2 + D'p^3 + \cdots. \qquad (1.31)$$

这种表示实际气体的宏观状态参量之间关系的方法称为位力展开(virial expansion),所得的方程常称为卡末林-昂内斯方程(Kamerlingh-Onnes equation),简称昂内斯方程. 其中的系数 $A, B, C, \cdots$ 及 $A', B', C', \cdots$ 分别称为第一、第二、第三、……位力系数. 并且,可以证明范德瓦耳斯方程是

$$A = RT, \quad B = bRT - a, \quad C = b^2 RT, \quad D = b^3 RT, \quad \cdots$$

---

① 位力是均位力积的简称(曾用名"维里"),由全国自然科学名词审定委员会定名.

情况下的昂内斯方程.

例题 8 质量为 1.1 kg 的实际 CO_2 气体在体积 $V=20$ L、温度为 13℃ 时压强是多大? 并将结果与同状况下的理想气体比较. 如果体积相同, 温度为 1013℃ 呢? 已知 CO_2 的范德瓦耳斯修正量为 $a=3.643$ atm · L^2/mol^2, $b=0.0427$ L/mol.

解 依题意

$$M=1.1 \text{ kg}, \quad \mu=44.0 \times 10^{-3} \text{ kg/mol},$$

$$V=20 \text{ L}, \quad T=(273+13) \text{ K}=286 \text{ K},$$

$$a=3.643 \text{ atm} \cdot L^2/mol^2, \quad b=0.0427 \text{ L/mol},$$

$$R=8.31 \text{ J/(mol · K)}=0.082 \text{ atm · L/(mol · K)},$$

考虑到 ν(mol) 气体的体积 V 与摩尔体积 V_m 的关系 $V=\nu V_m$, 则由 (1.29) 式可得质量为 M 的气体的范德瓦耳斯方程为

$$\left[p+\left(\frac{M}{\mu}\right)^2 \frac{a}{V^2} \right] \left[V-\frac{M}{\mu}b \right] = \frac{M}{\mu}RT,$$

于是有

$$p = \frac{\dfrac{M}{\mu}RT}{V-\dfrac{M}{\mu}b} - \left(\frac{M}{\mu}\right)^2 \frac{a}{V^2}$$

$$= \left[\frac{\dfrac{1.1}{44.0 \times 10^{-3}} \times 0.082 \times 286}{20-\dfrac{1.1}{44.0 \times 10^{-3}} \times 0.0427} - \left(\frac{1.1}{44.0 \times 10^{-3}}\right)^2 \times \frac{3.643}{20^2} \right] \text{atm}$$

$$= 25.276 \text{ atm}.$$

若近似为理想气体, 则由理想气体状态方程得

$$p_{\text{理}} = \frac{\dfrac{M}{\mu}RT}{V} = \frac{\dfrac{1.1}{44.0 \times 10^{-3}} \times 0.082 \times 286}{20} \text{atm}$$

$$= 29.315 \text{ atm}.$$

比较两计算结果可知, 在体积为 20 L、温度为 13℃ 的状态下, 1.1 kg 的 CO_2 的实际压强小于同状态下理想气体的压强.

当 $T=(273+1013)$ K$=1286$ K 时, 按照相同的方法计算得

$$p_{\text{实}} = 133.555 \text{ atm},$$

$$p_{理} = 131.815 \text{ atm.}$$

这就是说,在温度为 $1013°C$ 的状况下,CO_2 的实际压强大于理想气体的压强. 比较所得数据,我们进一步获悉,当温度较高时,实际气体对理想气体偏离较小.

习　　题

1.1　在 1 个标准大气压下,水的凝固点温度是 t_i、沸点温度是 t_s. 一支未经校准的温度计,在这样的压强下,放在冰水混合物中,指示温度为 t_i',放在沸腾的水中指示温度为 t_s'. 假定温度计的刻度在 t_i' 和 t_s' 之间是等分的,试求中间指示温度为 t_p' 时,真实温度是什么?

1.2　水银温度计浸在冰水中时,水银柱长度为 4.0 cm;温度计浸在沸水中时,水银柱的长度为 24.0 cm.

(1) 温度计浸在某种沸腾的化学溶液中时,水银柱的长度为 25.4 cm,试求溶液的温度.

(2) 在室温 $22.0°C$ 时,水银柱的长度为多少?

1.3　用 L 表示液体温度计中液柱的长度,并定义温标 t^* 与 L 之间的关系为

$$t^* = a \ln L + b,$$

式中 a 和 b 为常量. 规定凝固点为 $t_i^* = 0$ 度、沸点为 $t_s^* = 100$ 度. 设在冰点时液柱的长度为 $L_i = 5.0 \text{ cm}$,在沸点时液柱的长度为 $L_s = 25.0 \text{ cm}$,试求 $t_1^* = 0$ 度到 $t_2^* = 10$ 度之间液柱的长度差以及 $t_1^* = 90$ 度到 $t_2^* = 100$ 度之间的液柱长度差.

1.4　定义温标 t^* 与测温属性 x 之间的关系为 $t^* = \ln(kx)$,式中 k 为常量.

(1) 设 x 为定体稀薄气体的压强,并假定在水的三相点,$t^* = 273.16$ 度,试确定温标 t^* 与理想气体温标 T_i 之间的关系.

(2) 在温标 t^* 中水的凝固点和沸点各为多少度?

(3) 在温标 t^* 中是否存在 0 度?

1.5　用定体气体温度计测得凝固点的理想气体温度为 273.15 K,试求温度计内的气体在凝固点时的压强与在水的三相点时压强之比的极限值.

1.6 定压气体温度计测温泡内的气体在水的三相点和沸点时体积比 $\dfrac{V_{tr}}{V_s}$ 的极限值是 0.732038，求水的沸点在理想气体温标下的值.

1.7 用定体气体温度计测量某物质的沸点.原来测温泡在水的三相点时,其中压强 $p_{tr} = 5.00 \times 10^4$ Pa；当测温泡浸入待测物质中时,测得的压强值为 $p = 7.34 \times 10^4$ Pa.当从测温泡中抽出一些气体,使 p_{tr} 减少 1.00×10^4 Pa 时,测得 $p = 1.4668 \times 10^4$ Pa.试确定该物质的沸点在理想气体温标下的温度.

1.8 求氮气在压强为 490 Pa、温度为 27°C 时的比体积(比体积或称质量体积是指单位质量物质的体积).

1.9 在标准状态下,容积为 10 m×10 m×3 m 的房间内空气的质量为多少千克?（空气的平均摩尔质量是 29×10^{-3} kg/mol）

1.10 一立方容器每边长 20 cm,其中贮有 1.01325×10^5 Pa、300 K 的气体,当把气体加热到 400 K 时,容器每个壁所受的压力为多大?

1.11 如图所示,两个截面积相同的连通管,一为开管,一为闭管,原来两管内的水银面等高,且闭管内水银面到管顶距离为 a.今打开活塞,使水银漏掉一些,因此开管内水银下降了 h.问闭管内水银面下降了多少?设大气压为 p_0,整个过程中温度保持不变.

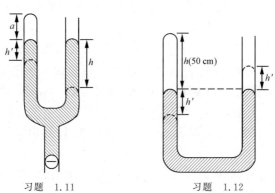

习题 1.11　　　　习题 1.12

1.12 粗细均匀的截面积为 S 的 U 形管,其中贮有水银,高度如图所示.今将 U 形管的右侧与大气相通,左侧上端封闭,其中空气柱的温度为 300 K. 若要使空气柱长度变为 60 cm, 需加热到多少 K? 已知大气压强保持为 75 cmHg.

1.13 一端封闭的玻璃管长 $l = 70.0$ cm, 管内存有空气, 气柱上面有一段长为 $h = 20.0$ cm 的水银柱将气柱封住. 水银面与管口对齐. 今将玻璃管的开口端用玻璃片盖住, 轻轻倒转后再除去玻璃片, 使一部分水银漏出.

(1) 当大气压 $p_0 = 75.0$ cmHg 时, 留在管内的水银柱有多长?

(2) 在什么样的大气压强下水银完全从管内流出?

1.14 水银气压计中混进了一个空气泡, 因此它的读数比实际的气压小. 当精确的气压计读数为 768 mmHg 时, 它的读数只有 748 mmHg. 此时管内水银面到管顶的距离为 80 mm, 问当此气压计的读数为 734 mmHg 时, 实际大气压应是多少? 设空气的温度保持不变.

1.15 一个氢气球可以自由膨胀, 随着球的不断升高, 大气压强不断减小, 氢气球就不断膨胀. 如果忽略掉大气温度、摩尔质量及重力加速度随高度的变化, 试问气球在上升过程中所受的浮力是否变化?

1.16 在矿井入风巷道的某一截面处空气的压强 $p = 0.9 \times 10^5$ Pa, 温度 $t = 17℃$, 流速 $v = 5$ m/s, 该处截面积 $S = 8$ m², 问每秒钟流经该处的空气的质量为多少千克? (已知空气的平均摩尔质量是 28.9×10^{-3} kg/mol)

1.17 一个氧气瓶容积是 32 L, 其中氧气的压强是 130 atm. 规定瓶内氧气压强降到 10 atm 时就得充气, 以免混入其它气体而需洗瓶. 今有一玻璃室, 每天需用 1.0 atm 的氧气 400 L, 问一瓶氧气能用几天?

1.18 一篮球在室温为 0℃ 时打入空气, 使其中空气的压强达到 1.5 atm, 试计算:

(1) 比赛时, 篮球温度升高到 30℃, 这时球内的压强有多大?

(2) 在球赛过程中, 球被扎破了一个小洞, 开始漏气, 问当球赛结束后, 篮球恢复到室温时, 球内剩下的空气是原有空气的百分之几? (篮球体积不变, 室内外大气压强均为 1 atm)

1.19　在密封的瓶子中贮有温度为 7℃、压强为 1 atm 的空气. 如果当瓶内压强是 1.3 atm 时就可将瓶塞顶开,试问,当瓶内空气被加热到多高温度时就密封不住了.

1.20　28 英寸自行车车轮直径为 71.12 cm,内胎截面直径为 3.0 cm,在气温为 −3℃ 时向空胎内打气.打气筒长为 30 cm,截面半径为 1.5 cm,打了 20 下,气就打足了.这时车胎内气体的温度为 7℃,试估算车胎内气体的压强.

1.21　深海潜水员要在四周都是水的环境下呼吸空气.因为在 0.2 MPa 的分压强下的氧是有毒的,所以在一定的水深以下必须使用特殊的气体混合物.已知海水的密度为 $\rho = 1.025 \times 10^3$ kg/m³,试问:

(1) 按照含氧 21% 的体积百分比计算,在什么深度下空气中氧的分压强等于 0.2 MPa?

(2) 在深水作业中使用含 3% 的氧和 97% 的氮(体积百分比)的气体混合物,在水深 200 m 时,这种气体混合物中氧的分压强是多少?

1.22　按质量计,空气是由 76% 的氮、23% 的氧和约 1% 的氩组成的(其余组分很少,可以忽略),试计算空气的平均摩尔质量.

1.23　两容器容积相同,装有相同质量的氮气和氧气,用一内壁光滑的水平玻璃管相通,玻璃管正中间有一小滴水银,如图所示,问:

(1) 如果两容器内气体的温度相同,水银滴能否平衡?

(2) 如果将氧气的温度保持为 $t_1 = 30℃$,氮气的温度保持为 $t_2 = 0℃$,水银滴如何移动?

(3) 要使水银滴不动,并维持两边温度差为 30℃,则氮气的温度应为多高?

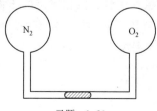

习题　1.23

1.24 近代物理学中常用电子伏（eV）作为能量单位，试问在多高温度下分子的平均平动动能为 1 eV？ 1 K 温度的热运动平均能量相当于多少电子伏？

1.25 一容积为 11.2 L 的真空系统已被抽到 1.0×10^{-5} mmHg 的真空，为了提高其真空度，将它放入 300℃ 的烘箱烘烤，使器壁上吸附的气体分子释放出来. 若烘烤后压强增为 1.0×10^{-2} mmHg，问器壁上原来吸附了多少个气体分子？（1 mmHg＝$1.36 \times 10^3 \times 9.8$ Pa）

1.26 容积为 2.5 L 的烧瓶内有 1.0×10^{15} 个氧分子、4.0×10^{15} 个氮分子和 3.3×10^{13} 个氩分子，设混合气体的温度为 150℃，求混合气体的压强.

1.27 质量为 50.0 g，温度为 18.0°C 的氦气装在容积为 10.0 L 的封闭容器内，容器以 $v = 200$ m/s 的速度作匀速直线运动. 若容器突然停止，定向运动的动能全部转化为分子热运动的动能，则平衡后氦气的温度和压强将各增大多少？

1.28 试确定理想气体的体膨胀系数、等体压强系数和等温压缩系数及范德瓦耳斯气体的等体压强系数.

1.29 试计算压强为 100 atm，密度为 100 g/L 的氧气的温度，已知氧气的范德瓦耳斯修正量 $a = 1.360$ atm · L^2/mol^2，$b = 0.031\,831$ L/mol.

1.30 用范德瓦耳斯方程计算密闭于容器内质量 $M = 0.8$ kg 的 O_2 的压强. 已知容器的容积为 $V = 20$ L，气体的温度 $t = 27℃$. 试将计算结果与用理想气体状态方程计算的结果比较. 已知 O_2 的范德瓦耳斯修正量 $a = 1.369$ atm · L^2/mol^2，$b = 0.0315$ L/mol.

1.31 对处于确定体积的 1 mol 气体，设由范德瓦耳斯方程确定的压强为 p_V，由理想气体状态方程确定的压强为 p_I，试证明，存在一个确定的温度 T_B，当 $T > T_B$ 时，一定有 $p_V > p_I$；当 $T < T_B$ 时，可能有 $p_V < p_I$，并确定该温度 T_B.

2 热平衡态的统计分布律

热力学系统由大量微观粒子组成,这些微观粒子的运动状态千差万别,并且由于碰撞,每个粒子的状态都频繁改变.但实验测量发现,在一定的条件下,所有这些微观状态,例如速度、速率、运动能量等都有一定的统计规律性.在本章中,我们简要讨论热力学平衡状态下微观粒子运动状态的统计分布规律.

2.1 统计规律与分布函数的概念

· 统计规律性的概念   · 随机变量与分布函数

· 伽尔顿板实验

● **统计规律性的概念**

以常见气体为例,组成气体的每一个分子的运动速度的大小和方向都是偶然的、随机的.但从宏观、整体的角度来看,由大量分子组成的气体都有一定的压强和温度.这表明,这些大量偶然事件有一定的分布规律.这种微观上千变万化、完全偶然,而宏观上具有一定规律的现象称为统计规律性.数学上,研究统计规律性的学科分支称为概率论,并把在一定条件下,一系列可能发生的事件集合中发生某一事件的机会或可能性称为发生该事件的概率,这些可能发生的事件称为偶然事件或随机事件.统计规律性反映大量偶然事件整体的必然联系.某一偶然事件出现的概率相对统计规律会有涨落.研究表明,随着偶然事件数目的增加,涨落逐渐减小.

● **伽尔顿板实验**

　　伽尔顿板是上半部整齐地排列着许多钉子、在下半部配以许多等宽度小槽的竖直隔板,图 2-1 为其示意图.实验方案通常是分别多次让单个小球落下或让许多小球一起落下,观察比较这两种情形下各个不同槽中小球的数目.实验结果表明:当一次投入一个小球时,小球因与板中上半部分排列着的许多钉子的碰撞而多次改变运动方向,最后落入下半部分的某个小槽中,然后,再投入一个小球,结果发现它可能落入另一个小槽,多次重复这样的操作可以发现,单个小球经与板中钉子碰撞后落入哪个小槽完全是随机的、偶然的,也就是偶然事件或随机事件;然而,使大量小球一齐落下时,有些槽中落入的小球较多,另一些槽中落入的小球较少,多次重复该操作可以发现,伽尔顿板下半部各个槽中落入小球数目的分布基本上保持不变,例如,正对入口的下方的槽中落入的小球总是较多,而远离正对入口的槽中落入的小球总是较少.

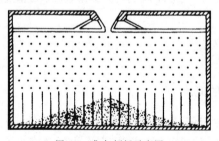

图 2-1　伽尔顿板示意图

　　伽尔顿板实验结果表明,大量小球一齐落下时落入各槽中的小球的数目有确定的分布,这意味着单个小球落入某个小槽的可能性的大小是确定的.或者说,对于大量微观粒子组成的系统的宏观性质和规律而言,统计规律起主导作用.由此可知,统计规律与力学的决定性规律有着明显的差别,统计规律是对大量偶然事件整体起作用的规律,力学规律是对单个事件起作用的规律,统计规律不是力学规律的简单叠加.另一方面,多次使很多小球一起落下时,落入下半部各小槽中的小球数分布基本保持不变,但又不是绝对相同,这说明在统计规律起主导作用的情况下,单个的偶然事件相对统计规律仍会有涨落.

- **随机变量与分布函数**

以伽尔顿板实验为例,将伽尔顿板下方的小槽编号,记 i 为小槽序号,设小球总数为 N,落入第 i 个小槽的小球数为 ΔN_i,落入第 i 个小槽内的小球所占的面积(或体积)为 ΔA_i,其宽度为 Δx_i,高度为 h_i,则

$$N = \sum_i \Delta N_i = C \sum_i \Delta A_i = C \sum_i h_i \Delta x_i,$$

其中 C 为单位面积(或体积)内容纳的小球数目. 那么,按照概率的定义,小球落入第 i 个小槽的概率为

$$\Delta P_i = \frac{\Delta N_i}{N} = \frac{h_i \Delta x_i}{\sum\limits_j h_j \Delta x_j}.$$

抽象地,对一系列事件,如果一些量的数值 $X = \{x_1, x_2, \cdots, x_i, \cdots\}$ 是否出现可以表示其中某事件是否发生,则这些量称为随机变量. 随机变量有离散随机变量和连续随机变量之分,例如,上述伽尔顿板实验中的小槽序号 i,只能取自然数. 这类只能取一些不连续的离散数值的随机变量称为离散随机变量. 如果将上述小槽的宽度精细化,使每个小槽的宽度 Δx_i 趋于无穷小量 $\mathrm{d}x$,则标记小槽序号的离散数就成为可连续变化的坐标 x. 这种可连续变化的随机变量称为连续随机变量.

对于离散的随机变量 $\{x_i\}$,设随机变量 x_i 出现的概率为 $P(x_i)$,则 $\{P_i\} = \{P(x_1), P(x_2), \cdots, P(x_i), \cdots\}$ 称为其概率分布. 因为所有可能的随机变量出现的总概率为 1,则该概率分布满足归一化条件

$$\sum_i P_i = 1. \tag{2.1}$$

并且这些随机变量的平均值为

$$\bar{x} = \sum_i P_i x_i. \tag{2.2}$$

对于连续随机变量,仍以伽尔顿板实验为例,小球落入第 i 个小槽的概率为

$$\Delta P_i = \frac{\Delta N_i}{N_i} = \frac{h_i \Delta x_i}{\sum\limits_i h_j \Delta x_j},$$

其概率分布 $\{P_i\}$ 如图 2-2 所示. 将小区间 Δx_i 细化, 以致 Δx_i 成为无

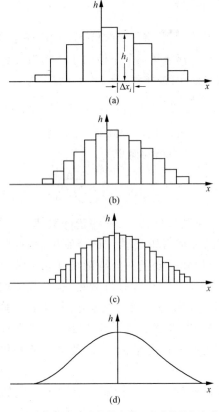

图 2-2   伽尔顿实验中各槽内落入小球数的概率分布

穷小量 $\mathrm{d}x$, ΔN_i 成为无穷小量 $\mathrm{d}N$, 则 ΔP 也相应地成为无穷小量

$$\mathrm{d}P = \frac{\mathrm{d}N}{N} = \frac{h(x)\,\mathrm{d}x}{\displaystyle\int h(x)\,\mathrm{d}x}.$$

令 $f(x) = \dfrac{h(x)}{\displaystyle\int h(x)\,\mathrm{d}x}$, 则

$$\mathrm{d}P = f(x)\,\mathrm{d}x,$$

于是有
$$f(x) = \frac{\mathrm{d}P}{\mathrm{d}x} = \frac{1}{N} \frac{\mathrm{d}N}{\mathrm{d}x}, \tag{2.3}$$

这样定义的函数 $f(x)$ 称为 x 的概率分布函数,即 $f(x)$ 表示随机变量出现在 x 处单位区间内的概率,因此分布函数又称为概率密度. 因为概率具有归一性,即 $\sum \mathrm{d}P = 1$,所以分布函数也具有归一性,即

$$\int f(x)\mathrm{d}x = 1. \tag{2.4}$$

又由上述讨论知,$\mathrm{d}P = f(x)\mathrm{d}x$ 为随机变量取 $x \sim x + \mathrm{d}x$ 的区间内的数值的概率,所以随机变量 x 的平均值为 $\bar{x} = \int x f(x)\mathrm{d}x$. 而对于任意物理量 $G = G(x)$,其平均值为

$$\overline{G} = \int G(x) f(x)\mathrm{d}x. \tag{2.5}$$

例如,对于组成热力学系统的大量微观粒子,其速度分布函数为

$$f(\boldsymbol{v}) = \frac{1}{N} \frac{\mathrm{d}N}{\mathrm{d}\boldsymbol{v}}, \tag{2.6}$$

它表示这些微观粒子按速度分布的概率密度,即速度 $\boldsymbol{v}$ 附近单位区间内的粒子数占粒子总数的概率. 由此可知,$f(\boldsymbol{v})\mathrm{d}\boldsymbol{v}$ 表示速度处于 $\boldsymbol{v} \sim \boldsymbol{v} + \mathrm{d}\boldsymbol{v}$ 的区间中的粒子占所有粒子的概率. 并且有能量分布函数

$$f(\varepsilon) = \frac{1}{N} \frac{\mathrm{d}N}{\mathrm{d}\varepsilon}, \tag{2.7}$$

它表示组成系统的微观粒子中能量处于 ε 附近单位区间内的粒子数占总粒子数的比例. 因此,$f(\varepsilon)\mathrm{d}\varepsilon$ 表示能量介于 $\varepsilon \sim \varepsilon + \mathrm{d}\varepsilon$ 的区间内的粒子数占总粒子数的概率. 很显然,只要知道了速度分布函数 $f(\boldsymbol{v})$、能量分布函数 $f(\varepsilon)$,就可以根据(2.5)式求得以速度 $\boldsymbol{v}$,或能量 ε 为自变量的物理量 $G(\boldsymbol{v})$,$G(\varepsilon)$ 的平均值,从而确定这些宏观物理量.

例题 1 N 个假想的气体分子的速率分布如图 2-3 所示,

(1) 由 N 和 v_0 确定 N_0;

(2) 确定速率在 $1.5v_0$ 到 $2.0v_0$ 之间的分子数;

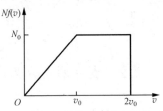

图 2-3 N 个假想的气体分子的
速率分布函数图示

(3) 确定分子的平均速率.

解 (1) 由图可知, 这 N 个分子的速率分布函数可以解析表示为

$$f(v) = \frac{N_0}{Nv_0}v, \quad 当 \ 0 < v < v_0;$$

$$f(v) = \frac{N_0}{N}, \qquad 当 \ v_0 \leqslant v \leqslant 2v_0;$$

$$f(v) = 0, \qquad 当 \ v > 2v_0.$$

由速率分布函数的归一化条件可知,

$$\int_0^{v_0} \frac{N_0}{Nv_0} v \mathrm{d}v + \int_{v_0}^{2v_0} \frac{N_0}{N} \mathrm{d}v = 1,$$

即

$$\frac{1}{2} \frac{N_0}{Nv_0} v_0^2 + \frac{N_0}{N} v_0 = 1,$$

所以

$$N_0 = \frac{2N}{3v_0}.$$

(2) 由分布函数的定义知, 速率分布函数可以表示为

$$f(v) = \frac{\mathrm{d}N}{N\mathrm{d}v}.$$

即速率 v 附近小区间 $\mathrm{d}v$ 内的分子数为

$$\mathrm{d}N = Nf(v)\mathrm{d}v.$$

依题意, 在速率 $v \in [1.5v_0, 2v_0]$ 的区间内, $f(v) = \frac{N_0}{N} = \frac{2}{3v_0}$. 所以速率在 $1.5v_0$ 到 $2.0v_0$ 之间的分子数为

$$\Delta N = \int_{1.5v_0}^{2.0v_0} Nf(v)\mathrm{d}v = \int_{1.5v_0}^{2.0v_0} N\frac{2}{3v_0}\mathrm{d}v = \frac{N}{3}.$$

(3) 依题意, N 个分子的平均速率为

$$\bar{v} = \int_0^\infty vf(v)\mathrm{d}v = \int_0^{v_0} v\frac{N_0}{Nv_0}\mathrm{d}v + \int_{v_0}^{2v_0} v\frac{N_0}{N}\mathrm{d}v = \frac{11}{6}\frac{N_0}{N}v_0^2 = \frac{11}{9}v_0.$$

2.2　麦克斯韦分布律与麦克斯韦-玻尔兹曼分布律

· 速度空间与速度分布律的概念

· 麦克斯韦速度分布律和速率分布律

- 麦克斯韦速度分布律的实验检验
- 麦克斯韦分布律的一些应用
- 重力场中微粒密度随高度的等温分布
- 玻尔兹曼密度按位置分布律与麦克斯韦-玻尔兹曼分布律

- **速度空间与速度分布律的概念**

在经典物理中,微观粒子的运动状态可以用坐标和动量描述.在三维空间中,根据讨论实际问题的需要,可以由直角坐标描述,也可以用球坐标描述,还可以用柱坐标或其他坐标描述,并且常把这种空间称为粒子的位形空间(configuration space).在不考虑相对论效应的情况下,由于微观粒子的质量为常量,那么动量 $\boldsymbol{P}=m\boldsymbol{v}$ 可以由速度 $\boldsymbol{v}$ 来描述.根据 $\boldsymbol{v}=\mathrm{d}\boldsymbol{r}/\mathrm{d}t$,其中 $\boldsymbol{r}$ 为三维空间中粒子的位矢,则速度 $\boldsymbol{v}$ 也张成一个三维空间.这样由速度分量为坐标架建立起来的空间称为速度空间(velocity space),如图 2-4 所示.速度的球坐标表示 (v,θ,φ) 与直角坐标 (v_x,v_y,v_z) 之间的变换与位形空间的球坐标与直角坐标的变换完全一样,可以表示为

$$v_x = v\sin\theta\cos\varphi, \quad v_y = v\sin\theta\sin\varphi, \quad v_z = v\cos\theta.$$

与位形空间中 $\boldsymbol{r}$ 附近微小变化 $\mathrm{d}\boldsymbol{r}$ 形成体积元 $\mathrm{d}^3\boldsymbol{r}\overset{\mathrm{def}}{=\!=\!=}\mathrm{d}x\mathrm{d}y\mathrm{d}z$ 相同,速度空间中 $\boldsymbol{v}$ 附近的微小变化 $\mathrm{d}\boldsymbol{v}$ 也形成一个小体积元,在直角坐标系中,该小体积元表示为 $\mathrm{d}^3\boldsymbol{v}=\mathrm{d}v_x\mathrm{d}v_y\mathrm{d}v_z$,如图 2-4(a)所示.在球坐标中,该小体积元表示为 $\mathrm{d}^3\boldsymbol{v}=v^2\sin\theta\,\mathrm{d}v\mathrm{d}\theta\mathrm{d}\varphi$,如图 2-4(b)所示.

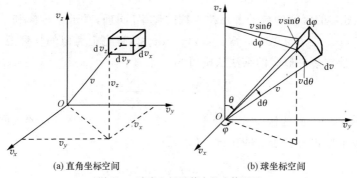

(a) 直角坐标空间 　　　　(b) 球坐标空间

图 2-4 速度空间及其中的小体积元

　　热力学系统由大量微观粒子组成,每个粒子有其自己的速度.由于组成系统的粒子的速度千变万化,我们不可能确切地知道每个粒子的速度.统计规律表明,只要我们知道粒子按速度的分布,就可以确定与速度有关的宏观物理量.与上节关于分布函数的一般讨论相联系,如果由 N 个粒子组成的系统中有 $\mathrm{d}N(v_x,v_y,v_z)$ 个粒子的速度处于 $v_x \sim v_x + \mathrm{d}v_x, v_y \sim v_y + \mathrm{d}v_y, v_z \sim v_z + \mathrm{d}v_z$ 的区间中,则这种粒子占总粒子的概率为

$$f(v_x,v_y,v_z)\mathrm{d}v_x\mathrm{d}v_y\mathrm{d}v_z = \frac{\mathrm{d}N(v_x,v_y,v_z)}{N}, \tag{2.8}$$

速度处于 v_x,v_y,v_z 附近的粒子的概率密度,即粒子按速度分布的分布函数为

$$f(v_x,v_y,v_z) = \frac{\mathrm{d}N(v_x,v_y,v_z)}{N\mathrm{d}v_x\mathrm{d}v_y\mathrm{d}v_z}. \tag{2.9}$$

　　在不受外界影响的情况下,热力学系统的微观粒子的运动是完全无规则的热运动,三个速度分量 v_x,v_y,v_z 互相独立,均为独立的随机事件,那么,我们可以分别考察 x,y,z 方向的速度分量 v_x,v_y,v_z 的分布函数 $f(v_x),f(v_y),f(v_z)$.

　　对 x 方向,若其速度分量处于 $v_x \sim v_x + \mathrm{d}v_x$ 区间内的粒子数为 $\mathrm{d}N(v_x)$,则粒子按 v_x 的分布函数为

$$f(v_x) = \frac{\mathrm{d}N(v_x)}{N\mathrm{d}v_x}.$$

而 $f(v_x)\mathrm{d}v_x = \dfrac{\mathrm{d}N(v_x)}{N}$ 表示在所有粒子中 x 方向的速度处于 $v_x \sim v_x + \mathrm{d}v_x$ 的区间的粒子占总粒子数的概率.同理,对于 y 方向和 z 方向, $f(v_y)$, $f(v_y)\mathrm{d}v_y$, $f(v_z),f(v_z)\mathrm{d}v_z$ 具有完全类似的物理意义.根据独立事件概率的乘法法则可知

$$f(v_x)\mathrm{d}v_x \cdot f(v_y)\mathrm{d}v_y = \frac{\mathrm{d}N(v_x,v_y)}{N},$$

表示 x,y 方向的速度分别处于 $v_x \sim v_x + \mathrm{d}v_x, v_y \sim v_y + \mathrm{d}v_y$ 的区间内的粒子数占总粒子数的比例.又

$$\frac{\mathrm{d}N(v_x,v_y)}{N} = f(v_x,v_y)\mathrm{d}v_x\mathrm{d}v_y,$$

则速度分布函数之间满足关系

$$f(v_x, v_y) = f(v_x)f(v_y). \tag{2.10a}$$

同理,对于三维空间有

$$f(v_x, v_y, v_z) = f(v_x)f(v_y)f(v_z), \tag{2.10b}$$

即速度分布函数 $f(v_x, v_y, v_z)$ 为粒子分别按速度的 x, y, z 方向的分量 v_x, v_y, v_z 的分布函数 $f(v_x), f(v_y), f(v_z)$ 的乘积.

● **麦克斯韦速度分布律和速率分布律**

(1) 麦克斯韦速度分布律的表述及导出

从上小节的讨论可知,由大量微观粒子组成的系统中,粒子速度的分布函数 $f(v_x, v_y, v_z)$ 与 x, y, z 方向的分量的分布函数 $f(v_i)$ ($i = x, y, z$)之间有关系

$$f(v_x, v_y, v_z)\mathrm{d}v_x\mathrm{d}v_y\mathrm{d}v_z = f(v_x)\mathrm{d}v_x\, f(v_y)\mathrm{d}v_y\, f(v_z)\mathrm{d}v_z.$$

又由微观粒子速度各向同性、宏观静止可以推断,分布函数仅与速度 $\boldsymbol{v}$ 的大小有关,而与 $\boldsymbol{v}$ 的方向无关,即 $f(v_i) = f(v_i^2)$,于是

$$f(\boldsymbol{v}) = f(v_x, v_y, v_z) = f(v^2) = f(v_x^2)f(v_y^2)f(v_z^2).$$

显然

$$\ln f(v^2) = \ln f(v_x^2) + \ln f(v_y^2) + \ln f(v_z^2),$$

作试探解

$$\ln f(v_i^2) = A - Bv_i^2, \quad i = x, y, z$$

则有

$$f(v_i^2) = \mathrm{e}^A \mathrm{e}^{-Bv_i^2} = C_i \mathrm{e}^{-Bv_i^2},$$

$$f(v^2) = C\mathrm{e}^{-B(v_x^2 + v_y^2 + v_z^2)} = C\mathrm{e}^{-Bv^2}, \tag{2.10c}$$

其中 B 和 C 为待定参量. 因为任意一个实际的分布必须满足粒子数守恒(即分布函数归一)和能量守恒(即对分布函数与能量之积的积分等于粒子的平均能量)的物理条件,于是有

$$\iiint f(\boldsymbol{v})\mathrm{d}^3v = \int_0^\infty \int_0^{2\pi} \int_0^\pi C\mathrm{e}^{-Bv^2} v^2 \sin\theta\, \mathrm{d}v\mathrm{d}\theta\mathrm{d}\varphi = 1, \tag{a}$$

$$\iiint f(\boldsymbol{v})\varepsilon(\boldsymbol{v})\mathrm{d}^3v = \frac{m}{2}\int_0^\infty \int_0^{2\pi} \int_0^\pi v^2 C\mathrm{e}^{-Bv^2} v^2 \sin\theta\, \mathrm{d}v\mathrm{d}\theta\mathrm{d}\varphi = \frac{3}{2}k_\mathrm{B}T, \tag{b}$$

其中 k_B 为玻尔兹曼常量,T 为系统的温度. 利用高斯积分公式(参见

附录)完成上述积分可知,(a)和(b)式可分别表示为

$$\begin{cases} 4\pi C \dfrac{\sqrt{\pi}}{4B^{3/2}} = 1, & \text{(c)} \\[4mm] 2\pi m C \dfrac{3\sqrt{\pi}}{8B^{5/2}} = \dfrac{3}{2} k_{\mathrm{B}} T. & \text{(d)} \end{cases}$$

整理、化简,并解由(c)和(d)组成的方程组,可得

$$B = \frac{m}{2k_{\mathrm{B}} T}, \tag{e}$$

$$C = \left(\frac{m}{2\pi k_{\mathrm{B}} T}\right)^{3/2}. \tag{f}$$

将 B 和 C 代入(2.10c)式,则

$$f(\boldsymbol{v}) = \left(\frac{m}{2\pi k_{\mathrm{B}} T}\right)^{3/2} \mathrm{e}^{-\frac{mv^2}{2k_{\mathrm{B}} T}},$$

此即热平衡系统的粒子按速度分布的分布律. 由于它最早由麦克斯韦(J. C. Maxwell)用碰撞概率的方法导出,所以常称之为麦克斯韦速度分布律(Maxwell velocity distribution),记为 $f_{\mathrm{M}}(\boldsymbol{v})$. 于是,我们有麦克斯韦速度分布律

$$f_{\mathrm{M}}(\boldsymbol{v}) = \left(\frac{m}{2\pi k_{\mathrm{B}} T}\right)^{3/2} \mathrm{e}^{-\frac{m\boldsymbol{v}^2}{2k_{\mathrm{B}} T}}. \tag{2.11}$$

(2) 麦克斯韦速率分布律

因为 $f_{\mathrm{M}}(\boldsymbol{v})\mathrm{d}^3 v = f_{\mathrm{M}}(\boldsymbol{v}) v^2 \sin\theta \, \mathrm{d}v \mathrm{d}\theta \mathrm{d}\varphi$,对角度 θ, φ 积分,则

$$\int_{\Omega} f_{\mathrm{M}}(\boldsymbol{v}) v^2 \sin\theta \, \mathrm{d}v \mathrm{d}\theta \mathrm{d}\varphi = 4\pi v^2 f_{\mathrm{M}}(\boldsymbol{v})\mathrm{d}v,$$

此即包含各种方向的速率分布在 $v \sim v + \mathrm{d}v$ 区间内的粒子占总粒子数的概率. 于是,我们得到麦克斯韦速率分布律(Maxwell speed distribution)

$$F_{\mathrm{M}}(v) = 4\pi v^2 f_{\mathrm{M}}(\boldsymbol{v}). \tag{2.12}$$

(3) 麦克斯韦速度分布律和速率分布律的性质和特征

深入系统的研究(参见 2.4 节)表明,麦克斯韦速度分布律 $f_{\mathrm{M}}(\boldsymbol{v})$ 和速率分布律 $F_{\mathrm{M}}(v)$ 分别为不考虑粒子之间的相互作用及外界对系统的作用的情况下,平衡态系统中微观粒子按速度、速率的最概然分布函数.

考查麦克斯韦速度分布律(2.11)式可知,粒子随速度分布的概率密度与系统的温度和粒子的质量有关,其依赖关系分别如图 2-5 (a)、图 2-5(b)所示.

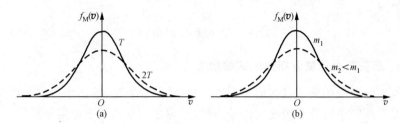

图 2-5 (a) 不同温度下麦克斯韦速度分布律

(b) 不同质量下麦克斯韦速度分布律

由于麦克斯韦速率分布律包含麦克斯韦速度分布律和一个 v^2 因子,则麦克斯韦速率分布律随 v 变化的曲线在 $v=0$ 处等于 0,且在 $v\neq0$ 处有一个极大值.对应于速率分布函数 $F_M(v)$ 的极大值的速率称为粒子的最概然速率,记为 v_p. 计算表明,随着温度的升高,$F_M(v)$ 的极大值减小,对应的最概然速率增大(下小节将给出其具体函数关系).在不同温度及不同质量 m_1 和 m_2($m_2<m_1$)下的麦克斯韦速率分布律分别如图 2-6(a)和(b)所示.

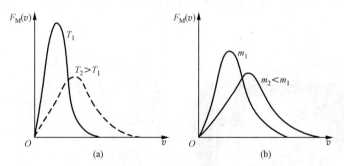

图 2-6 (a) 不同温度下的麦克斯韦速率分布律

(b) 不同质量下的麦克斯韦速率分布律

由分布函数的一般性质可知,在平衡态下,粒子的速度分布为麦克斯韦分布律所示的最概然分布,任意一个可以表示为速度的函数的物理量 $Q=Q(\boldsymbol{v})$ 的平均值为

$$\overline{Q} = \int Q(\boldsymbol{v}) \, f_M(\boldsymbol{v}) \, d^3 v. \qquad (2.13a)$$

类似地,任意一个可以表示为速率的函数的物理量 $Q=Q(v)$ 的平均值为

$$\overline{Q} = \int Q(v) F_M(v) dv. \qquad (2.13b)$$

● **麦克斯韦速度分布律的实验检验**

　　前面我们采用试探解的方法(也就是假设方法)给出平衡态下热力学系统中的分子按速度的分布律,并称之为麦克斯韦速度分布律.原始地,平衡态下热力学系统的分子按速度的分布律是麦克斯韦在 19 世纪中期首先给出的,但在当时的条件下无法由实验直接检验.到 20 世纪初,随着真空技术和分子束技术的发展,斯特恩(O. Stern)于 1920 年第一次用实验证实了麦克斯韦速度及速率分布律的正确性.随后有一系列实验都验证了麦克斯韦分布律的正确性,其中典型的有:1934 年我国物理学家葛正权的实验;1947 年斯特恩及其同事的实验;1955 年密勒(Miller)和库士(Kusch)的实验.因各个实验的装置及原理大同小异,这里仅就密勒-库士实验作一简单介绍.

　　密勒-库士实验装置的示意图如图 2-7(a)所示,其中 O 是蒸气源,S 为其上的一条狭缝,R 是置有很多斜槽(图中仅给出其中之一)

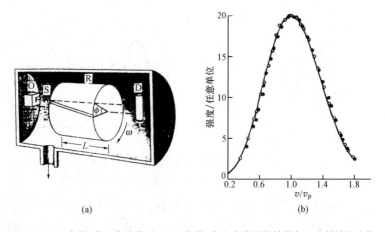

图 2-7　(a)密勒-库士实验装置　(b)密勒-库士实验测量结果与理论结果的比较

的可绕轴线转动的圆柱(长度为 L),R 的端面与 S 所在平面平行.D
为测量蒸气分子的探测器.这些装置都置于可抽成高真空的容器中.
实验时,通过加热在蒸气源中产生铊蒸气,铊蒸气分子由狭缝 S 溢
出,然后进入圆柱,经过斜槽后,穿出圆柱,打到探测器 D 上.由于圆
柱 R 转动,设其角速度为 ω,分子进入圆柱处和穿出圆柱处对应半径
间的夹角为 ϕ,则这些分子的速率 v 一定满足关系

$$\frac{L}{v} = \frac{\phi}{\omega},$$

即有

$$v = \frac{\omega}{\phi}L.$$

那么,由探测器 D 记录 ϕ 方向、不同 ω 下的分子的数目(出射束流强
度)分布就得到由狭缝 S 溢出的速率为 v 的分子的分布律.

由于由狭缝 S 溢出的速率为 v 的分子的分布律并不是蒸气源中
无规则运动的分子的速率分布律(麦克斯韦速率分布律),因此,为检
验麦克斯韦速率分布律,我们需要确定麦克斯韦速率分布律与上述
由狭缝 S 溢出的速率为 v 的分布律之间的关系.为此,我们先确定从
狭缝 S 溢出的分子的数率(泻流数率),再确定溢出的分子中的速率
分布律与麦克斯韦速率分布律间的关系.

(1) 泻流数率

蒸气源中的气体分子处于不停顿的无规则运动状态,那么在任
一时刻都可能有分子碰到容器壁.单位时间内碰到单位面积容器壁
上的分子数称为该气体分子的碰壁数率,记作 Γ.在一定时间 Δt 内
碰到面积为 S 的器壁上的分子数为 $N_c = \Gamma S \Delta t$.而在无穷小时间间
隔 $\mathrm{d}t$ 内碰到面元 $\mathrm{d}S$ 的分子数 $\mathrm{d}N_c$ 与
相应的碰壁数率 $\mathrm{d}\Gamma$ 有关系

$$\mathrm{d}N_c = \mathrm{d}\Gamma \mathrm{d}t \mathrm{d}S.$$

直观地,对平行于 y-z 平面的容器
壁,如图 2-8 所示,设容器中分子的数
密度为 n,则 $\mathrm{d}t$ 时间内碰到面积为 $\mathrm{d}S$
的容器壁上的分子数就是高为 $v_x \mathrm{d}t$、底
面积为 $\mathrm{d}S$ 的柱体元内的分子数,即有

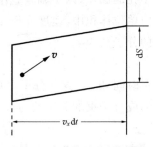

图 2-8 气体分子碰壁的剖面

$$\mathrm{d}N_{\mathrm{c}} = 速度分量为\ v_x\ 的分子数密度 \times 体元体积$$
$$= n f_{\mathrm{M}}(v_x) \mathrm{d}v_x \cdot v_x \mathrm{d}t \mathrm{d}S,$$

比较 $\mathrm{d}N_{\mathrm{c}}$ 的两个表达式,则得

$$\mathrm{d}\Gamma = n f_{\mathrm{M}}(v_x) v_x \mathrm{d}v_x.$$

那么气体分子的碰壁数率为

$$\Gamma = \int_0^\infty n f_{\mathrm{M}}(v_x) v_x \mathrm{d}v_x$$

$$= \int_0^\infty n \left(\frac{m}{2\pi k_{\mathrm{B}} T} \right)^{1/2} \mathrm{e}^{-\frac{m v_x^2}{2 k_{\mathrm{B}} T}} v_x \mathrm{d}v_x$$

$$= n \left(\frac{m}{2\pi k_{\mathrm{B}} T} \right)^{1/2} \frac{k_{\mathrm{B}} T}{m} = \frac{1}{4} n \bar{v},$$

其中 $\bar{v}$ 为容器中所有分子的平均速率.

如果容器壁上有孔洞,则上述与器壁相碰的气体分子可以由孔洞逸出容器.当孔洞面积 $\mathrm{d}S$ 的线度小于气体中所有分子在连续两次碰撞之间自由运动的距离的平均值时,分子从小孔 $\mathrm{d}S$ 中逸出的现象称为泻流现象(effusion phenomenon).若开有小孔的器壁很薄,则射出小孔的分子数目与碰撞到器壁小孔处的气体分子数目相等.由前述气体分子碰壁数率可知,气体分子的泻流数率为

$$\Gamma_{\mathrm{effu}} = \frac{1}{4} n \bar{v}. \tag{2.14}$$

(2) 溢出的分子束中的分子的速率分布律与麦克斯韦速率分布律间的关系

记蒸气源中各种速度分子的总数密度为 n, $\mathrm{d}S$ 为蒸气源器壁上小孔的面积,以 x 轴垂直小孔建立坐标系,如图 2-8 所示,则蒸气源内单位体积中,速度介于 $v_x \sim v_x + \mathrm{d}v_x$, $v_y \sim v_y + \mathrm{d}v_y$, $v_z \sim v_z + \mathrm{d}v_z$ 的分子数为

$$\mathrm{d}n = n f(\boldsymbol{v}) \mathrm{d}v_x \mathrm{d}v_y \mathrm{d}v_z,$$

在时间 $\mathrm{d}t$ 内,这些分子中可与小孔相碰的,也就是可以由小孔穿出形成分子束的分子数为

$$\mathrm{d}n_{\mathrm{c}} = n f(\boldsymbol{v}) \mathrm{d}v_x \mathrm{d}v_y \mathrm{d}v_z \cdot v_x \mathrm{d}t \mathrm{d}S,$$

其中 $v_x > 0$, $f(\boldsymbol{v})$ 为麦克斯韦速度分布函数.以球坐标表示则有

$$\mathrm{d}n_c = nf(\boldsymbol{v})v^2 \sin\theta\, \mathrm{d}v\, \mathrm{d}\theta\, \mathrm{d}\varphi \cdot v\sin\theta\cos\varphi\, \mathrm{d}t\mathrm{d}S.$$

显然,在 $\theta\in(0,\pi)$, $\varphi\in\left(-\dfrac{\pi}{2},\dfrac{\pi}{2}\right)$ 区间内的分子都可以在 $\mathrm{d}t$ 时间内由小孔穿出. 所以,在 $\mathrm{d}t$ 时间内,由蒸气源中速率介于 $v\sim v+\mathrm{d}v$ 区间内的分子形成的分子束中的分子数为

$$n_c = \int_0^\pi \int_{-\frac{\pi}{2}}^{\frac{\pi}{2}} nf(\boldsymbol{v})v^3 \sin^2\theta\cos\varphi\, \mathrm{d}\theta\mathrm{d}\varphi\, \mathrm{d}v\mathrm{d}t\mathrm{d}S$$

$$= \pi \cdot nf(\boldsymbol{v})v^3 \mathrm{d}v\mathrm{d}t\mathrm{d}S = \frac{n}{4} \cdot 4\pi v^2 f(\boldsymbol{v})v\mathrm{d}v\mathrm{d}t\mathrm{d}S$$

$$= \frac{n}{4} F_{\mathrm{M}}(v)v\mathrm{d}v\mathrm{d}t\mathrm{d}S,$$

其中 $F_{\mathrm{M}}(v)$ 为麦克斯韦速率分布函数. 这就是说, $\mathrm{d}t$ 时间内形成的分子束中速率介于 $v\sim v+\mathrm{d}v$ 区间内的分子数为

$$\mathrm{d}n_{\mathrm{B}} = \frac{n}{4} F_{\mathrm{M}}(v)v\mathrm{d}v\mathrm{d}t\mathrm{d}S.$$

而这段时间内形成的分子束的总分子数为

$$n_{\mathrm{B}} = \frac{n}{4}\bar{v}\mathrm{d}t\mathrm{d}S,$$

其中 $\bar{v}$ 为蒸气源中所有分子的平均速率,即 $\bar{v}=\sqrt{\dfrac{8k_{\mathrm{B}}T}{\pi m}}$,所以分子束中分子按速率的分布律为

$$F_{\mathrm{B}}(v) = \frac{\mathrm{d}n_{\mathrm{B}}}{n_{\mathrm{B}}\mathrm{d}v} = \frac{v}{\bar{v}}F_{\mathrm{M}}(v) = \frac{m^2}{2k_{\mathrm{B}}^2 T^2}v^3 \mathrm{e}^{-\frac{mv^2}{2k_{\mathrm{B}}T}}. \tag{2.15}$$

由此知,只要测定了溢出的分子束中的分子的速率分布律,就得到了蒸气源中气体分子无规则运动的速率分布律,从而可以检验麦克斯韦速率分布律.

密勒-库士实验中,对蒸气源中铊蒸气温度为 870 K,944 K 时的实验测量结果分别如图 2-7(b)中的小圆圈、小圆点所示,理论计算的 $F(v)$ 如图中实线所示(图中速率以最概然速率 v_{p} 为单位). 由图可知,理论结果与实验结果符合得很好. 从而很好地证明了麦克斯韦速率分布律及速度分布律的正确性.

- **麦克斯韦分布律的一些应用**

（1）平衡态下微观粒子的最概然速率、平均速率及方均根速率

最概然速率就是出现概率最大的速率，常记作 v_{p}，并由求解极值方程

$$\frac{\mathrm{d}}{\mathrm{d}v}F_{\mathrm{M}}(v)\Big|_{v=v_{\mathrm{p}}}=0,\qquad \frac{\mathrm{d}^2}{\mathrm{d}v^2}F_{\mathrm{M}}(v)<0$$

确定. 因为

$$F_{\mathrm{M}}(v)=4\pi v^2 f_{\mathrm{M}}(\boldsymbol{v})=4\pi v^2\left(\frac{m}{2\pi k_{\mathrm{B}}T}\right)^{3/2}\mathrm{e}^{-\frac{mv^2}{2k_{\mathrm{B}}T}},$$

$$\frac{\mathrm{d}F_{\mathrm{M}}(v)}{\mathrm{d}v}=\frac{\mathrm{d}}{\mathrm{d}v}\left[4\pi v^2\left(\frac{m}{2\pi k_{\mathrm{B}}T}\right)^{3/2}\mathrm{e}^{-\frac{mv^2}{2k_{\mathrm{B}}T}}\right]$$

$$=4\pi\left(\frac{m}{2\pi k_{\mathrm{B}}T}\right)^{3/2}\mathrm{e}^{-\frac{mv^2}{2k_{\mathrm{B}}T}}\left[2v+v^2\left(-\frac{m\cdot 2v}{2k_{\mathrm{B}}T}\right)\right],$$

则有

$$2v_{\mathrm{p}}-\frac{m}{k_{\mathrm{B}}T}\,v_{\mathrm{p}}^3=0,$$

解之，得（这里已经舍弃 $v_{\mathrm{p}}=0$ 解，因它明显不满足物理要求）

$$v_{\mathrm{p}}=\sqrt{\frac{2k_{\mathrm{B}}T}{m}}.$$

由此知，处于平衡态的热力学系统中的微观粒子的最概然速率为

$$v_{\mathrm{p}}=\sqrt{\frac{2k_{\mathrm{B}}T}{m}}.\tag{2.16}$$

根据麦克斯韦速率分布律，可以直接求得处于平衡态的热力学系统中的微观粒子的平均速率为

$$\bar{v}=\sqrt{\frac{8k_{\mathrm{B}}T}{\pi m}}.\tag{2.17}$$

方均根速率 v_{rms} 定义为系统粒子的速率平方的平均值的平方根，即 $\sqrt{\overline{v^2}}$. 因为

$$\overline{v^2}=\int_0^\infty v^2 F_{\mathrm{M}}(v)\mathrm{d}v=\frac{3k_{\mathrm{B}}T}{m},$$

所以

$$\sqrt{\overline{v^2}} = \sqrt{\frac{3k_{\mathrm{B}}T}{m}}. \tag{2.18}$$

很显然,该结果与由温度的统计解释 $\bar{\varepsilon} = \frac{1}{2}m\,\overline{v^2} = \frac{3}{2}k_{\mathrm{B}}T$ 得出的结果一致.

因为方均根速率与无规则运动动能的平均值直接相关,所以,在一些常见问题的讨论中,方均根速率尤为重要. 常温(例如 $0°C$)下一些常见气体分子的方均根速率如表 2.1 所示.

表 2.1 一些常见气体分子的方均根速率

气体	CO_2	O_2	N_2	CH_4	H_2
$\sqrt{\overline{v^2}}/(\mathrm{m \cdot s^{-1}})$	393	461	493	651	1843

(2) 泻流分离同位素方法

由麦克斯韦分布律的实验检验部分关于泻流数率的讨论知,如果容器壁很薄,则其中分子由器壁上的小孔溢出的数率为

$$\Gamma_{\mathrm{effu}} = \frac{1}{4}n\bar{v},$$

其中 n 为容器中气体分子的数密度,$\bar{v}$ 为这些分子的平均速率.

由于 $\bar{v} = \sqrt{\dfrac{8k_{\mathrm{B}}T}{\pi m}} \propto \dfrac{1}{\sqrt{m}}$,则不同质量的气体分子的泻流数率 Γ_{effu} $\propto \dfrac{1}{\sqrt{m}}$. 设原来容器中有两种气体,它们的分子数密度分别为 n_1 和 n_2,质量分别为 m_1 和 m_2,则泻流数率分别为

$$\Gamma_1 = \frac{1}{4}n_1\sqrt{\frac{8k_{\mathrm{B}}T}{\pi m_1}}, \qquad \Gamma_2 = \frac{1}{4}n_2\sqrt{\frac{8k_{\mathrm{B}}T}{\pi m_2}},$$

如果泻流出的气体分子被收集在另一体积为 V 的收集容器中,则单位时间后其中分子质量为 m_1 的气体的分子数密度为 $n_1' = \Gamma_1/V$,分子质量为 m_2 的分子数密度为 $n_2' = \Gamma_2/V$,那么在泻流出的气体中的两种质量的分子数密度之比为

$$\frac{n_1'}{n_2'} = \frac{\Gamma_1/V}{\Gamma_2/V} = \frac{\Gamma_1}{\Gamma_2} = \frac{n_1}{n_2}\sqrt{\frac{m_2}{m_1}},$$

即在收集容器中两种分子数密度的比值正比于原分子数密度的比值,比例系数为两种分子质量比值的平方根的倒数. 所以,在泻流出的气体中,分子质量较小的组分会相对增加. 利用这种方法可以分离同位素.

（3）星体周围大气的稳定性

由力学原理知,物体逃逸出半径为 R_s、质量为 M_s 的星球的速率至少为

$$v_{es} = \sqrt{\frac{2GM_s}{R_s}},$$

其中 G 为万有引力常量. 对于气体分子,其方均根速率为

$$\sqrt{\overline{v^2}} = \sqrt{\frac{3k_B T}{m}} = \sqrt{\frac{3RT}{\mu}}.$$

当 $v_{es} \gg \sqrt{\overline{v^2}}$ 时,气体分子的无规则热运动动能远小于星球对它的引力势能,从而不会逃脱星球的束缚. 那么,在一个星球表面附近是否形成稳定的大气层取决于比值

$$K = \frac{v_{es}}{\sqrt{\overline{v^2}}} = \sqrt{\frac{2GM_s\mu}{3R_s RT}} \propto \sqrt{\frac{\mu}{T}}.$$

将太阳系中八大行星的半径和质量及测得的表面温度分别代入上式可知,距离地球较近的金星周围有以 CO_2 为主要成分的高压大气,火星周围有以 CO_2 为主要成分的稀薄大气. 进一步计算表明,太阳系中其他星体也不可能有与地球周围成分结构相同的大气. 这一方面说明,如果所需生存条件相同,则太阳系中其他星球上不可能有与人类相同的生物,另一方面也说明地球上人类的生存空间很有限. 由 K 的表达式知,由臭氧层破坏形成温室效应及植被破坏等因素引起的温度升高会降低地球周围大气的 K 值,从而改变大气结构并影响其稳定性,直接威胁到人类的生存环境.

例题 2　设氮气温度为 $300℃$,求速率在 1000 m/s 到 1005 m/s 之间的氮分子数 ΔN_1 与速率在 500 m/s 到 505 m/s 之间的氮分子数 ΔN_2 之比.

解　记氮分子的速率分布为 $f(v)$,则由定义知,题设两速率区间 $\Delta v_1, \Delta v_2$ 中的分子数分别为

$$\Delta N_1 = N f(v_1) \Delta v_1, \qquad \Delta N_2 = N f(v_2) \Delta v_2,$$

其中 N 为氮分子总数，$v_1 = 1000$ m/s，$v_2 = 500$ m/s，$\Delta v_1 = \Delta v_2 = 5$ m/s.

因为麦克斯韦速率分布律是组成经典理想气体的微观粒子速率的最概然分布律，那么题设氮气分子的速率分布律为

$$f(v) = 4\pi \left(\frac{m}{2\pi k_B T} \right)^{3/2} v^2 \mathrm{e}^{-\frac{mv^2}{2k_B T}},$$

其中 m 为氮分子的质量，k_B 为玻尔兹曼常量. 因 $\Delta v_1 \ll v_1$，$\Delta v_2 \ll v_2$，则

$$f(v_1) \approx f(v_1 + \Delta v_1), \qquad f(v_2) \approx f(v_2 + \Delta v_2),$$

于是计算 ΔN 时可以不用积分，因此

$$\frac{\Delta N_1}{\Delta N_2} = \frac{f(v_1)}{f(v_2)} = \frac{v_1^2 \mathrm{e}^{-\frac{mv_1^2}{2k_B T}}}{v_2^2 \mathrm{e}^{-\frac{mv_2^2}{2k_B T}}} = \frac{v_1^2}{v_2^2} \mathrm{e}^{-\frac{\mu(v_1^2 - v_2^2)}{2RT}},$$

其中 μ 为摩尔质量，R 为普适气体常量.

将 $v_1 = 1000$ m/s，$v_2 = 500$ m/s，$\mu = 28 \times 10^{-3}$ kg/mol，$R = 8.31$ J/(mol·K)，$T = 573$ K 代入，则得

$$\frac{\Delta N_1}{\Delta N_2} = 0.4409.$$

例题 3 假设某星体为由氦原子核在空间均匀分布形成的气团，试确定氦原子核的最概然速率为 10^6 m/s，10^3 m/s，1 m/s 时，星体的温度分别为多高？

解 由 $v_p = \sqrt{\dfrac{2k_B T}{m}}$ 得

$$T = \frac{m}{2k_B} v_p^2 = \frac{\mu}{2R} v_p^2,$$

其中 μ 为摩尔质量，R 为普适气体常量. 将 $\mu = 4.0 \times 10^{-3}$ kg/mol，$R = 8.31$ J/(mol·K)，$v_{p1} = 10^6$ m/s，$v_{p2} = 10^3$ m/s，$v_{p3} = 1$ m/s 代入上式，则得最概然速率分别为以上三种情况时，星体的温度分别为

$$T_1 = 2.407 \times 10^8 \text{ K}, \qquad T_2 = 2.407 \times 10^2 \text{ K},$$

$$T_3 = 2.407 \times 10^{-4} \text{ K}.$$

例题 4　观测表明,金星的质量为地球质量的 0.82 倍,半径为地球半径的 0.952 倍,表面温度约为 730 K;火星的质量为地球质量的 0.108 倍,半径为地球半径的 0.531 倍,表面温度约为 240 K;木星的质量为地球质量的 318 倍,半径为地球的 11.22 倍,表面温度约为 130 K. 试计算这些行星表面的逃逸速度及 CO_2,O_2,H_2 分子的方均根速率.

解　由力学原理知,物体飞离质量为 M_s、半径为 R_s 的星球的逃逸速度为

$$v_{es} = \sqrt{\frac{2GM_s}{R_s}},$$

其中 G 为引力常数. 那么,对于金星(V),

$$v_{es,V} = \sqrt{\frac{2GM_V}{R_V}} = \sqrt{\frac{2G \cdot 0.82 M_E}{0.952 R_E}}$$

$$= \sqrt{\frac{2 \times 6.67 \times 10^{-11} \times 0.82 \times 5.98 \times 10^{24}}{0.952 \times 6.37 \times 10^6}} \text{ m/s}$$

$$= 1.04 \times 10^4 \text{ m/s}$$

$$\sqrt{\overline{v_{CO_2}^2}} = \sqrt{\frac{3RT}{\mu_{CO_2}}} = \sqrt{\frac{3 \times 8.31 \times 730}{44 \times 10^{-3}}} \text{m/s} = 6.43 \times 10^2 \text{ m/s}$$

$$\sqrt{\overline{v_{O_2}^2}} = \sqrt{\frac{3RT}{\mu_{O_2}}} = \sqrt{\frac{3 \times 8.31 \times 730}{32 \times 10^{-3}}} \text{m/s} = 7.66 \times 10^2 \text{ m/s}$$

$$\sqrt{\overline{v_{H_2}^2}} = \sqrt{\frac{3RT}{\mu_{H_2}}} = \sqrt{\frac{3 \times 8.31 \times 730}{2 \times 10^{-3}}} \text{m/s} = 3.02 \times 10^3 \text{ m/s}$$

对于火星(M),

$$v_{es,M} = \sqrt{\frac{2GM_M}{R_M}} = \sqrt{\frac{2 \times 6.67 \times 10^{-11} \times 0.108 \times 5.98 \times 10^{24}}{0.531 \times 6.37 \times 10^6}} \text{m/s}$$

$$= 5.05 \times 10^3 \text{ m/s},$$

$$\sqrt{\overline{v_{CO_2}^2}} = \sqrt{\frac{3RT}{\mu_{CO_2}}} = \sqrt{\frac{3 \times 8.31 \times 240}{44 \times 10^{-3}}} \text{m/s} = 3.69 \times 10^2 \text{ m/s},$$

$$\sqrt{\overline{v_{O_2}^2}} = \sqrt{\frac{3RT}{\mu_{O_2}}} = \sqrt{\frac{3 \times 8.31 \times 240}{32 \times 10^{-3}}} \text{m/s} = 4.32 \times 10^2 \text{ m/s},$$

$$\sqrt{\overline{v_{H_2}^2}} = \sqrt{\frac{3RT}{\mu_{H_2}}} = \sqrt{\frac{3 \times 8.31 \times 240}{2 \times 10^{-3}}} \, \text{m/s} = 1.73 \times 10^3 \, \text{m/s}.$$

对于木星(J),

$$v_{es,J} = \sqrt{\frac{2GM_J}{R_J}} = \sqrt{\frac{2 \times 6.67 \times 10^{-11} \times 318 \times 5.98 \times 10^{24}}{11.22 \times 6.37 \times 10^6}} \, \text{m/s}$$

$$= 5.96 \times 10^4 \, \text{m/s},$$

$$\sqrt{\overline{v_{CO_2}^2}} = \sqrt{\frac{3RT}{\mu_{CO_2}}} = \sqrt{\frac{3 \times 8.31 \times 130}{44 \times 10^{-3}}} \, \text{m/s} = 2.71 \times 10^2 \, \text{m/s},$$

$$\sqrt{\overline{v_{O_2}^2}} = \sqrt{\frac{3RT}{\mu_{O_2}}} = \sqrt{\frac{3 \times 8.31 \times 130}{32 \times 10^{-3}}} \, \text{m/s} = 3.18 \times 10^2 \, \text{m/s},$$

$$\sqrt{\overline{v_{H_2}^2}} = \sqrt{\frac{3RT}{\mu_{H_2}}} = \sqrt{\frac{3 \times 8.31 \times 130}{2 \times 10^{-3}}} \, \text{m/s} = 1.27 \times 10^3 \, \text{m/s},$$

例题 5 对于一个经典气体系统,证明速率小于最概然速率的分子数占总分子数的比率与温度无关,并计算这一比率.

解 依题意,系统中分子的速率分布可以表示为

$$f(v) = 4\pi \left(\frac{m}{2\pi k_B T}\right)^{3/2} v^2 e^{-\frac{mv^2}{2k_B T}}.$$

因为最概然速率 $v_p = \sqrt{\frac{2k_B T}{m}}$,则上述速率分布又可以表示为

$$f(v) = \frac{4}{\sqrt{\pi}} \frac{v^2}{v_p^3} e^{-\frac{v^2}{v_p^2}}.$$

令 $\frac{v}{v_p} = x$,则速率 v 附近区间 dv 内的分子数可以表示为

$$dN = Nf(v)dv = \frac{4N}{\sqrt{\pi}} \frac{v^2}{v_p^3} e^{-\frac{v^2}{v_p^2}} dv = \frac{4N}{\sqrt{\pi}} x^2 e^{-x^2} dx.$$

那么,速率小于一确定值 v 的分子数为

$$\Delta N_{0\sim v} = \int_0^v Nf(v)dv = \int_0^x \frac{4N}{\sqrt{\pi}} x^2 e^{-x^2} dx = N\left[\text{erf}(x) - \frac{2}{\sqrt{\pi}} x e^{-x^2}\right],$$

其中 $\text{erf}(x) = \frac{2}{\sqrt{\pi}} \int_0^x e^{-x^2} dx$ 称为误差函数.对于 $v = v_p$, $x = 1$,则

$$\Delta N_{0\sim v_p} = N\left[\text{erf}(1) - \frac{2}{e\sqrt{\pi}}\right]$$

为一常量. 所以速率小于最概然速率的分子数占总分子数的比率

$$\frac{\Delta N_{0 \sim v_p}}{N} = \text{erf}(1) - \frac{2}{\text{e}\sqrt{\pi}}$$

与温度 T 无关.

查误差函数表可得 $\text{erf}(1) = 0.8427$，那么

$$\frac{\Delta N_{0 \sim v_p}}{N} = 0.8427 - \frac{2}{\text{e}\sqrt{\pi}} = 0.4276.$$

例题 6　试确定在分子束实验中，从蒸气源小孔中射出的分子束中分子的最概然速率、平均速率和方均根速率.

因为从蒸气源器壁上的小孔射出的分子束中分子的速率分布律（推导过程见麦克斯韦分布律的实验检验部分）为

$$F_{\text{B}}(v) = \frac{v}{\bar{v}} F_{\text{M}}(v),$$

将麦克斯韦速率分布律和平均速率与温度等的关系代入，则有

$$F_{\text{B}}(v) = \frac{m_2}{2 k_{\text{B}}^2 T^2} v^3 \, \text{e}^{-\frac{mv^2}{2k_{\text{B}}T}}.$$

那么，由极值条件 $\dfrac{\text{d}F_{\text{B}}(v)}{\text{d}v} = 0$ 得

$$\frac{m^2}{2 k_{\text{B}}^2 T^2} \left[3v^2 - \frac{mv^4}{k_{\text{B}}T} \right] \text{e}^{-\frac{mv^2}{2k_{\text{B}}T}} = 0,$$

解之，则得分子束中的分子的最概然速率为

$$v_{\text{p,B}} = \sqrt{\frac{3 k_{\text{B}} T}{m}}.$$

而且

$$\bar{v}_{\text{B}} = \int_0^\infty v f_{\text{B}}(v) \text{d}v = \frac{m^2}{2 k_{\text{B}}^2 T^2} \int_0^\infty v^4 \, \text{e}^{-\frac{mv^2}{2k_{\text{B}}T}} \text{d}v$$

$$= \frac{m^2}{2 k_{\text{B}}^2 T^2} \frac{3 \sqrt{\pi}}{8 \left(\dfrac{m}{2 k_{\text{B}} T} \right)^{5/2}} = \sqrt{\frac{9 \pi k_{\text{B}} T}{8m}},$$

$$\overline{v_{\text{B}}^2} = \int_0^\infty v^2 f_{\text{B}}(v) \text{d}v = \frac{m^2}{2 k_{\text{B}}^2 T^2} \int_0^\infty v^5 \, \text{e}^{-\frac{mv^2}{2k_{\text{B}}T}} \text{d}v$$

$$= \frac{m^2}{2k_B^2 T^2} \frac{1}{\left(\dfrac{m}{2k_B T}\right)^3} = \frac{4k_B T}{m}.$$

所以分子束中分子的方均根速率为

$$\sqrt{\overline{v_B^2}} = 2\sqrt{\frac{k_B T}{m}}.$$

- **重力场中微粒密度随高度的等温分布**

在重力场中考查高度为 z 处面积为 dS、厚度为 dz 的小区间内的微粒系统,如图 2-9 所示.假设该处微粒的数密度为 n,每个微粒的质量为 m,则由力学平衡条件知

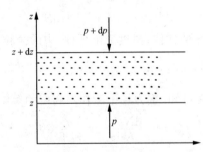

图 2-9 重力场中厚度为 dz 的薄层中微粒系统(截面)力学平衡

$$(p + dp)dS + nmg\,dSdz = pdS,$$

化简,可得

$$dp = -nmg\,dz.$$

另一方面,假设该微粒系统可近似为理想气体,即

$$p = nk_B T,$$

对于处于等温状态的微粒系统,对上式两边取微分,则得

$$dp = k_B T dn.$$

于是,有

$$k_B T dn = -nmg\,dz \quad 即 \quad \frac{dn}{n} = -\frac{mg}{k_B T}dz,$$

解之,则得

$$n = n_0 e^{-\frac{mgz}{k_B T}}, \tag{2.19}$$

其中 n_0 为 $z=0$ 处(例如,地面上)微粒的数密度,并且不同种类的微粒有不同的数值. 这就是重力场中微粒的数密度随高度 z 的等温分布规律. 由此可知,随着高度 z 增大,微粒的数密度指数衰减. 再将(2.19)式代入 $p=nk_BT$,则得

$$p = p_0 \mathrm{e}^{-\frac{mgz}{k_BT}}, \tag{2.20}$$

其中 p_0 为 $z=0$ 处微粒系统的压强,并且微粒质量不同的系统有不同数值. 该关系通常称为等温气压公式. 由此可知,重力场中的等温微粒系统的压强随高度的增大而指数衰减.

因为所取小区间中的粒子数为 $\mathrm{d}N(z)=n\mathrm{d}z\mathrm{d}S$,将(2.19)式代入,则得高度为 z 处底面积为 $\mathrm{d}S$、厚度为 $\mathrm{d}z$ 的区间内的微粒数为

$$\mathrm{d}N(z) = n_0 \mathrm{e}^{-\frac{mgz}{k_BT}} \mathrm{d}z\mathrm{d}S,$$

那么,底面积为 $\mathrm{d}S$ 的柱体(高度无限延伸)中的微粒总数为

$$N = \int \mathrm{d}N(z) = \int_0^\infty n_0 \mathrm{e}^{-\frac{mgz}{k_BT}} \mathrm{d}z\mathrm{d}S = \frac{n_0 k_BT}{mg}\mathrm{d}S.$$

由分布函数的定义可知,重力场中微粒随高度的等温分布律为

$$f(z) = \frac{\mathrm{d}N(z)}{N\mathrm{d}z} = \frac{mg}{k_BT}\mathrm{e}^{-\frac{mgz}{k_BT}}. \tag{2.21}$$

● **玻尔兹曼密度按位置分布律与麦克斯韦-玻尔兹曼分布律**

(1) 玻尔兹曼密度按位置分布律

考察重力场中微粒随高度的等温分布律(2.21)可知,其随高度分布的衰减因子中的 mgz 就是质量为 m 的微粒在重力场中的势能 $U(z)$. 玻尔兹曼将之直接推广到任意外场,记粒子在外场中的势能为 $U(r)$,则由(2.19)及(2.21)式可知,该外场中粒子数密度按位置的分布律为

$$n(r) = n_B(r) = n_0 \mathrm{e}^{-\frac{U(r)}{k_BT}}, \tag{2.22}$$

该分布律通常称为玻尔兹曼密度按位置分布律.

利用玻尔兹曼密度按位置分布律可以讨论任意外场中的微粒系统,例如回转体中的微粒系统,由于回转体中质量为 m 的粒子的势能为

$$U(r) = -\frac{1}{2}I\omega^2 = -\frac{1}{2}m\omega^2 r^2,$$

其中 r 为粒子距转动轴(或中心)的距离，ω 为转动的角速度，I 为转动惯量，那么粒子数随 r 的分布律为

$$n(r) = n_0 e^{\frac{m\omega^2 r^2}{2k_B T}},$$

系统的压强随 r 的分布律为

$$p(r) = p_0 \cdot e^{\frac{m\omega^2 r^2}{2k_B T}},$$

其中 n_0 和 p_0 分别为转轴处系统的粒子数密度和压强. 由此可见，随与转动轴的距离的增加，回转系统的粒子密度和压强都平方指数增加. 所以自然界(三维空间)中呈旋转漏斗状的龙卷风、台风、飓风的外沿的破坏力极大，而其中心却一如既往.

(2) 麦克斯韦-玻尔兹曼分布律

我们知道，微观粒子按速度的分布律为麦克斯韦速度分布律

$$f_M(\boldsymbol{v}) = \left(\frac{m}{2\pi k_B T}\right)^{3/2} e^{-\frac{m\boldsymbol{v}^2}{2k_B T}} = \left(\frac{m}{2\pi k_B T}\right)^{3/2} e^{-\frac{\varepsilon_k}{k_B T}},$$

其中 $\varepsilon_k = \frac{1}{2}m\boldsymbol{v}^2$ 为粒子的动能. 由玻尔兹曼密度按位置分布律 (2.22)式可知，外场中粒子按位置的分布律为

$$f_B(r) = f_0 e^{-\frac{U(r)}{k_B T}} = f_0 e^{-\frac{\varepsilon_p}{k_B T}},$$

其中 $\varepsilon_p = U(r)$ 为粒子在外场中的势能.

由于经典力学中微观粒子的运动状态由其位置和动量描述，即位置和动量(或速度)是互相独立的，那么，粒子按速度的分布和按位置的分布就是互相独立事件. 由独立事件的概率的乘法法则知，粒子按速度及位置的分布律为

$$f(\boldsymbol{v}, r) = f_M(\boldsymbol{v})f_B(r) = f_0\left(\frac{m}{2\pi k_B T}\right)^{3/2} e^{-\frac{\varepsilon_k + \varepsilon_p}{k_B T}}, \quad (2.23)$$

此即麦克斯韦-玻尔兹曼分布律. 据此，可以讨论任意的经典热力学系统的性质. 其中动能 ε_k 可以是平动、振动、转动等各种形式运动的动能；势能 ε_p 也不仅包括平直空间中势能，还包括其他各种形式的势能.

例题 7 作布朗运动的微粒系统可以看作是在计及浮力的重力

场中达到平衡态的巨分子系统,它们的数密度 n 遵守麦克斯韦-玻尔兹曼分布律:

$$n = n_0 \mathrm{e}^{-\frac{\varphi}{k_\mathrm{B} T}},$$

其中 φ 是粒子的势能,n_0 为 n 在 $\varphi=0$ 处的值. 设构成粒子的物质的密度为 ρ,布朗粒子所处的液体的密度为 ρ_0,并可将布朗粒子视为半径为 a 的小球,布朗粒子在所悬浮的液体中高度差为 Δz 的两层中的数密度分别为 n_1, n_2,试证明

$$\frac{1}{k_\mathrm{B} T} = \frac{3}{4\pi a^3 g \cdot \Delta z \cdot (\rho - \rho_0)} \ln \frac{n_1}{n_2}.$$

若实验测得,$\Delta z = 30.0\ \mu\mathrm{m}$,$\frac{n_1}{n_2} = 2.08$,$\rho = 1.194\ \mathrm{g/cm^3}$,$\rho_0 = 1.000\ \mathrm{g/cm^3}$,$a = 0.212\ \mu\mathrm{m}$,$T = 273\ \mathrm{K}$,试确定阿伏伽德罗常数 N_A.

解 以铅直向上为 z 轴正向建立坐标系,因为悬浮于液体中的布朗粒子受重力 mg 和浮力 $-mg\rho_0/\rho$ 的作用,这两个力的合力为 $mg(1-\rho_0/\rho)$. 令 $z=0$ 处势能为 0,则粒子在上述力场中高度为 z 处的势能为

$$\varphi = mgz\left(1 - \frac{\rho_0}{\rho}\right),$$

粒子数密度分布为

$$n = n_0 \mathrm{e}^{-\frac{mgz}{k_\mathrm{B} T}\left(1-\frac{\rho_0}{\rho}\right)}.$$

设 $z=z_1$ 处 $n=n_1$;$z=z_2$ 处 $n=n_2$,则有

$$\ln \frac{n_1}{n_2} = \ln \frac{n_1}{n_0} - \ln \frac{n_2}{n_0} = -\frac{mg}{k_\mathrm{B} T}\left(1 - \frac{\rho_0}{\rho}\right)(z_1 - z_2),$$

记 $\Delta z = z_2 - z_1$,并考虑 $m = \frac{4}{3}\pi a^3 \rho$,则有

$$\ln \frac{n_1}{n_2} = \frac{4}{3}\pi a^3 \rho \frac{g}{k_\mathrm{B} T}\left(1 - \frac{\rho_0}{\rho}\right)\Delta z,$$

所以

$$\frac{1}{k_\mathrm{B} T} = \frac{3}{4\pi a^3 g \Delta z (\rho - \rho_0)} \ln \frac{n_1}{n_2},$$

得证.

因为阿伏伽德罗常数 $N_\mathrm{A} = R/k_\mathrm{B}$,将上式代入,则得

$$N_A = \frac{3RT}{4\pi a^3 g \Delta z(\rho - \rho_0)} \ln \frac{n_1}{n_2}$$

$$= \frac{3 \times 8.31 \times 273 \times \ln 2.08 \; \text{mol}^{-1}}{4 \times 3.14 \times (0.212 \times 10^{-6})^3 \times 9.8 \times 30 \times 10^{-6} \times 0.194 \times 10^3}$$

$$= 7.30 \times 10^{23} \; \text{mol}^{-1}.$$

所以,由该实验测得的阿伏伽德罗常数为 $7.30 \times 10^{23} \; \text{mol}^{-1}$.

2.3 能量均分定理与热容

•分子的自由度　　　•能量均分定理　　　•理想气体的内能及热容

● 分子的自由度

决定物体位置所需要的独立坐标的数目称为该物体的自由度数.因为分子由原子构成,所以有一定的构形.那么,与经典力学中的质点组类似,分子的自由度不仅包括决定其质心的自由度,还包括确定其空间取向及各原子间相对位置的自由度.

具体地,对单原子分子(例如氦分子),如果可以近似为质点,则它只有 3 个自由度.否则,将之近似为刚球,则单原子分子有 6 个自由度,其中 3 个确定其质心的位置,3 个确定其转动性质.对于双原子分子(例如 O_2, HCl 等,如图 2-10(a)所示),一般而言,它有 6 个自由度,其中 3 个为平动自由度,2 个为转动自由度,1 个为振动自由度.三原子分子(例如 H_2O 等,如图 2-10(b)所示)有 9 个自由度,其中 3 个为平动自由度,3 个为转动自由度,3 个为振动自由度.四原子

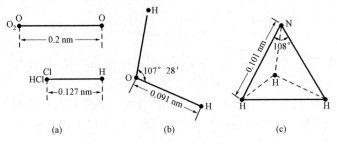

图 2-10　一些简单分子的结构示意图

分子(例如 NH_3,如图 2-10(c)所示),有 12 个自由度,其中 3 个为平动自由度,3 个为转动自由度,6 个为振动自由度.一般而言,对 n 原子分子,其可能的自由度数为 $3n$,其中 3 个为平动自由度,3 个为转动自由度,其余 $(3n-6)$ 个为振动自由度.上述各原子间相对位置可以变化,具有振动自由度的分子称为非刚性分子.各原子间相对位置不能变化,振动自由度数为 0 的分子称为刚性分子.那么刚性双原子分子仅有 5 个自由度,刚性三原子及多原子分子都仅有 6 个自由度.

• **能量均分定理**

力学原理告诉我们,物体沿每一自由度的运动都有动量,相应地都有动能.对三个平动自由度,记之为 x,y,z,则每个自由度上都有平动动能,并且可以分别表示为 $\frac{1}{2}mv_x^2,\frac{1}{2}mv_y^2,\frac{1}{2}mv_z^2$,其中 m 为粒子的质量,v_x,v_y,v_z 分别为沿 x,y,z 自由度运动的速度,且总的平动动能为

$$\varepsilon_t = \frac{1}{2}m(v_x^2 + v_y^2 + v_z^2) = \frac{1}{2}mv^2.$$

对于每一个转动自由度,都有转动能

$$\varepsilon_r = \frac{1}{2}I\omega^2,$$

其中 I 为相应于该自由度的转动惯量,ω 为转动角速度.对于一个振动自由度,除有动能 $\frac{1}{2}mv^2$ 外,还有势能

$$\frac{1}{2}kr^2 = \frac{1}{2}m\omega^2 r^2,$$

其中 k 为劲度系数.那么,对于不仅具有平动自由度,还有转动和振动自由度的分子,其每一自由度也都有能量,并且该能量都可表示为沿该自由度运动的特征量的平方与一个常量的乘积的一半的形式.

对于平动自由度,通过对理想气体温度的讨论我们知道,每一分子的平均平动能为 $\bar{\varepsilon}_t = \frac{1}{2}m\overline{v^2} = \frac{3}{2}k_B T$. 由于 $v^2 = v_x^2 + v_y^2 + v_z^2$,并且

$\overline{{v_x}^2} = \overline{{v_y}^2} = \overline{{v_z}^2} = \frac{1}{3}\overline{v^2}$，那么，每一平动自由度的动能的平均值为

$$\overline{\varepsilon_{t,i}} = \frac{1}{2}m\overline{{v_i}^2} = \frac{1}{2}k_B T, \tag{2.24}$$

其中 $i = x, y, z$. 这表明，平衡态时，理想气体分子沿 x, y, z 三个自由度平动的动能的平均值相等，并且都等于 $\frac{1}{2}k_B T$.

由于气体分子的运动都是随机的、无规则的，因此各个分子的动能可能差别很大. 但是，气体构成的热力学平衡态是靠气体分子之间的频繁碰撞而实现并维持的，由力学中两体弹性碰撞的具体计算知，在碰撞过程中，原来能量较大的分子总是输出能量，原来能量较小的分子总是获得能量. 对于不同自由度而言，也完全一样. 因此，达到平衡时，不同气体分子的各个自由度的能量如此充分交换，以致完全不能说某一自由度较其他自由度在能量上占有优势，于是，总的能量就平均分配到各个自由度上. 推而广之，在热平衡态下，物质分子的每一个自由度都具有平均能量 $\frac{1}{2}k_B T$. 利用统计力学理论可以证明，上述结论是一个普遍成立的规律，称之为能量按自由度均分定理，或能量均分定理. 很显然，能量均分定理是对大量分子无规则热运动的统计平均的结果，是统计规律的表现，不适用于单个分子的行为.

对于由有 t 个平动自由度、r 个转动自由度和 s 个振动自由度的分子组成的处于平衡态的热力学系统，由能量均分定理知，每个分子的平均热运动能量为

$$\bar{\varepsilon} = \frac{1}{2}(t + r + 2s)k_B T, \tag{2.25}$$

其中振动自由度数 s 的系数不为 1 而为 2，这是因为对于一个振动自由度，不仅具有振动动能还具有振动势能. 具体地：

对单原子分子，$t = 3, r = s = 0$，则 $\bar{\varepsilon} = \frac{3}{2}k_B T$.

对刚性双原子分子，$t = 3, r = 2, s = 0$，则 $\bar{\varepsilon} = \frac{5}{2}k_B T$.

对非刚性双原子分子，$t = 3, r = 2, s = 1$，则 $\bar{\varepsilon} = \frac{7}{2}k_B T$.

对刚性三原子及多原子分子，$t=3,r=3,s=0$，则 $\bar{\varepsilon}=3k_{\mathrm{B}}T$.

- **理想气体的内能及热容**

（1）理想气体的内能

热力学系统中的微观粒子,除有无规则热运动动能之外,还有相互作用势能及整体运动动能和外场对它们的作用能. 通常把组成热力学系统的所有微观粒子的无规则热运动的能量与这些微观粒子之间的相互作用势能之和称为该热力学系统的内能.

对于理想气体系统,因为除碰撞的瞬间外,粒子之间没有相互作用,所以,组成理想气体系统的粒子只有其自身的能量,没有相互作用势能. 对质量为 M 的理想气体系统,其物质的量为 $\nu=M/\mu$,包含的微观粒子总数为 $N=\nu N_{\mathrm{A}}=\dfrac{M}{\mu}N_{\mathrm{A}}$,那么,系统的内能为

$$U = \frac{M}{\mu}N_{\mathrm{A}} \cdot \frac{1}{2}(t+r+2s)k_{\mathrm{B}}T.$$

因为 $N_{\mathrm{A}}k_{\mathrm{B}}=R$ 为普适气体常量,所以理想气体系统的内能为

$$U = \frac{1}{2}\frac{M}{\mu}(t+r+2s)RT. \tag{2.26}$$

对 1 mol 理想气体形成的热力学系统,其内能为

$$U_0 = \frac{1}{2}(t+r+2s)RT. \tag{2.27}$$

（2）理想气体的定体热容

在一定的条件下,一个系统的温度升高或降低 1 K 时吸收或放出的热量称为该系统在其所处条件下的热容（heat capacity）,记为 C,即

$$C = \lim_{\Delta T \to 0}\frac{\Delta Q}{\Delta T}, \tag{2.28}$$

其中 ΔQ 为系统的温度升高或降低 ΔT 时吸收或放出的热量.

系统在体积保持不变的情况下的热容称为系统的定体热容,记为 C_V,即

$$C_V = \lim_{\Delta T \to 0}\left(\frac{\Delta Q}{\Delta T}\right)_V. \tag{2.29a}$$

利用热力学理论可以证明,系统的定体热容可以表示为

$$C_V = \left(\frac{\partial U}{\partial T}\right)_V, \tag{2.29b}$$

其中 U 为系统的内能. 这就是说,系统的定体热容等于在体积保持不变的条件下系统的内能随温度的变化率.

对于理想气体系统,由于 $U = \frac{1}{2}\frac{M}{\mu}(t+r+2s)RT$,则

$$C_V = \frac{1}{2}\frac{M}{\mu}(t+r+2s)R, \tag{2.30}$$

其中 μ 为系统的摩尔质量,M 为系统的质量,R 为普适气体常量,t,r,s 分别为组成系统的粒子的平动、转动、振动自由度数. 由于热容通常还与标度有关,简单地就是与系统中物质的量有关. 对 1 mol 理想气体,其定体热容称为摩尔定体热容,并有

$$C_{V,\mathrm{m}} = \left(\frac{\partial U_{\mathrm{m}}}{\partial T}\right)_V = \frac{1}{2}(t+r+2s)R. \tag{2.31}$$

对单位质量的热力学系统,其定体热容称为比定体热容,记为 c_V. 显然,对理想气体,

$$c_V = \frac{1}{\mu}C_{V,\mathrm{m}}. \tag{2.32}$$

由(2.31)式可知,理想气体的摩尔定体热容有以下几种情况:

单原子分子组成的理想气体系统, $\qquad C_{V,\mathrm{m}} = \frac{3}{2}R.$

刚性双原子分子组成的理想气体系统, $\qquad C_{V,\mathrm{m}} = \frac{5}{2}R.$

非刚性双原子分子组成的理想气体系统, $\quad C_{V,\mathrm{m}} = \frac{7}{2}R.$

刚性多原子分子组成的理想气体系统, $\qquad C_{V,\mathrm{m}} = 3R.$

上述讨论表明,理想气体系统的定体热容可以由能量均分定理确定. 将所得理论结果与表 2.2 所示的一些常见气体在常温下的定体摩尔热容的测定值比较可知,对单原子分子气体,理论计算与测量结果很好符合. 对双原子分子气体,刚性连接模型的计算结果与多数测量结果符合.

表 2.2   一些常见气体在 0°C 下的摩尔定体热容的实验测定值

单原子分子气体	He	Ne	Ar	Kr	Xe	N
$C_{V,m}/R$	1.49	1.55	1.50	1.47	1.51	1.49
双原子分子气体	H_2	O_2	N_2	CO	NO	Cl_2
$C_{V,m}/R$	2.53	2.55	2.49	2.49	2.57	3.02
多原子分子气体	CO_2	H_2O	CH_4	C_2H_4	C_3H_6	NH_3
$C_{V,m}/R$	3.24	3.01	3.16	4.01	6.17	3.42

（3）经典理论与实验之间的矛盾及其解决

由表 2.2 可知,对多原子分子气体的摩尔定体热容,只有极少数计算结果与测量结果一致.这表明,对多原子分子气体,经典热容理论与实验相差甚远.另一方面,分子结构理论表明,多原子分子气体与单原子分子及双原子分子气体之间的差别在于分子的自由度不同.由此推想,多原子分子气体热容的理论计算与测量结果之间的差别可能起因于对其分子的自由度的确定.

再考察气体的摩尔定体热容与温度的关系.经典理论表明,理想气体的摩尔定体热容与温度无关.但是,实验测得,气体的摩尔定体热容与温度有关.以双原子分子气体氢气为例,其在不同温度下的摩尔定体热容的实验测量结果如图 2-11 所示.由该图可知,仅仅在常温条件(T 在 10^2 K 量级)下,刚性双原子分子模型的理论结果才与实验结果一致.而在低温(10^1 K 量级)及高温(大于 10^3 K 量级)情况下,理论结果都与实验结果不符合.将实验测量结果与理论模型结果相联系可知,随着温度的升高,H_2 的自由度逐步激发,在低温下,只

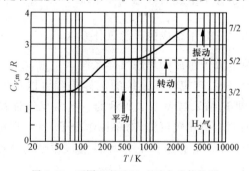

图 2-11   不同温度下 H_2 的摩尔定体热容

有 3 个平动自由度;在常温下,有 3 个平动自由度和 2 个转动自由度;而在高温下,除有平动和转动自由度外,还有一个振动自由度. 在经典物理中,粒子的各种自由度等价,不会出现这种不同条件下某些自由度冻结或激活的现象. 从能量的观点来看,经典物理中粒子的能量连续分布,不会出现这种实验测量到的离散激发现象. 这一气体热容的经典理论与实验结果间的严重矛盾,正是 19 世纪末 20 世纪初,物理学的晴朗天空的远方"飘动的两朵乌云"[①]之一的原形(黑体辐射问题的紫外灾难[①]). 该问题的解决,促进了量子理论的提出和发展.

按照量子理论,组成系统的微观粒子都处在能量为离散数值的状态,对能量分别为 ε_i 和 ε_{i+1} 的两状态,存在特征温度 Θ,使得 $\varepsilon_{i+1} - \varepsilon_i = k_B\Theta$,只有当系统的温度 $T \geqslant \Theta = \dfrac{1}{k_B}(\varepsilon_{i+1} - \varepsilon_i)$ 时,才会有由能量为 ε_i 的状态到 ε_{i+1} 的状态的激发,显示出相应的自由度. 较深入的研究表明,对于气体,引起其分子的平动、转动、振动自由度激发的特征温度分别为 $\Theta_t \approx 10^{-12}$ K,$\Theta_r \approx 10^2$ K,$\Theta_s \approx 10^3$ K. 可见,在任何温度下都有平动自由度 $t = 3$,于是在很低温度下有摩尔定体热容 $C_{V,m} = \dfrac{3}{2}R$. 在常温下,转动自由度被激发,于是,除有 $t = 3$ 外,还有 $r = 2$,因此,$C_{V,m} = \dfrac{5}{2}R$. 只有在高温下,不仅 $t = 3$,$r = 2$,还有 $s = 1$,所以在高温下双原子分子的摩尔定体热容为 $C_{V,m} = \dfrac{7}{2}R$. 这些结果表明,在考虑量子效应的情况下,只要注意,在不同温度下,自由度

---

① 黑体辐射即腔内的电磁波溢出腔体,从而形成辐射. 按照电磁理论,波长为 λ 的电磁波在腔内的态密度为 $\rho(\lambda) = \dfrac{8\pi}{\lambda^4}$. 考虑前述经典物理层面上的能量均分定理,每一振动自由度的平均能量为 $\bar{\varepsilon} = k_B T$. 再考虑泻流数率 $\Gamma = \dfrac{1}{4}cn$(其中 c 为电磁波的平均速率,即光速),则黑体的辐射本领为

$$\gamma_B(\lambda, T) = \Gamma = \frac{1}{4}c\rho\bar{\varepsilon} = \frac{2\pi c}{\lambda^4}k_B T.$$

此即著名的黑体辐射本领的瑞利-金斯公式.

很显然,$\gamma_B(\lambda, T)|_{\lambda \to 0} \to \infty$. 但实验观测结果是 $\gamma_B(\lambda, T)|_{\lambda \to 0} = 0$. 两者出现明显的矛盾,此即经典物理关于黑体辐射的紫外灾难.

t, r, s 取不同数值,理想气体的摩尔定体热容就可以由(2.31)式确定. 于是,理想气体的定体热容问题得以圆满解决.(关于黑体辐射的紫外灾难,在能量取分立值的情况下,计算每一振动态的平均能量,得到著名的黑体辐射本领的普朗克公式,问题也得以圆满解决. 从而说明微观状态的能量一定是量子化的.)

例题 8 标准状况下的氧气和氦气各 22.4 L 相混合,混合后,

(1) 氦原子的方均根速率是多少?

(2) 氦原子的能量是多少?

(3) 氧分子的能量是多少?

(4) 该系统的总内能中有多大比例被氦气所携带?

解 依题意,混合后的混合气体仍处于标准状况,那么,

(1) $\sqrt{\overline{v_{\mathrm{He}}^2}} = \sqrt{\dfrac{3k_{\mathrm{B}}T}{m_{\mathrm{He}}}} = \sqrt{\dfrac{3RT}{\mu_{\mathrm{He}}}} = \sqrt{\dfrac{3 \times 8.31 \times 273}{4 \times 10^{-3}}}\ \mathrm{m/s} = 1.30 \times$

$10^3\ \mathrm{m/s}$.

(2) 因为在 $T = 273$ K 的常温下,氦原子的自由度为 $t = 3, r = 0$,$s = 0$,所以题设混合气体中氦原子的能量为

$$u_{\mathrm{He}} = \frac{1}{2}(t + r + 2s)k_{\mathrm{B}}T = \frac{3}{2}k_{\mathrm{B}}T = \frac{3}{2} \times 1.38 \times 10^{-23} \times 273\ \mathrm{J}$$
$$= 5.65 \times 10^{-21}\ \mathrm{J}.$$

(3) 因为在 $T = 273$ K 的常温下,氧分子的自由度为 $t = 3, r = 2$,$s = 0$,所以题设混合气体中氧分子的能量为

$$u_{\mathrm{O}_2} = \frac{1}{2}(t + r + 2s)k_{\mathrm{B}}T = \frac{5}{2}k_{\mathrm{B}}T = \frac{5}{2} \times 1.38 \times 10^{-23} \times 273\ \mathrm{J}$$
$$= 9.42 \times 10^{-21}\ \mathrm{J}.$$

(4) 因为混合物中氧气的量和氦气的量都是 1 mol,即其中氦原子的数目与氧分子的数目相同,都等于阿伏伽德罗常数,所以

$$\frac{U_{\mathrm{He}}}{U} = \frac{U_{\mathrm{He}}}{U_{\mathrm{He}} + U_{\mathrm{O}_2}} = \frac{N_{\mathrm{A}}u_{\mathrm{He}}}{N_{\mathrm{A}}u_{\mathrm{He}} + N_{\mathrm{A}}u_{\mathrm{O}_2}} = \frac{u_{\mathrm{He}}}{u_{\mathrm{He}} + u_{\mathrm{O}_2}} = \frac{3}{3 + 5}$$
$$= 37.5\%.$$

例题 9 质量为 50.0 g,温度为 18℃ 的氮气装在容积为 10.0 L 的密闭绝热容器中,容器以 200 m/s 的速率作匀速直线运动,若容器

突然停止,定向运动的动能全部转化为分子热运动的动能,则平衡后氮气的温度和压强各增大多少?

解 由能均分定理知,质量为 M,摩尔质量为 μ 的气体的内能为

$$U = \frac{M}{\mu}\frac{1}{2}(t+r+2s)RT,$$

由于处于常温下,则 $t=3, r=2, s=0$,所以当温度改变 ΔT 时,内能的变化为

$$\Delta U = \frac{M}{\mu}\frac{1}{2}(t+r+2s)R\Delta T = \frac{5MR}{2\mu}\Delta T.$$

依题意,当系统定向运动的动能全部转化为分子热运动的动能时,系统温度的变化为

$$\Delta T = \frac{2\mu}{5MR}\Delta U = \frac{2\mu}{5MR}E_k = \frac{2\mu}{5MR}\cdot\frac{1}{2}Mv^2 = \frac{\mu v^2}{5R}$$

$$= \frac{28.0\times10^{-3}\times200^2}{5\times8.31}\text{K} = 26.96\text{ K}.$$

在平衡后,由状态方程 $pV = \frac{M}{\mu}RT$ 知,氮气压强的变化为

$$\Delta p = \frac{MR}{V\mu}\Delta T = \frac{50.0\times10^{-3}\times8.31}{10.0\times10^{-3}\times28.0\times10^{-3}}\times26.96\text{ Pa}$$

$$= 4.00\times10^4\text{ Pa}.$$

例题 10 在温度不太高的情况下,质量为 2.0 g 的 CO_2 气体与质量为 3.0 g 的 N_2 气体的混合物的摩尔定体热容为多少?

解 记 CO_2 的质量为 M_1,比定体热容为 c_{V1},N_2 的质量为 M_2,比定体热容为 c_{V2},依题意则有混合物的比定体热容为

$$c_V = \frac{M_1c_{V1}+M_2c_{V2}}{M_1+M_2},$$

摩尔定体热容为

$$C_{V,m} = c_V\mu,$$

由混合气体的状态方程知,混合气体的摩尔质量 μ 与两组分的摩尔质量 μ_1 和 μ_2,质量 M_1 和 M_2 及总质量 $M=M_1+M_2$ 之间有关系

$$\frac{M}{\mu} = \frac{M_1}{\mu_1}+\frac{M_2}{\mu_2},$$

所以

$$C_{V,\mathrm{m}} = \frac{M_1 c_{V1} + M_2 c_{V2}}{M} \cdot \frac{M}{\dfrac{M_1}{\mu_1} + \dfrac{M_2}{\mu_2}} = \frac{M_1 c_{V1} + M_2 c_{V2}}{\dfrac{M_1}{\mu_1} + \dfrac{M_2}{\mu_2}}.$$

记 CO_2 和 N_2 的摩尔定体热容分别为 $C_{V,\mathrm{m},1}$，$C_{V,\mathrm{m},2}$，则上式可化为

$$C_{V,\mathrm{m}} = \frac{\dfrac{M_1}{\mu_1} C_{V,\mathrm{m},1} + \dfrac{M_2}{\mu_2} C_{V,\mathrm{m},2}}{\dfrac{M_1}{\mu_1} + \dfrac{M_2}{\mu_2}}$$

因为已知 $M_1 = 2.0$ g，$\mu_1 = 44.0$ g/mol，$M_2 = 3.0$ g，$\mu_2 = 28.0$ g/mol；由能量均分定理知 $C_{V,\mathrm{m},1} = 3R$，$C_{V,\mathrm{m},2} = \dfrac{5}{2} R$；所以混合物的摩尔定体热容为

$$C_{V,\mathrm{m}} = \frac{\dfrac{2}{44} \times 3 \times 8.31 + \dfrac{3}{28} \times \dfrac{5}{2} \times 8.31}{\dfrac{2.0}{44} + \dfrac{3.0}{28}} \mathrm{J/(K \cdot mol)}$$

$$= 22.01 \ \mathrm{J/(K \cdot mol)}.$$

2.4   微观粒子运动状态分布规律的一般讨论

· 微观粒子运动状态的描述及微观粒子系统的分类
· 近独立粒子系统的粒子数按能量的最概然分布

    在 2.2 节中我们断言,麦克斯韦分布律是气体分子速度的最概然分布律.事实是否如此呢? 再者,分子只是诸多种类的微观粒子中的一种,对任意的微观粒子其分布规律为何呢? 在本节中,我们把气体分子推广到任意的微观粒子.把速度推广到一般的运动状态.初步讨论微观粒子按其运动状态的分布规律,并说明麦克斯韦速度分布律就是粒子按其速度的最概然分布律.

● **微观粒子运动状态的描述及微观粒子系统的分类**

    根据所讨论系统的结构层次不同,组成热力学系统的微观粒子可以是分子、原子、电子、原子核、光子、核子、介子、夸克等,也可以是

由这些粒子组成的团簇,例如蛋白质即是由分子、原子组成的大分子团簇.微观粒子既具有实物粒子的性质,又具有波动的性质,其运动状态由量子力学描述.但是,在某些情况,微观粒子的运动状态也可近似地用描述宏观物体运动的经典力学来描述.

在经典物理中,微观粒子的运动状态由坐标和动量描述.在量子物理中,微观粒子的运动状态由描述其波动性质的波函数和能量描述.量子物理学研究表明,微观粒子的能量只能取离散数值 ε_i,其数值由对应的量子数 i 决定,从而对于不同的量子数 i 形成一套能量谱(简称能谱).能谱中的每一个能量称为一个能级.相应于一个能量 ε,粒子的运动状态可以只有一个,也可以不止一个.如果相应于某一个能量 ε 的运动状态不止一个,则称之为是简并的,若相应于 ε 有 g 个运动状态,则 g 称为该能级的简并度,即粒子的状态可以表示为 $\{\psi_i\} = \{\psi_1, \psi_2, \cdots, \psi_g\}$.形象地,微观粒子运动规律的基本图像可以比喻为一栋楼层间距不一定相同的楼房,该楼房的每一楼层相当于粒子的能谱中的一个能级,楼层的高度相当于相邻能级间能量的差值,同一楼层上的房间相当于对应同能级的粒子的运动状态,其房间的数目就相当于该能级的简并度.

实验表明,微观粒子除有质量、电荷等内禀属性外,还有自身转动,该属性称为自旋(spin).形象但不严谨地说,微观粒子类似于一个小陀螺,它可以绕自身的某些轴转动.描述自旋的自由度为自旋量子数 s.对于一些粒子,其自旋量子数为半奇数(如 $\frac{1}{2}, \frac{3}{2}, \cdots$),这类粒子称为费米子,例如:电子、质子、中子,其自旋量子数都是 $\frac{1}{2}$;而另一些粒子的自旋量子数为整数,如 $0, 1, 2, \cdots$,这类粒子称为玻色子,例如,光子自旋量子数 $s=1$ 等.具有完全相同的内禀性质(质量、电荷、自旋等)的同类粒子称为全同粒子.由于全同粒子的内禀性质完全相同,则在多个全同粒子组成的系统中,全同粒子不可分辨,从而在全同粒子系统中交换任意两个粒子或多个粒子,系统的状态保持不变,从波函数的角度来讲,全同粒子系统的波函数具有交换对称性.对全同玻色子系统,其波函数对于其中任意两个粒子的交换是对称的;对于全同费米子系统,其波函数对于其中任意两个粒子的交换是反对称的.并且,对于费米子系统,不可能有两个全同的费米子处于同一个量子态,此即著名的泡利不相容原理(Pauli exclusion principle).而对于玻色子系统却没有这样的限制,也就是说,多个玻色子可以具有完全相同的状态.这一每个量子态可允许粒子数目的差异导致玻色系统与费米系统具有不同的统计规律,并且玻色子系统可以出现玻色-爱因斯坦凝聚.

微观粒子系统还可以按粒子间相互作用强度的大小来分类.如果系统中粒子间的相互作用很弱,以至于相互作用的平均能量远小于单个粒子的平均能量,因而可以忽略粒子之间的相互作用,整个系统的能量 E 可以表达为组成系统的所有单个粒子的能量 ϵ_i 之和,即 $E = \sum_{i=1}^{N} \epsilon_i$,则称这样的系统为近独立粒子系统;如果粒子间的相互作用能量相对于单粒子能量不能忽略,则称这样的系统为关联系统或强关联系统.理想气体系统是典型的近独立粒子系统,超导体中的电子是强关联系统,原子核及核物质中的核子,在有些情况下,可以近似为其他核子的整体效应形成的平均场中的近独立粒子系统;而在另一些情况下,应视为强关联系统.

事实上,即使是近独立粒子系统,粒子之间仍然有微弱的相互作用.正是这种微弱的相互作用使粒子之间可以有能量和动量的传递,从而使系统中每个粒子的运动状态可以发生变化,保持系统处于平衡态.否则各粒子完全独立运动,一旦系统受影响而偏离平衡态,系统就无法再达到平衡态.另一方面,由于近独立粒子系统中粒子间的相互作用很弱,这种很弱的相互作用可以视为仅在瞬间存在,而在大多数时间内没有相互作用,从而使每个粒子都可以保留其经瞬间相互作用达到的运动状态,而不受其他粒子的影响,形成一定的分布,呈现由统计规律决定的状态和性质.这里仅对近独立粒子系统进行讨论.

另一方面,在一些情况下,微观粒子的运动状态可以近似地用经典力学来描述.经典力学中,粒子的运动状态由相空间中的相轨道描述,并且每一粒子都有其独立的相轨道,于是人们可以对微观粒子进行编号,并跟踪观测其状态.那么,在经典近似下,微观粒子是可以分辨的. 又由于经典力学中, 粒子的能量、动量、位置可以连续变化, 于是, 处在每一个量子态上的粒子数目是不受限制的. 这样的由可以分辨的全同近独立粒子组成的、处在每一个单粒子量子态上的粒子数不受限制的系统称为玻尔兹曼系统(Boltzmann system). 总之, 从微观上讲, 热力学系统可以分为玻尔兹曼系统、玻色系统和费米系统.

● **近独立粒子系统的粒子数按能量的最概然分布**

(1) 等概率原理

组成系统的所有微观粒子的运动状态的可能组合称为系统的微观态. 由于组成热力学系统的微观粒子是大量的, 因此对应于一个宏观状态的微观态的数目也是大量的, 且这些微观态总在发生着极其复杂的变化, 则在讨论热力学系统的宏观性质时, 不可能、也没有必要精确确定系统的微观状态及其复杂的变化, 而只要知道了各个微观态出现的概率, 就可以利用统计方法确定微观量的统计平均值, 从而确定相应的宏观物理量. 因为相应于一个确定的宏观态的微观态很多, 且不断变化, 则在没有确切证据的情况下, 没有理由认为某一个微观态一定比其他微观态优越. 于是, 玻尔兹曼于 1871 年提出著名的等概率原理. 等概率原理认为, 对于处在平衡态的孤立系统, 其各个可能的微观态出现的概率都相等. 这就是说, 如果平衡态下孤立系统的可能的微观态的总数为 Ω, 则系统的任意一个微观态出现的概率都为 $1/\Omega$, 即在任一时刻 t, 都有

$$P_1(t) = P_2(t) = \cdots = P_\Omega(t) = \frac{1}{\Omega}.$$

等概率原理是平衡态统计理论的基础.

(2) 最概然分布的概念

对于一个全同近独立粒子系统, 记 $\varepsilon_i(i=1,2,\cdots)$ 为粒子的第 i 个能级的能量, g_i 为能级 ε_i 的简并度, N_i 为具有能量 ε_i 的粒子的数目, 则数列

$$\{N_1, N_2, \cdots, N_i, \cdots\} = \{N_i\}$$

称为系统按微观态的一个分布. 显然, 系统的一个微观态对应一个确定的分布. 但是, 在仅确定能级 ε_i 上的粒子数为 N_i 的情况下, 并不

知道是哪 N_i 个粒子占据能级 ε_i,那么,一个分布 $\{N_i\}$ 可能对应多个微观态. 并且,对应的微观态数目 Ω 随分布 $\{N_i\}$ 的不同而不同. 在这各种分布中,相应于微观态数目最多的分布称为系统的最概然分布. 另一方面,由于一个分布可以确定一组宏观量,例如系统的总粒子数 N 和总能量 E,这就是说,一个分布确定一个宏观态. 总之,一个宏观态对应多个微观态,一个宏观态对应的微观态数目的多少决定该宏观态出现的概率.

对玻尔兹曼系统,设其微观态总数为 Ω_{tot},系统的最概然分布对应的微观态数目为 Ω_{p},则由等概率原理知,该分布出现的概率为

$$P_{\text{p}} = \sum_{i=1}^{\Omega_{\text{p}}} \frac{1}{\Omega_{\text{tot}}} = \frac{\Omega_{\text{p}}}{\Omega_{\text{tot}}}.$$

因为最概然分布是相应于微观态数目最多的分布,所以,处于最概然分布的微观态所对应的宏观态是所有宏观态中出现概率最大的状态,即可以长时间保持不变的状态. 由于平衡态是在没有外界影响的情况下宏观性质长时间保持不变的状态,也就是所有宏观态中出现概率最大的态,因此,处于最概然分布的微观态对应的宏观态为平衡态,平衡态对应的微观分布为最概然分布.

(3) 玻尔兹曼系统的最概然分布

对于玻尔兹曼系统,组成系统的粒子是可以分辨的,粒子的能级可以是简并的. 设能级 ε_i 的简并度为 g_i,其上有 N_i 个粒子,那么,每个粒子都具有 g_i 种占据能级 ε_i 的方式,例如,假设对应能级 ε_i 的粒子的波函数是 $\{\varphi_1, \varphi_2, \cdots, \varphi_{g_i}\}$,则每个占据能级 ε_i 的粒子的具体的状态可以是 φ_1,也可以 φ_2,还可以是 φ_{g_i},即共有 g_i 种方式占据能级 ε_i,于是 N_i 个可分辨的粒子占据 ε_i 上 g_i 个微观态的方式数就是 $g_i^{N_i}$. $N_1, N_2, \cdots, N_i, \cdots$ 个可分辨的粒子分别占据 $\varepsilon_1, \varepsilon_2, \cdots, \varepsilon_i, \cdots$ 能级上各量子态的总方式数为所有各种 $g_i^{N_i}$ 的乘积,即 $\prod_i g_i^{N_i}$. 由于粒子可以分辨,则具体哪 N_i 个粒子占据能级 ε_i 的方式数是从总的 N 个粒子中取出 N_i 个粒子的组合数,即 $\dfrac{N!}{\prod_i N_i!}$. 所以,对应分布 $\{N_i\}$ 的微观态的数目就是

$$\Omega = \frac{N!}{\prod_i N_i!} \prod_i g_i^{N_i}. \tag{2.33}$$

记玻尔兹曼系统的最概然分布对应的微观态数目为 Ω_{Bp}，相应的微观态分布为 $\{N_{i,Bp}\}$．则由(2.33)式知

$$\ln \Omega_{Bp} = \ln N! - \sum_i \ln N_{i,Bp}! + \sum_i N_{i,Bp} \ln g_i.$$

由数学原理知，函数 $\ln \Omega$ 与 Ω 有相同的单调性质，那么我们可以通过讨论 $\ln \Omega_{Bp}$ 的极值来确定分布 $N_{i,Bp}$．根据 Stirling 公式，当 $N \gg 1$ 时，$\ln N! = N(\ln N - 1)$，假设分布 $\{N_{i,Bp}\}$ 中的 $N_{i,Bp}$ 都满足 $N_{i,Bp} \gg 1$，则

$$\ln \Omega_{Bp} = N(\ln N - 1) - \sum_i N_{i,Bp}(\ln N_{i,Bp} - 1) + \sum_i N_{i,Bp} \ln g_i$$

$$= N \ln N - N - \sum_i N_{i,Bp} \ln N_{i,Bp} + \sum_i N_{i,Bp} + \sum_i N_{i,Bp} \ln g_i.$$

因为对任意一个分布 $\{N_i\}$，都满足粒子数守恒 $\sum_i N_i = N$ 的条件，则 $\sum_i N_{i,Bp} = N$. 于是，上式可化为

$$\ln \Omega_{Bp} = N \ln N - \sum_i N_{i,Bp} \ln N_{i,Bp} + \sum_i N_{i,Bp} \ln g_i.$$

因为 $\ln \Omega_{Bp}$ 取极值时，$\delta \ln \Omega_{Bp} = 0$，则由上式可得

$$-\sum_i \left[\ln N_{i,Bp} \delta N_{i,Bp} + N_{i,Bp} \frac{\delta N_{i,Bp}}{N_{i,Bp}} \right] + \sum_i \ln g_i \, \delta N_{i,Bp} = 0.$$

又由 $\sum_i N_{i,Bp} = N$ 知，$\sum_i \delta N_{i,Bp} = \delta N = 0$，则上式即

$$-\sum_i \ln N_{i,Bp} \, \delta N_{i,Bp} + \sum_i \ln g_i \, \delta N_{i,Bp} = 0,$$

也就是

$$-\sum_i \ln \frac{N_{i,Bp}}{g_i} \delta N_{i,Bp} = 0. \tag{b1}$$

又因为实际的分布应满足粒子数守恒和能量守恒的要求，即应有

$$\begin{cases} \sum_i N_{i,Bp} = N, \\ \sum_i N_{i,Bp} \varepsilon_i = E. \end{cases}$$

那么，

$$\begin{cases} \sum_i \delta N_{i,\mathrm{Bp}} = 0, \\[2mm] \sum_i \varepsilon_i\, \delta N_{i,\mathrm{Bp}} = 0. \end{cases}$$

所以(b1)式中的各个 $\delta N_{i,\mathrm{Bp}}$ 互相不独立，即前述的 $\ln\Omega_{\mathrm{Bp}}$ 的极值问题实际上是条件极值问题．相应地，极值条件 $\delta\ln\Omega_{\mathrm{Bp}}=0$ 应根据拉格朗日乘子法扩展为

$$\delta\ln\Omega_{\mathrm{Bp}} - \alpha\delta N - \beta\delta E = 0, \tag{b2}$$

其中，α 和 β 为引入的待定因子（常称为拉格朗日乘子）．将(b1)式和(b2)式联立，则有

$$-\sum_i \Big[\ln\frac{N_{i,\mathrm{Bp}}}{g_i} + \alpha + \beta\varepsilon_i \Big] \delta N_{i,\mathrm{Bp}} = 0, \tag{b3}$$

于是有

$$\ln\frac{N_{i,\mathrm{Bp}}}{g_i} + \alpha + \beta\varepsilon_i = 0, \tag{b4}$$

由(b4)式则可解得

$$N_{i,\mathrm{Bp}} = g_i\, \mathrm{e}^{-\alpha-\beta\varepsilon_i}. \tag{2.34a}$$

此即玻尔兹曼系统的微观态的最概然分布，通常称之为玻尔兹曼分布（Boltzmann distribution）．

记 $\mathrm{e}^{-\alpha}=\mathrm{e}^{\beta\mu}$，其中 μ 通常称为玻尔兹曼系统的化学势，则玻尔兹曼分布(2.34a)式可以改写为

$$N_{i,\mathrm{Bp}} = g_i\, \mathrm{e}^{-\beta(\varepsilon_i-\mu)}. \tag{2.34b}$$

考虑粒子数守恒和组成玻尔兹曼系统的微观粒子的能量 ε_i 可以连续取值可以证明，玻尔兹曼系统中粒子按能量的分布函数为

$$f_{\mathrm{Bp}}(\varepsilon) = g(\beta,\varepsilon)\mathrm{e}^{-\beta\varepsilon}. \tag{2.35}$$

将麦克斯韦-玻尔兹曼分布律(2.23)式与(2.35)式比较知，(2.23)式所示的麦克斯韦-玻尔兹曼分布律是玻尔兹曼分布的具体体现．尤其是，麦克斯韦速度分布律为仅考虑组分粒子动能 $\varepsilon=\frac{1}{2}mv^2$ 的情况下的玻尔兹曼分布，即忽略了粒子之间相互作用的情况下的玻尔兹曼分布．由于玻尔兹曼分布律是近独立粒子系统的最

概然分布,即处于平衡态的近独立粒子实际分布律,而理想气体系统正是典型的近独立粒子系统,因此麦克斯韦速度(速率)分布律是处于平衡态的理想气体系统的微观状态的实际分布律.

(3) 玻色系统和费米系统的最概然分布

计算表明,玻色系统的微观态数 Ω_B 与分布 $\{N_i\}$ 的关系为

$$\Omega_B = \prod_i \frac{(N_i + g_i - 1)!}{N_i!(g_i - 1)!}. \tag{2.36}$$

在 $N_i \gg 1, g_i \gg 1$,从而 $N_i + g_i - 1 \approx N_i + g_i, g_i - 1 \approx g_i$ 的近似下,利用与讨论玻尔兹曼系统完全相同的方法可以证明,玻色系统的最概然分布为

$$N_{i,B} = \frac{g_i}{e^{\alpha + \beta \varepsilon_i} - 1}, \tag{2.37a}$$

该分布称为玻色分布,或玻色-爱因斯坦分布(Bose-Einstein distribution).记 $e^\alpha = e^{-\beta\mu}$,其中 $\mu = -\dfrac{\alpha}{\beta}$ 称为系统的化学势,则(2.37a)式可改写为

$$N_{i,B} = \frac{g_i}{e^{\beta(\varepsilon_i - \mu)} - 1}, \tag{2.37b}$$

或

$$n_{i,B} = \frac{1}{e^{\beta(\varepsilon_i - \mu)} - 1}. \tag{2.37c}$$

显然,$n_{i,B}$ 为玻色系统中处在能量为 ε_i 的量子态 i 的平均粒子数.

对于费米系统,微观态数 Ω_F 与分布 $\{N_{i,F}\}$ 的关系为

$$\Omega_F = \prod_i \frac{g_i!}{N_{i,F}!(g_i - N_{i,F})!}. \tag{2.38}$$

在 $N_{i,F} \gg 1, g_i \gg 1$,且 $g_i - N_{i,F} \gg 1$ 的假设下,利用与讨论玻尔兹曼系统及玻色系统完全相同的方法可以证明,费米系统的最概然分布为

$$N_{i,F} = \frac{g_i}{e^{\alpha + \beta \varepsilon_i} + 1} \tag{2.39a}$$

或

$$N_{i,F} = \frac{g_i}{e^{\beta(\varepsilon_i - \mu)} + 1}, \tag{2.39b}$$

$$n_{i,F} = \frac{1}{e^{\beta(\varepsilon_i - \mu)} + 1}. \tag{2.39c}$$

该分布称为费米分布,或费米-狄拉克分布(Fermi-Dirac distribution). 其中 $\mu=-\dfrac{\alpha}{\beta}$ 也称为系统的化学势.

值得注意的是,这里推导玻色分布和费米分布所用的 $N_i\gg1$, $g_i\gg1$ 等假设,在实际情况下通常不满足. 因此,这里的推导并不严格,甚至可以说存在严重缺点. 然而,严格的统计物理理论研究表明,这里得到的玻色分布和费米分布的结论是正确的. 有关严格系统的统计物理理论推导这里不再讨论.

(4) 玻尔兹曼分布、玻色分布及费米分布间的关系

比较(2.34)、(2.37)和(2.39)式可知,在 $e^\alpha\gg1$ 或 $\dfrac{N_i}{g_i}\ll1$ 的极限条件下,玻色系统、费米系统和玻尔兹曼系统都遵守玻尔兹曼分布,即

$$N_{i,\mathrm{B}}=N_{i,\mathrm{F}}=N_{i,\mathrm{Bp}}=\frac{g_i}{e^\alpha}e^{-\beta\varepsilon_i}, \tag{2.40}$$

并且,三类系统的微观状态 Ω_B,Ω_F 和 Ω_Bp 之间有关系

$$\Omega_\mathrm{B}=\Omega_\mathrm{F}=\frac{\Omega_\mathrm{Bp}}{N!}=\prod_i\frac{g_i^{N_i}}{N_i!}. \tag{2.41}$$

可以证明,理想气体是满足经典极限条件的系统. 因此,组成理想气体的微观粒子按其状态的分布满足玻尔兹曼分布.

习　题

2.1 有 N 个粒子,当 $0<v\leqslant v_0$ 时,其速率分布函数 $f(v)=C$;当 $v>v_0$ 时,$f(v)=0$.

(1) 作出速率分布曲线;

(2) 由 v_0 求常数 C;

(3) 求粒子的平均速率.

2.2 已知速率分布函数为 $f(v)$,求速率在 $v_1\sim v_2$ 区间内的分子的平均速率.

2.3 根据麦克斯韦速率分布律,求速率倒数的平均值 $\left(\dfrac{1}{v}\right)$.

2.4 试根据麦克斯韦分布律证明:分子平动动能在 ε 到 $\varepsilon+\mathrm{d}\varepsilon$

区间的概率为

$$f(\varepsilon)\mathrm{d}\varepsilon = \frac{2}{\sqrt{\pi}}(k_{\mathrm{B}}T)^{-3/2}\,\mathrm{e}^{-\varepsilon/k_{\mathrm{B}}T}\sqrt{\varepsilon}\,\mathrm{d}\varepsilon,$$

其中 $\varepsilon = \frac{1}{2}mv^2$,并根据上式求出分子平动动能的最概然值.

2.5 气体分子局限于一维运动,速率服从麦克斯韦分布律,求:分子的方均根速率、平均速率和最概然速率.

2.6 气体分子局限于二维运动,速度的每个分量都服从麦克斯韦分布律,试求其方均根速率、平均速率和最概然速率.

2.7 系统 1 和系统 2 都是满足麦克斯韦速率分布律 $F(v)$ 的理想气体,两系统中分子的最概然速率分别是 v_{p1} 及 v_{p2}.试证:

$$\frac{F(v_{\mathrm{p1}})}{F(v_{\mathrm{p2}})} = \frac{v_{\mathrm{p2}}}{v_{\mathrm{p1}}}.$$

2.8 某种气体分子在温度 T_1 时的方均根速率等于温度为 T_2 时的平均速率,求 T_2/T_1.

2.9 计算 300 K 温度下,氧分子的最概然速率、平均速率和方均根速率.

2.10 穿过某个原子能反应堆中心处一面积的中子流密度是 $4\times10^{16}/(\mathrm{m}^2 \cdot \mathrm{s})$,假设这些中子是温度为 300 K 的"热"中子,并服从麦克斯韦速率分布律,求中子气的数密度及分压强.

2.11 根据麦克斯韦速度分布律,求气体分子速度分量 v_x 的平方平均值,并由此推出气体分子每一平动自由度所具有的平动能.

2.12 求速率大于某一 v_0 的气体分子每秒与单位面积器壁的碰撞次数.

2.13 通过测量从一容器薄壁上小孔在 1 秒钟内流出的气体质量 ω,就可以决定很低的气体压强.如果小孔的面积为 S,则气体压强为

$$p = \frac{\omega\sqrt{2\pi RT}}{S\sqrt{\mu}},$$

其中 μ 是气体的摩尔质量,容器外被抽成真空.

(1)证明该公式;

（2）这方法为什么只适用于很低的气压和在薄壁上的开孔？

2.14 如图所示,容器被薄隔板分成两部分,其中气体的压强分别为 p_1, p_2,分子数密度分别为 n_1, n_2.两部分气体的温度相同,都等于 T,摩尔质量 μ 也相同.试证明:如 $p_1 > p_2$,隔板上有一面积为 A 的小孔,则每秒通过小孔由左方净流入右方的气体质量为

$$M = \sqrt{\frac{\mu}{2\pi RT}}\, A(p_1 - p_2).$$

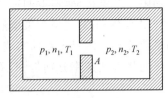

习题 2.14

2.15 设地面大气是等温的.温度为 $t = 5.0\,°C$,海平面上的气压为 $p_0 = 1.0 \times 10^5\ \text{Pa}$,今测得某山顶的气压 $p = 7.8 \times 10^4\ \text{Pa}$,求山高.已知空气的平均摩尔质量为 $28.97 \times 10^{-3}\ \text{kg/mol}$.

2.16 假定在海平面上大气压是 $1.00 \times 10^5\ \text{Pa}$,那么,在一般喷气式飞机飞行的海拔 $1.00 \times 10^4\ \text{m}$ 高空处大气压是多少？珠穆朗玛峰顶为海拔 $8848\ \text{m}$,那里的大气压是多少？设大气层等温,保持为 $0\,°C$.

2.17 求在等温大气中一个分子的平均重力势能.

2.18 飞机起飞前,舱中压力计指示为 $1.0 \times 10^5\ \text{Pa}$,温度为 $27\,°C$；起飞后,压力计指示为 $8.0 \times 10^4\ \text{Pa}$,温度仍为 $27\,°C$,试计算飞机距地面的高度.(空气的平均摩尔质量是 $28.97 \times 10^{-3}\ \text{kg/mol}$)

2.19 温度为 $27\,°C$ 时,1 mol 氧气具有多少平动能？多少转动能？

2.20 在室温 300 K 下,1 mol 氢和 1 mol 氦的内能各是多少？1 g 氢和 1 g 氦呢？

2.21 水蒸气分解为同温度的氢气和氧气,内能增加了百分之几？

2.22 求在 $30\ \text{N/cm}^2$ 的压强下, 5 L 氢气的热运动能量.

2.23　在常温下,将 $3.0\,\mathrm{g}$ 的水蒸气与 $3.0\,\mathrm{g}$ 的氢气混合,求混合气体的比定体热容.

2.24　容器中盛有温度相同的汞蒸气(Hg)、氖(Ne)、氦(He)的混合气体,比较这三类分子的平均动能和方均根速率.

2.25[*]　假设粒子按微观态的分布相对玻尔兹曼分布的偏离为 $\dfrac{\Delta N_{i,\mathrm{Bp}}}{N_{i,\mathrm{Bp}}}\approx10^{-5}$,试计算系统的微观态数目的相对偏离 $\dfrac{\Omega_{\mathrm{Bp}}+\Delta\Omega}{\Omega_{\mathrm{Bp}}}$.

3 近平衡态中的输运过程

平衡态是宏观上出现概率最大的状态. 在均匀且恒定的外部条件下, 当系统偏离平衡态较小时, 由于系统内部微观粒子的运动和相互作用使系统趋向平衡态. 这种现象称为弛豫现象 (relaxation phenomenon), 相应的过程称为弛豫过程. 比较平衡态和非平衡态的概念, 并考察平衡条件可知, 在近平衡态中一定存在动量传递, 或能量传递, 或物质传递, 甚至同时存在这三种传递. 在孤立系统中, 由于动量、能量、质量的传递, 系统中各部分之间的宏观相对运动、温度差异、密度差异将会逐渐消失, 系统将从非平衡态过渡到平衡态. 这些使热力学系统由非平衡态向平衡态过渡的过程称为输运过程 (transport process), 相应的现象称为输运现象. 输运现象普遍存在于自然界, 例如热传导、黏性现象、扩散现象、化学反应、核裂变、核聚变、生物体中养料的吸收和传递等都含有输运过程. 本课程仅就近平衡态中的输运过程作一简要介绍. 采用的研究方法仍然是分子动理论方法. 作为分子动理论的应用, 我们对经典的布朗运动理论予以简要讨论. 由于非平衡态和非平衡现象普遍存在, 本章也简单介绍一些常见的非平衡现象及其特征.

3.1　近平衡态中的输运过程及其宏观规律

· 黏性现象及其宏观规律

•热传导现象及其宏观规律　　　•扩散现象及其宏观规律

● 黏性现象及其宏观规律

流体没有固定形状,并可以流动.粗略地可以把流动分为层流和湍流.层流比较简单,湍流非常复杂.这里仅讨论层流时的黏性现象.

流体作层流时,通过任一平行于流速方向的截面,相邻两部分流体之间具有相互拖曳,从而使流速较小的那部分流体加速,而流速较大的那一部分减速,结果形成稳定的分层流动的现象称为黏性现象(viscosity phenomenon).各层间互相阻滞相对"滑动"的作用力与反作用力称为黏性力(viscous force),也称为内摩擦力(interfriction force).

对于长直管道中的定常层流,取其中一段如图 3-1 所示,并建立坐标系 x-z 使 x 方向沿流速方向,z 方向指向流体内部,则该定常层流的速度分布可以表示为 $u=u(z)$.

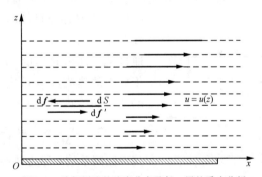

图 3-1　稳恒层流的速度分布及任一层的受力分析

对定常层流中的任一平行于流速方向的截面元 dS,其上侧受到方向与流速方向相反的黏性力 df,下侧受到方向与流速方向相同的黏性力 df'.由牛顿第三定律知

$$\mathrm{d}\boldsymbol{f}+\mathrm{d}\boldsymbol{f}'=0.$$

实验表明,定常层流中,任一面积为 ΔS 的截面所受的黏性力正比于流速梯度和流层面积,即

$$\boldsymbol{f}=-\eta\frac{\mathrm{d}\boldsymbol{u}}{\mathrm{d}z}\Delta S, \tag{3.1}$$

其中比例系数 η 称为流体的黏度(viscosity)或黏性系数(coefficient of viscosity),单位为牛·秒/米²,记为 N·s/m²,负号表示黏性力方向与流速方向相反.该规律称为牛顿黏性定律(Newton law of viscosity).由此可知,在 dt 时间内传递的动量为 $d\boldsymbol{p} = \boldsymbol{f}dt = -\eta \dfrac{d\boldsymbol{u}}{dz} dSdt$. 式中的"—"号表明,动量沿速度大的一侧向速度小的一侧传递,与速度梯度方向相反.

由该定律知,黏度是描述流体黏性性质的重要物理量,实验表明,流体的黏度与其温度有关,当温度升高时,气体的黏度增加,而液体的黏度减小.

- **热传导现象及其宏观规律**

由于物体各层温度不均匀而使热量从高温区传向低温区的现象称为热传导(heat conduction).

如图 3-2 所示,设温度相同的平面平行于 x-y 平面,温度梯度沿 z 方向.定义热流量(heat flow rate)或热流(heat current)为单位时间内通过某一面积的热量.实验表明,热传导中的热流量 Φ 正比于温度梯度 dT/dz 和传热面的面积 ΔS,即

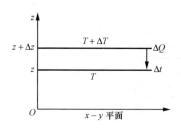

图 3-2 温度分布及热流示意图

$$\Phi = \frac{\Delta Q}{\Delta t} = -\kappa \frac{dT}{dz} \Delta S, \quad (3.2)$$

其中比例系数 κ 称为热导率(thermal conductivity)或导热系数(coefficient of heat conductivity), κ 的单位为瓦/(米·开),记为 W/(m·K).该规律由法国科学家傅里叶于 1815 年提出,所以常称为傅里叶热传导定律(Fourier law of heat conduction).

定义单位时间内在单位面积上流过的热量为热流密度,记为 φ,则有

$$\varphi = -\kappa \frac{dT}{dz}. \quad (3.3)$$

例题 1 利用下述简易装置和操作可以测定气体的热导率.在

一半径为 b 的长圆柱形容器中,沿其轴线上置一根半径为 a、单位长度电阻为 R 的导线,容器外缘维持在恒温下,里面充以被测气体.当金属导线内有一小电流 I 通过时,测出导线与容器壁间的温度差为 ΔT. 假定此时已达到稳态传热,试问待测气体的热导率为多少?

解 设待测气体的热导率为 κ,由傅里叶热传导定律知,该系统中沿圆筒径向的热流密度为

$$\varphi = -\kappa \frac{\mathrm{d}T}{\mathrm{d}r}.$$

设圆筒长为 L,则半径为 r 处的圆柱面的面积为

$$S = 2\pi rL,$$

那么,由傅里叶热传导定律知,通过该圆柱面的热流量为

$$\Phi = -\kappa \frac{\mathrm{d}T}{\mathrm{d}r} \cdot 2\pi rL,$$

于是

$$\mathrm{d}T = -\frac{\Phi}{2\pi L\kappa} \frac{\mathrm{d}r}{r},$$

积分,得

$$(T_b - T_a) = -\frac{\Phi}{2\pi L\kappa} \ln \frac{b}{a},$$

因为导线的焦耳热 $\Phi = I^2RL$,温度差 $T_b - T_a = -\Delta T$,代入上式,则得待测气体的热导率为

$$\kappa = \frac{I^2R}{2\pi\Delta T} \ln \frac{b}{a}.$$

• **扩散现象及其宏观规律**

当系统中粒子密度不均匀时,由于热运动而使粒子从浓度高的地方迁移到浓度低的地方的现象称为扩散(diffusion). 由于粒子数分布不均匀会造成压强差(尤其在气体中),因此扩散常伴随有因压强不均匀引起的宏观运动,若流体中存在温度差,则还伴随有热传导和热对流,这样的扩散过程相当复杂. 为简单起见,我们仅讨论温度处处相同、并且不存在由压强差引起的粒子定向流动的纯扩散. 例如由活动隔板分开的温度 T 和压强 p 都分别相同的两种气体,当抽掉

隔板时的扩散即为纯扩散.经过足够长时间后,通过扩散,两种气体的分子会均匀地混合在一起,形成处处温度仍为 T、压强仍为 p 的混合气体.更精细地,人们把这种扩散称为互扩散.

由于不同物质的分子的大小、质量、形状、相互作用不同,它们的扩散速率也可能不同,从而互扩散仍比较复杂.如果发生互扩散的两种物质分子的差异足够小(例如 CO 和 N_2),则它们相互扩散的速率趋于相同,这样的互扩散称为自扩散.下面我们讨论的扩散,如无特殊说明,都指自扩散.

如果取 x-y 平面平行于粒子数密度相同的平面,z 轴方向沿粒

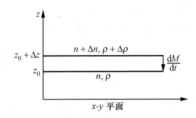

图 3-3   密度(粒子数密度)分布与
质量流(粒子流)示意图

子数密度不同的方向,如图 3-3 所示.由于存在粒子数密度梯度,则一定有粒子通过 $z = z_0$ 的等密度面 S,由粒子数密度大的一侧向粒子数密度小的一侧运动,形成扩散.扩散的快慢或强度,即扩散速率,由质量流量或质量流 J 描述.细致地,可以定义粒子流密度 j_n 为单位时间内在单位面积上扩散的粒子数,即 $j_n = \Delta n / \Delta t$.

1855 年法国生理学家菲克(Fick)提出,在扩散过程中,粒子流密度 j_n 与粒子数密度梯度 dn/dz 成正比,即

$$j_n = - D \frac{dn}{dz}, \tag{3.4}$$

其中比例系数 D 称为自扩散系数(coefficient of diffusion),D 的单位为米^2/秒,记为 m^2/s,负号表示粒子总是向粒子密度减小的方向扩散.该规律称为菲克扩散定律(Fick diffusion law).如果在与扩散方向垂直的截面上 j_n 处处相同,则菲克扩散定律又可以由质量流量表示为

$$J = \frac{\Delta M}{\Delta t} = - D \frac{d\rho}{dz} S, \tag{3.5}$$

其中 S 为发生扩散的截面的面积,ρ 为密度.

每一个生命体系都具有许多组织,组织由细胞组成,细胞之间及

细胞与外界之间由细胞壁和细胞膜分开,这些边界上都存在物质交换,例如,肺泡中的氧进入毛细血管中,毛细血管中的二氧化碳进入肺泡等,这种物质交换大多是通过扩散实现的,从而可以由菲克扩散定律描述.因此,菲克扩散定律不仅在物理学中,而且在化学、生命科学等方面都具有重要应用.并且菲克扩散定律既适用于自扩散,也适用于互扩散.

例题 2 两个体积都为 V 的容器用长为 L、横截面积 A 很小(从而 $LA \ll V$)的水平管道联通.开始时左边容器中充有分压强为 p_0 的 CO 和分压强为 $p - p_0$ 的 N_2 组成的混合气体,右边容器中充有压强为 p 的纯 N_2 气体,如图 3-4 示.设 CO 向 N_2 中扩散及 N_2 向 CO 中扩散的扩散系数都为 D,试求出左边容器中 CO 的分压强随时间变化的函数关系.

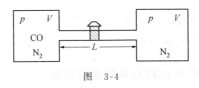

图 3-4

解 设左右两容器中 CO 的分子数密度分别为 n_L 和 n_R,则两容器间 CO 的分子数密度梯度为 $\dfrac{n_L - n_R}{L}$,那么,由菲克扩散定律可得,从左边容器流向右边容器的 CO 的分子流量为

$$\frac{dN_L}{dt} = -D \frac{n_L - n_R}{L} A.$$

因 $n_L = N_L / V$,则由上式可得

$$\frac{dn_L}{dt} = -D \frac{n_L - n_R}{LV} A.$$

因为分子数守恒,$n_L + n_R = n_0$,n_0 为原来左边容器中 CO 的分子数密度,于是

$$n_L - n_R = 2n_L - n_0,$$

$$\frac{dn_L}{dt} = -D \frac{2n_L - n_0}{LV} A.$$

考虑 $t = 0$ 时 $n_L = n_0$ 的初始条件,解该微分方程,得

$$n_{\mathrm{L}}(t) = \frac{n_0}{2}(1 + \mathrm{e}^{-\frac{2DA}{LV}t}),$$

代入理想气体压强公式 $p = nk_{\mathrm{B}}T$，则得

$$p_{\mathrm{L}}(t) = \frac{p_0}{2}(1 + \mathrm{e}^{-\frac{2DA}{LV}t}),$$

所以左边容器中 CO 的分压强随时间变化的函数关系为

$$p_{\mathrm{CO}}(t) = \frac{p_0}{2}(1 + \mathrm{e}^{-\frac{2DA}{LV}t}).$$

显然，$t \to \infty$ 时，$\mathrm{e}^{-\frac{2DA}{LV}t} \to 0$，CO 在左右两容器中等量均匀分布，压强都是 $p_0/2$.

3.2 气体分子的碰撞及其概率分布

· 气体分子的平均自由程与平均碰撞频率
· 气体分子碰撞的概率分布

● **气体分子的平均自由程与平均碰撞频率**

（1）分子的碰撞截面

分子之间有相互作用力，当它们相距较远，彼此分离时有吸引力；当它们相距较近，彼此"接触"时有排斥力. 如图 3-5 所示，当分子 B 向位于 O 点的分子 A 接近时，其"运动轨迹"与入射方向到分子 A 间的垂直距离 b（称为瞄准距离或碰撞参数（impact parameter））有关. 显然，随着瞄准距离 b 增大，分子 B 的运动方向的偏折角由大变小. 恰好使偏折角等于 0 的瞄准距离 $b_0 = d$ 称为分子的有效直径，以 d 为半径的垂直于分子 B 入射方向的圆截面称为分子散射截面（scattering cross section），或分子碰撞截面（collision cross section），记为 σ，即

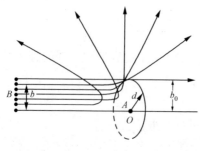

图 3-5 分子碰撞截面示意图

$$\sigma = \pi d^2. \qquad (3.6a)$$

显然，对有效直径分别为 d_1, d_2 的两分子间的碰撞，因两分子中心间的距离为 $d = \frac{1}{2}(d_1 + d_2)$ 时，一分子相对另一分子"擦肩而过"，运动方向偏折角为 0，所以其间的碰撞截面为

$$\sigma = \frac{\pi}{4}(d_1 + d_2)^2. \tag{3.6b}$$

直观地，分子相互作用势为刚球势的两分子，在其中心之间的距离小于两分子的有效半径之和的情况下发生碰撞时，各自都会改变运动方向；而当其中心间距大于两分子有效半径之和时，互不影响；当其中心间距离恰好等于两分子有效半径之和时，两分子处于有作用与无作用分界的临界状态. 因此两分子间相互作用的有效直径为两分子有效半径之和，其间的碰撞截面表示为(3.6b)式的形式.

(2) 分子间的平均碰撞频率与平均自由程

组成热力学系统的微观粒子(以下简称分子)都处于不停顿的无规则热运动状态，其间的相互碰撞随机发生，在相继两次碰撞之间，由惯性定律知，分子作匀速直线运动. 因此，每一分子运动的"轨迹"都是无规则的折线，如图 3-6 所示. 运动"轨迹"折线中直线段的长度是分子在相继两次碰撞之间的匀速直线运动中走过的路程，常称之为分子运动的自由程(free path)，记为 λ. 很显然，同一

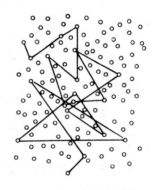

图 3-6　分子碰撞与自由程

分子在不同的两次碰撞之间的自由程不同，不同分子的自由程更可能千差万别. 由于热力学系统都由大量分子组成，因此可以利用统计平均的方法确定分子的平均自由程(mean free path). 所谓分子的平均自由程就是组成系统的所有分子的自由程的平均值，记为 $\bar{\lambda}$.

由于分子之间的碰撞是完全随机的，因此在一定的时间内每个分子与其他分子碰撞的次数也完全不同. 为具体深入讨论，也采用统计平均的方法，定义每个分子在单位时间内与其他分子碰撞次数的平均值为分子的平均碰撞频率(mean collision frequency)，并简称为

碰撞频率,记为 $\bar{Z}$. 显然,碰撞频率的倒数表示分子的平均自由飞行时间 $\bar{\tau}$,即 $\bar{\tau}=\dfrac{1}{\bar{Z}}$. 若分子的平均速率为 $\bar{v}$,则分子的平均自由程可以表示为 $\bar{\lambda}=\bar{v}\cdot\bar{\tau}$,于是,分子的平均自由程与碰撞频率之间的关系可以表示为

$$\bar{\lambda}=\frac{\bar{v}}{\bar{Z}}. \tag{3.7}$$

分子的平均自由程和平均碰撞频率(或自由飞行时间)描述组成热力学系统的大量分子的运动和碰撞的整体性质和规律,并决定系统的宏观性质.

　　常用的确定平均碰撞频率 $\bar{Z}$ 的方法是跟踪气体中的一个分子 A,记录下在时间 Δt 内它与其他分子碰撞的次数 N_{col}. 由于在碰撞

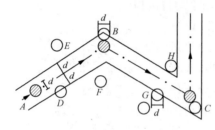

图 3-7　分子运动及碰撞

过程中,重要的是分子之间的相对运动,那么可以假定其他分子静止不动,分子 A 以平均相对速率 $\bar{u}$ 运动.假设分子 A 的中心运动的"轨迹"如图 3-7 中的点划线所示,因为只有中心与分子 A 的中心之间的距离小于或等于两分子半径之和(即一个分子的直径)的那些分子才可能与 A 相碰,则可设想存在以表示分子 A 的中心运动的轨迹的点划线为轴线、以分子直径 d 为半径的曲折圆筒,那么中心位于此圆筒内的分子(如 B,C 等)都与分子 A 碰撞,而其他分子(如 $D,E,$ F,G,H 等)都不与 A 相碰. 显然,该圆筒的截面积 $\sigma=\pi d^2$ 就是分子的碰撞截面.由于分子 A 在时间 Δt 内走过的路程为 $\bar{u}\Delta t$,则相应的圆筒的容积为 $\sigma\bar{u}\Delta t$.设单位体积内分子的数密度为 n,则在 Δt 时间内分子 A 与其他分子碰撞的次数为 $N_{col}=n\sigma\bar{u}\Delta t$. 所以分子的平均碰撞频率为

$$\bar{Z}=\frac{N_{col}}{\Delta t}=n\sigma\bar{u}. \tag{3.8}$$

由麦克斯韦速度分布律可以证明,近平衡态系统中两分子相对运动

速度的平均值为 $\bar{u} = \sqrt{\dfrac{8k_B T}{\pi\mu}}$，其中 $\mu = \dfrac{m_1 m_2}{m_1 + m_2}$ 为两分子的折合质量. 对两个同种分子，$m_1 = m_2 = m$，$\mu = \dfrac{m}{2}$，所以 $\bar{u} = \sqrt{2}\,\bar{v}$，代入(3.8)式，则得分子平均碰撞频率为

$$\bar{Z} = \sqrt{2}n\sigma\bar{v}. \tag{3.9}$$

根据理想状态方程 $p = nk_B T$ 和平均速率公式 $\bar{v} = \sqrt{\dfrac{8k_B T}{\pi m}}$ 可知，分子的平均碰撞频率可由宏观状态参量 p,T 及分子的有效直径 d 表示为

$$\bar{Z} = \frac{4\pi d^2}{\sqrt{\pi m k_B T}}\,p. \tag{3.10}$$

把决定分子平均碰撞频率的(3.9)式代入(3.7)式，则得分子的平均自由程为

$$\bar{\lambda} = \frac{1}{\sqrt{2}n\sigma}. \tag{3.11}$$

很显然，气体分子运动的平均自由程与分子的平均速率无关，与气体的分子数密度 n 成反比，与分子的碰撞截面成反比，也就是与分子的有效直径的平方成反比.

把理想气体状态方程 $p = nk_B T$ 代入(3.11)式，则得

$$\bar{\lambda} = \frac{k_B T}{\sqrt{2}p\sigma}. \tag{3.12}$$

由此可知，气体分子的平均自由程与气体的压强成反比，而与气体的温度成正比. 标准状况下，几种常见气体的平均自由程和分子有效直径如表 3.1 所示. 由表中所列数据可知，在标准状况下，常见气体分子的平均自由程远大于其有效直径，从而可以认为这种状况下气体足够稀薄，于是可近似为理想气体. 因为常温下这些气体分子的平均速率大约为 $10^2 \sim 10^3$ m/s，则由(3.7)式知，气体分子的平均碰撞频率 $\bar{Z} = \bar{v}/\bar{\lambda}$ 大约为 $10^9 \sim 10^{10}$ s^{-1}. 表面看来，分子之间的碰撞非常频繁，但由于一般系统的分子数都在 10^{20} 以上，比较之下，分子碰撞并不频繁.

表 3.1　几种常见气体在标准状况下的平均自由程 $\bar{\lambda}$ 和分子有效直径 d

气　体	H_2	N_2	O_2	He	Ar
$\bar{\lambda}/10^{-7}$ m	1.123	0.599	0.547	1.798	0.666
$d/10^{-10}$ m	2.7	3.7	3.6	2.2	3.2

碰撞既包括分子与分子之间的碰撞,又包括分子与容器壁之间的碰撞.通常情况下,分子的平均自由程 $\bar{\lambda}$ 远小于容器的线度 L.但是,气体极端稀薄时,分子与分子之间相碰的概率极小,其平均自由程大于甚至远大于容器的线度 L,从而气体中仅有分子与容器壁的碰撞,那么实际的碰撞频率为分子与器壁间碰撞的频率,即

$$\bar{Z}_t = \bar{Z}_{m\text{-}w}, \tag{3.13}$$

并且分子的平均自由程实际上就是容器的线度,即

$$\bar{\lambda}_t = L. \tag{3.14}$$

这些就是极稀薄气体的特征.

这种极稀薄气体系统通常称为超高真空系统.这种气体常称为克努曾气体(Knudsen gas).

例题 3　在上面讨论分子碰撞频率时,我们采用跟踪一个分子运动而假定其他分子都静止的模型,试采用相反的模型,即假定一个分子静止不动,其他分子相对该分子运动并与之相碰,计算分子的平均碰撞频率.

解　假定分子 A 静止不动,同类的其他分子 B 相对 A 运动,并与之相碰,相对速度的平均值为 $\bar{u}_{AB}$.很显然,当 A 和 B 相碰时,其中心的距离一定等于它们的有效直径 d.这就是说,与 A 相碰的分子 B 的中心必定在以 A 的中心为球心、以 d 为半径的球面 S 上.由关于气体分子碰壁数的讨论知道,气体分子的碰壁数率为 $\Gamma = \dfrac{1}{4}n\bar{v}$,其中 n 为分子数密度,$\bar{v}$ 为分子的平均速率.这里 $\bar{v} = \bar{u}_{AB}$,碰壁截面面积即球面面积 $S = 4\pi d^2$,那么在单位时间内中心与球面 S 相碰的分子数为

$$N = \Gamma S = \frac{1}{4}n\bar{u}_{AB} \cdot 4\pi d^2 = n\sigma\bar{u}_{AB},$$

所以单位时间内其他分子与分子 A 碰撞的次数为

$$N_{\text{col}} = n\sigma\bar{u}_{AB}.$$

因为分子 A 为任选的一个分子,所以该结论适用于任意分子,因此,分子的平均碰撞频率为

$$\bar{Z} = N_{\text{col}} = n\sigma\bar{u}_{AB}.$$

显然,该结论与假定 A 运动、其他分子都相对静止的情况下所得结论(3.9)式完全相同.

● **气体分子碰撞的概率分布**

分子在任意两次碰撞之间的自由程长短不一,并不都等于平均自由程 $\bar{\lambda}$. 与大量分子的运动速度有确定的分布规律类比,可以推断,千差万别的气体分子自由程和自由飞行时间也分别有一定的统计分布规律. 自由程处于 $\lambda \sim \lambda + d\lambda$ 的区间内的分子占所有分子的百分比可以表示为 $P(\lambda)d\lambda$,自由飞行时间处于 $t \sim t + dt$ 内的分子占所有分子的百分比可以表示为 $P(t)dt$,分子碰撞的概率分布即可由 $P(\lambda)$,$P(t)$ 表示.

如图 3-8 所示,取 x 方向沿分子自由程方向建立坐标系,t 时刻位于 x 处截面 A 附近的分子数目为 N,$t + dt$ 时刻位于 $x + dx$ 处截

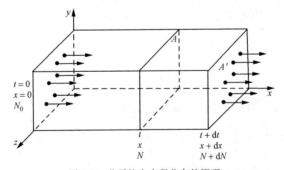

图 3-8 分子按自由程分布的原理

面 A' 附近的分子数为 $N + dN$. 当 $dt \to 0$,$dx \to 0$ 时,$|dN| \propto Ndx$,设其比例系数为 K,则自由程分别为 x,$x + dx$ 的分子数的差值可以表示为

$$-dN(x) = KN(x)dx \quad \text{即} \quad \frac{dN(x)}{N(x)} = -Kdx,$$

解之得

$$N(x) = N_0 \mathrm{e}^{-Kx}.$$

因为 $-\mathrm{d}N$ 实际上是 N_0 个分子中自由程位于 $x \sim x + \mathrm{d}x$ 的区间内的分子数,则 $-\mathrm{d}N/N_0$ 就是分子的自由程处于 $x \sim x + \mathrm{d}x$ 区间内的概率 $P(x)\mathrm{d}x$. 由 $N = N_0 \mathrm{e}^{-Kx}$ 知,$\mathrm{d}N = -KN_0 \mathrm{e}^{-Kx}\mathrm{d}x$,所以

$$-\frac{\mathrm{d}N}{N_0} = K \mathrm{e}^{-Kx}\mathrm{d}x.$$

对自由程取平均,则有

$$\bar{\lambda} = \int_0^\infty x \left(-\frac{\mathrm{d}N}{N_0} \right) = \int_0^\infty x K \mathrm{e}^{-Kx}\mathrm{d}x = \frac{1}{K},$$

于是

$$K = \frac{1}{\bar{\lambda}},$$

$$N(x) = N_0 \mathrm{e}^{-\frac{x}{\bar{\lambda}}},$$

$$-\frac{\mathrm{d}N(x)}{N_0} = \frac{1}{\bar{\lambda}} \mathrm{e}^{-\frac{x}{\bar{\lambda}}}\mathrm{d}x,$$

所以,分子的自由程处于 $\lambda \sim \lambda + \mathrm{d}\lambda$ 区间内的概率为

$$P(\lambda)\mathrm{d}\lambda = -\frac{\mathrm{d}N(\lambda \sim \lambda + \mathrm{d}\lambda)}{N_0} = \frac{1}{\bar{\lambda}} \mathrm{e}^{-\frac{\lambda}{\bar{\lambda}}}\mathrm{d}\lambda. \qquad (3.15)$$

分子按自由程分布的概率密度为

$$P(\lambda) = \frac{1}{\bar{\lambda}} \mathrm{e}^{-\frac{\lambda}{\bar{\lambda}}}. \qquad (3.16)$$

由此可知,自由程大于 $\bar{\lambda}$ 的分子的概率为

$$P(\bar{\lambda}) = \int_{\bar{\lambda}}^\infty P(\lambda)\mathrm{d}\lambda = \int_{\bar{\lambda}}^\infty \frac{1}{\bar{\lambda}} \mathrm{e}^{-\frac{\lambda}{\bar{\lambda}}}\mathrm{d}\lambda = \mathrm{e}^{-1} \approx 0.37,$$

自由程小于 $\bar{\lambda}$ 的分子的概率为

$$1 - P(\bar{\lambda}) \approx 0.63.$$

根据(3.16)式和自由程与自由飞行时间之间的关系

$$\lambda = \bar{v}\, t, \quad \bar{\lambda} = \bar{v}\, \bar{\tau},$$

其中 $\bar{v}$ 为分子的平均速率,$\bar{\tau}$ 为分子平均飞行时间,飞行时间介于 $t \sim t + \mathrm{d}t$ 范围内的分子数占总分子数的百分比为

$$P(t)\mathrm{d}t = \frac{1}{\tau}\mathrm{e}^{-\frac{t}{\tau}}\mathrm{d}t, \tag{3.17}$$

而 t 时刻残存分子的百分比为

$$\frac{N}{N_0} = \mathrm{e}^{-\frac{t}{\tau}}. \tag{3.18}$$

由此可知, 平均飞行时间 τ 的物理意义是分子束中分子数减为原来的 $1/\mathrm{e}$ 所需的时间.

例题 4 试计算 1 mol 理想气体中分子自由程在 λ_1 到 λ_2 之间的分子数及在此区间内的分子自由程的平均值.

解 由分子按自由程 λ 分布的概率密度 $P(\lambda) = \dfrac{1}{\bar{\lambda}}\mathrm{e}^{-\frac{\lambda}{\bar{\lambda}}}$ 知, 自由程在 $\lambda \sim \lambda + \mathrm{d}\lambda$ 的区间内的分子数为

$$\mathrm{d}N = N_0 P(\lambda)\mathrm{d}\lambda = \frac{N_0}{\bar{\lambda}}\mathrm{e}^{-\frac{\lambda}{\bar{\lambda}}}\mathrm{d}\lambda.$$

对于 1 mol 理想气体, $N_0 = N_A$, 则自由程在 $\lambda_1 \sim \lambda_2$ 之间的分子数为

$$N(\lambda_1 \sim \lambda_2) = \int_{\lambda_1}^{\lambda_2}\mathrm{d}N = \int_{\lambda_1}^{\lambda_2}\frac{N_A}{\bar{\lambda}}\mathrm{e}^{-\frac{\lambda}{\bar{\lambda}}}\mathrm{d}\lambda = N_A(\mathrm{e}^{-\frac{\lambda_1}{\bar{\lambda}}} - \mathrm{e}^{-\frac{\lambda_2}{\bar{\lambda}}}).$$

自由程在 λ_1 到 λ_2 之间的分子自由程的平均值为

$$\bar{\lambda} = \frac{\displaystyle\int_{\lambda_1}^{\lambda_2}\lambda N_A P(\lambda)\mathrm{d}\lambda}{N(\lambda_1 \sim \lambda_2)} = \frac{N_A\displaystyle\int_{\lambda_1}^{\lambda_2}\frac{\lambda}{\bar{\lambda}}\mathrm{e}^{-\frac{\lambda}{\bar{\lambda}}}\mathrm{d}\lambda}{N_A(\mathrm{e}^{-\frac{\lambda_1}{\bar{\lambda}}} - \mathrm{e}^{-\frac{\lambda_2}{\bar{\lambda}}})}$$

$$= \bar{\lambda} + \frac{\lambda_1\mathrm{e}^{-\frac{\lambda_1}{\bar{\lambda}}} - \lambda_2\mathrm{e}^{-\frac{\lambda_2}{\bar{\lambda}}}}{\mathrm{e}^{-\frac{\lambda_1}{\bar{\lambda}}} - \mathrm{e}^{-\frac{\lambda_2}{\bar{\lambda}}}}.$$

3.3　气体中输运现象的微观解释

- 输运过程中的流
- 黏性、热传导及扩散现象的微观解释

● 输运过程中的流

由关于输运现象宏观规律的讨论知, 黏性现象是由于流速分布

不均匀引起动量传递,形成动量流所致;热传导现象是由于温度分布不均匀引起热量传递,形成热量流所致;扩散现象是由于密度分布不均匀引起质量传递,形成质量流所致. 概括起来,输运现象都是由于某宏观物理量分布不均匀引起相应物理量 Q_p 迁移,并形成相应的流 J 而引起的. 由于物理量都是由组成系统的分子携带,并在碰撞过程中传递的,所以我们可以通过分子的热运动和碰撞确定输运过程中的流.

　　以 x-y 平面平行于等物理量面、z 轴方向存在物理量梯度建立坐标系,如图 3-9 所示. 图中取 $z=z_0$ 的平面把系统分为上下两部分,下部分记为 A、上部分记为 B. 在 $z=z_0$ 的平面上取小面元 ΔS,设分子热运动的平均速率为 $\bar{v}$,则 Δt 时间内穿过面元 ΔS 的分子泻流数为 N_{effu},可泻流出的分子数密度为 n_{effu},则

$$N_{\text{effu}} = n_{\text{effu}} \cdot \Delta S \, \bar{v} \, \Delta t.$$

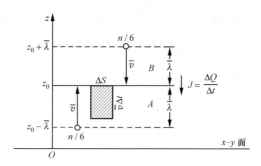

图 3-9　输运过程中的流示意图

因为分子的热运动是各向同性的,即可近似地分为方向沿前、后、左、右、上、下的六组,假设分子的数密度为 n,则可泻流出的分子数密度可近似表示为

$$n_{\text{effu}} = \frac{1}{6}n.$$

那么,在 Δt 时间内,经 ΔS 由 A 部分到 B 部分的分子数和由 B 部分到 A 部分的分子数都可以表示为

$$N_{\text{effu}} = \frac{1}{6}n\Delta S \, \bar{v} \, \Delta t.$$

由于物理量 Q_p 沿 z 方向有分布 $Q_p(z)$,设每个分子携带的相应物理量为 q,则在 Δt 时间由热运动引起的通过 $z = z_0$ 处的面元 ΔS 沿 z 轴方向由 A 部分到 B 部分传递的物理量为

$$\Delta Q_p = \left(\frac{1}{6}n\Delta S\,\bar{v}\Delta t\,q\right)_A - \left(\frac{1}{6}n\Delta S\,\bar{v}\Delta t\,q\right)_B. \quad (3.19)$$

相应的流则为

$$J = \frac{\Delta Q_p}{\Delta t} = \frac{\bar{v}}{6}\big[(nq)_A - (nq)_B\big]\Delta S. \quad (3.20a)$$

假设分子经过一次碰撞就完全被同化,即由 A 部分经 ΔS 进入 B 部分的分子与原 B 部分的分子碰撞一次就变得与原 B 部分的分子的状态相同,由 B 部分经 ΔS 进入 A 部分的分子与原 A 部分的分子碰撞一次就变得与原 A 部分的分子的状态相同,则由平均自由程的意义知,这样的碰撞分别发生在 $z = z_0 + \bar{\lambda}$ 及 $z = z_0 - \bar{\lambda}$ 处. 那么对于穿过面元 ΔS 的分子携带的物理量分别是 $z = z_0$ 平面上下与之相距 $\bar{\lambda}$ 处的分子所具有的物理量,于是

$$J = \frac{\bar{v}}{6}\big[(nq)_{z_0-\bar{\lambda}} - (nq)_{z_0+\bar{\lambda}}\big]\Delta S.$$

再假定分子携带的物理量在距离为平均自由程 $\bar{\lambda}$ 的范围内变化缓慢,则

$$(nq)_{z_0-\bar{\lambda}} - (nq)_{z_0+\bar{\lambda}} \approx \frac{d(nq)}{dz}\bigg|_{z=z_0} dz = -\frac{d(nq)}{dz}\bigg|_{z=z_0} 2\bar{\lambda},$$

所以,输运过程中形成的物理量 Q_p 的流近似为

$$J = -\frac{1}{3}\left[\frac{d(nq)}{dz}\right]\bigg|_{z=z_0} \bar{v}\bar{\lambda}\Delta S. \quad (3.20b)$$

采用其它模型也可以得到相同的结果,例如,考虑斜对面元 ΔS 运动的分子也可以通过该面元,则 $n_{effu} = \frac{1}{4}n$;穿过面元 ΔS 的分子在距离面元 $\frac{2}{3}\bar{\lambda}$ 处与其它分子碰撞并被同化,则 $dz = \frac{4}{3}\bar{\lambda}$. 从而

$$J = \frac{\bar{v}}{4}\big[(nq)_{z_0-\frac{2}{3}\bar{\lambda}} - (nq)_{z_0+\frac{2}{3}\bar{\lambda}}\big]\Delta S = \frac{\bar{v}}{4}\left[-\frac{d(nq)}{dz}\bigg|_{z=z_0}\frac{4}{3}\bar{\lambda}\right]\Delta S$$

$$= -\frac{1}{3}\left[\frac{d(nq)}{dz}\right]\bigg|_{z=z_0} \bar{v}\bar{\lambda}\Delta S.$$

由上述采用不同方案都可以得到输运中物理量的流的表达式中有系数 $\frac{1}{3}$ 知,在这里所讨论的简单近似方法中,该系数具有很大的任意性,从而下述的黏度、热导率和自扩散系数中的系数 1/3 也具有很大的任意性. 但采用较严格的统计物理学方法的推导给出的结果与此相同.

- **黏性、热传导及扩散现象的微观解释**

黏性现象中传递的物理量是动量 $\boldsymbol{P}$,形成的流为动量流 J_P,从而产生黏性力. 设分子的质量为 m,运动速度为 $\boldsymbol{u}$,则每个分子携带的动量为 $q=|\boldsymbol{P}|=mu$,那么由 (3.20b) 式可得

$$f_v = \frac{\Delta \mid \boldsymbol{P} \mid}{\Delta t} = -\frac{1}{3}\left[\frac{\mathrm{d}}{\mathrm{d}z}(nmu)\right]_{z=z_0} \bar{v}\,\bar{\lambda}\Delta S.$$

因为 $nm=\rho$ 为气体的密度,则

$$f_v = -\frac{1}{3}\rho\,\bar{v}\,\bar{\lambda}\left(\frac{\mathrm{d}u}{\mathrm{d}z}\right)_{z=z_0}\Delta S, \tag{3.21}$$

记 $\frac{1}{3}\rho\,\bar{v}\,\bar{\lambda}=\eta$,则 (3.21) 式就是牛顿黏性定律

$$f_v = -\eta\left(\frac{\mathrm{d}u}{\mathrm{d}z}\right)_{z=z_0}\Delta S,$$

由此可知,流体的黏度为

$$\eta = \frac{1}{3}\rho\bar{v}\,\bar{\lambda}. \tag{3.22}$$

在热传导过程中传递的物理量是热量 Q,形成的流是热流(即能量流)$J=\Phi$,每个分子携带的相应物理量为能量 ε. 记气体的比定体热容为 $c_v=C_V/M$,其中 C_V 为气体的定体热容,M 为气体的质量,设组成气体的分子的质量为 m,则每个分子携带的能量平均为 $\bar{\varepsilon}=mc_V T$. 代入 (3.20b) 式,则有

$$\Phi = \frac{\Delta Q}{\Delta t} = -\frac{1}{3}\left[\frac{\mathrm{d}}{\mathrm{d}z}(nmc_V T)\right]_{z=z_0}\bar{v}\,\bar{\lambda}\Delta S$$

$$= -\frac{1}{3}\rho\bar{v}\,\bar{\lambda}c_V\left(\frac{\mathrm{d}T}{\mathrm{d}z}\right)_{z=z_0}\Delta S, \tag{3.23}$$

记 $\dfrac{1}{3}\rho\bar{v}\,\bar{\lambda}c_V=\kappa$，则(3.23)式就是热传导的傅里叶定律

$$\Phi=-\kappa\left(\frac{\mathrm{d}T}{\mathrm{d}z}\right)_{z=z_0}\Delta S,$$

由此知，气体的热导率或导热系数为

$$\kappa=\frac{1}{3}\rho\,\bar{v}\,\bar{\lambda}c_V. \tag{3.24}$$

在扩散过程中传递的物理量是质量，形成的流是质量流 J. 对自扩散，分子携带的物理量 $q=m$，所以

$$J=\frac{\Delta M}{\Delta t}=-\frac{1}{3}\left[\frac{\mathrm{d}}{\mathrm{d}z}(nm)\right]_{z=z_0}\bar{v}\,\bar{\lambda}\,\Delta S$$

$$=-\frac{1}{3}\bar{v}\,\bar{\lambda}\left(\frac{\mathrm{d}\rho}{\mathrm{d}z}\right)_{z=z_0}\Delta S, \tag{3.25}$$

记 $\dfrac{1}{3}\bar{v}\,\bar{\lambda}=D$，则(3.25)式就是菲克扩散定律

$$J=-D\left(\frac{\mathrm{d}\rho}{\mathrm{d}z}\right)\Delta S.$$

这表明，气体的自扩散系数为

$$D=\frac{1}{3}\bar{v}\,\bar{\lambda}. \tag{3.26}$$

把 $\rho=nm$，$\bar{\lambda}=\dfrac{1}{\sqrt{2}n\sigma}$，$\sigma=\pi d^2$，$\bar{v}=\sqrt{\dfrac{8k_B T}{\pi m}}$ 及 $p=nk_B T$ 代入 (3.22)、(3.24)及(3.26)式，可得

$$\eta=\frac{m\bar{v}}{3\sqrt{2}\sigma}=\frac{2}{3\pi d^2}\sqrt{\frac{mk_B T}{\pi}}, \tag{3.27}$$

$$\kappa=\frac{m\bar{v}c_V}{3\sqrt{2}\sigma}=\frac{2c_V}{3\pi d^2}\sqrt{\frac{mk_B T}{\pi}}, \tag{3.28}$$

$$D=\frac{\bar{v}}{3\sqrt{2}n\sigma}=\frac{2}{3\pi d^2}\sqrt{\frac{k_B^3}{\pi m}}\frac{T^{3/2}}{p}. \tag{3.29}$$

由此可知：气体的黏度和导热系数与气体分子数密度无关，与气体分子质量 m 的 $\dfrac{1}{2}$ 次方成正比，与气体的温度 T 的 $\dfrac{1}{2}$ 次方成正

比；气体的自扩散系数与气体分子的质量 m 的 $\frac{1}{2}$ 次方成反比，与气

体的压强成反比，与气体的温度的 $\frac{3}{2}$ 次方成正比. 实验表明，它们与

温度的关系分别是 $\eta \propto T^{0.7}$，$\kappa \propto T^{0.7}$，$D \propto T^{1.75\sim2.0}$. 这一理论与实验
的偏离说明，这里采用的分子刚球模型近似与实际情况差距较大. 尽
管如此，其揭示的定性关系表明，气体中的输运现象的本质确实是：
当某宏观物理量分布不均匀时，气体分子的热运动引起相邻部分间
交换分子时交换了相应的物理量，从而形成相应的流.

　　在上述讨论中，我们认为气体是通常的正常气体，即要求分子的
平均自由程 $\bar{\lambda}$ 远大于分子直径 d，而气体所处容器的线度远大于气
体分子的平均自由程（以保证上述分层的方案正确），所以上述初级
分子动理论的结果对气体中的输运现象成立的条件是

$$d \ll \bar{\lambda} \ll L.$$

对于极稀薄气体，$\bar{\lambda} = L$，可以证明，其黏度、热导系数分别为

$$\eta' = \frac{Lp}{3}\sqrt{\frac{8m}{\pi k_B T}}, \tag{3.30}$$

$$\kappa' = \frac{C_{V,m}Lp}{\sqrt{2}N_A\sqrt{\pi m k_B T}}, \tag{3.31}$$

其中 p 为系统的压强，$C_{V,m}$ 为系统的摩尔定体热容. 前述讨论表明，
对于扩散，虽然对一类分子而言有定向流动，但对整体而言仍为无规
则热运动，形成的"流动"为"黏性流动". 而对极稀薄气体，当其中有
压强差时，有净分子数流密度

$$j_n = \frac{p_1 - p_2}{\sqrt{2\pi m k_B T}}, \tag{3.32}$$

即有纯定向流动，并在整体上表现出来.

　　比较黏度和导热系数的表达式(3.22)式和(3.24)式可知

$$\kappa = c_V \eta, \tag{3.33a}$$

即

$$\frac{\kappa}{c_V \eta} = 1. \tag{3.33b}$$

比较(3.22)式和(3.26)式知

$$\eta = \rho D, \tag{3.34a}$$

即 $$\frac{\rho D}{\eta} = 1. \tag{3.34b}$$

由此可知,描述气体输运性质的黏度、导热系数和扩散系数中只有两个是独立的.实验表明,这些关系近似成立,分子动理论对输运现象的解释近似正确,偏差源自对分子的刚球模型假设.

例题 5 试估计标准状况下氮气的黏度、导热系数和扩散系数.

解 因为氮气分子的质量

$$m = \frac{\mu}{N_A} = \frac{0.028}{N_A} \text{ kg},$$

则标准状况下氮气的密度 ρ 和分子平均速率分别为

$$\rho = \frac{\mu}{V_0} = \frac{0.028}{0.0224} \text{kg/m}^3 = 1.25 \text{ kg/m}^3,$$

$$\bar{v} = \sqrt{\frac{8k_B T}{\pi m}} = \sqrt{\frac{8RT}{\pi \mu}} = \sqrt{\frac{8 \times 8.31 \times 273.15}{3.14 \times 0.028}} \text{ m/s} = 454 \text{ m/s}.$$

氮分子的有效直径 $d = 3.7 \times 10^{-10}$ m,则其平均自由程为

$$\bar{\lambda} = \frac{1}{\sqrt{2}n\sigma} = \frac{k_B T}{\sqrt{2}p\pi d^2}$$

$$= \frac{1.38 \times 10^{-23} \times 273.15}{\sqrt{2} \times 1.01325 \times 10^5 \times 3.14 \times (3.7 \times 10^{-10})^2} \text{ m}$$

$$= 6.12 \times 10^{-8} \text{ m},$$

所以

$$\eta = \frac{1}{3}\rho\bar{v}\bar{\lambda} = \frac{1}{3} \times 1.25 \times 454 \times 6.12 \times 10^{-8} \text{ N} \cdot \text{s/m}^2$$

$$= 1.16 \times 10^{-5} \text{ Pa} \cdot \text{s},$$

$$\kappa = \frac{1}{3}\rho\bar{v}\bar{\lambda}c_V = \eta\frac{C_{V,m}}{\mu} = \eta\frac{\frac{5}{2}R}{\mu}$$

$$= 1.16 \times 10^{-5} \times \frac{2.5 \times 8.31}{0.028} \text{ W/(m} \cdot \text{K)}$$

$$= 8.61 \times 10^{-3} \text{ W/(m} \cdot \text{K)},$$

$$D = \frac{1}{3}\bar{v}\bar{\lambda} = \frac{1}{3} \times 454 \times 6.12 \times 10^{-8} \text{ m}^2/\text{s}$$

$$= 9.26 \times 10^{-6} \text{ m}^2/\text{s}.$$

3.4 布朗运动及其引起的扩散

·布朗运动的理论描述   ·布朗粒子的扩散举例

● **布朗运动的理论描述**

布朗运动的本质是布朗粒子在荷载它的介质的分子的无规则撞击下的无规则运动,也就是无规策动力 $F(t)$ 作用下的运动. 力学原理表明,物体在具有黏性的介质中运动时,还受到黏性阻力的作用,该黏性阻力可近似地由斯托克斯定律(Stokes law)表示为

$$f_v = -6\pi a \eta \boldsymbol{v},$$

其中 $\boldsymbol{v}$ 为物体运动的速度, a 为物体的半径. 那么,由牛顿第二定律知,在三维空间中,布朗粒子的运动方程可以表示为

$$m\frac{\mathrm{d}^2 \boldsymbol{r}}{\mathrm{d}t^2} = -6\pi a \eta \frac{\mathrm{d}\boldsymbol{r}}{\mathrm{d}t} + \boldsymbol{F}(t), \tag{3.35}$$

其中 m 为布朗粒子的质量. 若布朗粒子还受其他力 f_{other} 的作用,则还应加上相应的力 f_{other}. 这一方程即著名的朗之万方程(Langevin equation). 对宏观系统,朗之万方程显然无法直接求解。

在直角坐标系中,记任何一个一维运动方向坐标为 $s(s=x, y, z)$,它显然满足(3.35)式. 考虑数学关系 $s\dfrac{\mathrm{d}s}{\mathrm{d}t} = \dfrac{1}{2}\dfrac{\mathrm{d}s^2}{\mathrm{d}t}$ 及能量均分定理,对关于任一方向 s 的朗之万方程取平均,则得

$$\frac{1}{2}m\frac{\mathrm{d}^2 \overline{s^2}}{\mathrm{d}t^2} + 3\pi a \eta \frac{\mathrm{d}\overline{s^2}}{\mathrm{d}t} - k_B T = 0.$$

解之则得

$$\overline{s^2} = \frac{k_B T}{3\pi a \eta}t + \frac{m k_B T}{18\pi^2 a^2 \eta^2}\left(\mathrm{e}^{-\frac{6\pi a \eta}{m}t} - 1\right). \tag{3.36}$$

对常见的布朗粒子, $a \approx 10^{-6}$ m, $\rho \approx 10^3$ kg/m^3,质量 $m \approx 10^{-15}$ kg,而通常流体的黏度 $\eta \approx 10^{-3}$ kg/(m·s),于是

$$\frac{6\pi a \eta}{m} \approx 10^6 \sim 10^7 \text{ s}^{-1},$$

那么,只要时间 $t > 10^{-6}$ s,包含指数衰减的项就趋于 0. 所以

$$\overline{s^2} = \frac{k_B T}{3\pi a \eta} t = 2Dt, \quad D = \frac{k_B T}{6\pi a \eta}, \tag{3.37}$$

其中 D 称为爱因斯坦扩散系数. 由(3.37)式可知,在布朗运动中,布朗粒子的运动虽然是无规则的,但经过一段时间后,布朗粒子可以远离其初始位置,并且相对于其初始位置的位移的平方的平均值正比于所经过的时间.

● **布朗粒子的扩散举例**

由布朗运动引起的扩散很常见. 1.1 节中介绍的悬浮于水中的藤黄粉末的运动就是一个典型. 由图 1-1 可知,经过一段时间后,藤黄粉末相对其初始位置的位移显然不等于 0,测量结果表明,实际情况很好地与(3.37)式预言的结果符合,从而确认了物质由原子、分子组成、分子处于不停顿的无规则运动状态的学说,这也使得法国物理学家佩兰获得了 1926 年的诺贝尔物理学奖. 又如,在一容器内的水中滴入墨水,经过一段时间后,墨水会散布于整个容器的水中. 在这一扩散过程中起主要作用的就是在水分子的碰撞下墨水微粒所作的布朗运动. 再如,吸入肺内的氧分子的运动等也是布朗运动引起的扩散现象. 空气是混合气体,氧气在其中占约 21%. 人通过呼吸把空气吸入肺内(肺泡内)之后,由于氧分子占分子总数的比例较低,其在肺泡内的扩散也主要是由于它们在氮分子等的碰撞下作布朗运动而形成. 当氧分子扩散到肺泡壁上时,就由其上的毛细血管吸收,为人体各组织器官提供氧. 二氧化碳也是通过扩散从毛细血管进入肺泡,然后在呼气时被排出体外. 肺泡的"半径"大约为 $r = 10^{-4}$ m,氧气在空气中的扩散系数 $D = 1.78 \times 10^{-5}$ m²/s,那么由(3.37)式知,氧分子由肺泡中心扩散到肺泡壁所需时间大约为 10^{-4} s. 显然,该扩散时间远小于人呼吸的周期. 再进一步考虑氧分子通过毛细血管壁的时间等,仍然有氧分子通过扩散等进入血管的时间远小于人呼吸的周期,从而可以保证一次呼吸吸入的氧分子大部分都可以进入血管. 这也可以说明,在特殊情况下,人们需要加紧呼吸或放缓呼吸.

生命科学研究表明,动物的生命过程中所需的能量主要是由从食物中汲取的葡萄糖转化为乳酸的糖酵解过程提供的,例如人体中各种组织(如脑、骨骼肌、心肌等)活动所需要的能量都是由糖酵解过程中产生的一种称为是三磷酸腺苷(常缩写为 ATP)的高能化合物提供的.其基本过程可简略地表示为,糖酵解产生 ATP,ATP 水解释放出其蕴藏的能量,这些能量通过称为"分子马达"(molecular motor)的具有特异性质的蛋白的运动传递、转化为机械功,提供给各组织器官或释放到体外.目前的研究结果表明,人体由很多不同的大分子组成,分子马达的运动是布朗运动.由于分子间相互作用的吸引部分和排斥部分的不对称,分子马达所作的布朗运动是在不对称的周期场(如图 3-10 所示)中的运动.这种局域的不对称相互作用,使得分子马达向不同方向扩散的流不同,从而形成定向流,实现能量的定向传输.

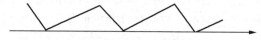

图 3-10   作用于分子马达的不对称势的简单近似

布朗运动普遍存在,并且是一些输运过程的重要起因,除上述例子外,在原子核的裂变、聚变和其他反应过程中,由核子的布朗运动引起的输运过程起着重要作用;在基础研究中,统计规律与混沌(chaos)运动的关系的研究也涉及输运现象,宇宙起源及演化(尤其是恒星、星系及星系团的形成等)都与输运过程有关.今天,核能利用、生物技术等蓬勃发展,基础研究也正日新月异,布朗运动的作用更加重要,其应用也更加广泛.

3.5   非平衡过程中的一些常见现象简介

· 分岔、分形与自相似结构   · 耗散结构与自组织现象

对于孤立系统,当其状态偏离平衡态时,由于组成系统的微观粒子的无规则运动和相互碰撞,使得系统内部出现输运现象.在相当多的情况下,输运过程的流与系统中相应物理量的梯度成线性关系,从

而使系统状态的变化沿着使系统微观状态数目增多的方向进行. 因此,经过相当长时间后,系统会达到平衡态. 然而,当系统状态偏离线性区,或受外界影响的情况下,系统不再有确定的普适的演化发展规律,从而出现远离平衡态的具有自相似、自组织等特征的耗散结构. 由于远离平衡的体系随时间的发展演化依赖于动力学的细致行为,该方面的研究已经发展成为一个独立的物理学前沿分支学科——非平衡统计力学(nonequilibrium statistical mechanics),并在化学反应动力学、大气科学、生命科学、宇宙物理学等领域的研究中发挥重要作用. 由于该方面的深入讨论涉及较深奥的数学,处理起来比较麻烦,这里仅介绍一些常见现象.

- **分岔、分形与自相似结构**

在近平衡态情况下,热力学系统中某组分 i 的浓度 $\| X_i \|$ 由系统的控制参量 ξ 唯一确定,其变化可以由图 3-11 中的曲线段 a 所示. 在系统达到平衡态之前,系统的状态有确定的演化方向. 达到平衡态后,系统便处于空间均匀,且不随时间变化的状态. 但当控制参量 ξ 达到某确定的临界值 ξ_c 以后,组分浓度 $\| X_i \|$ 随 ξ 的变化并不一定沿 a 的延长线 b 演

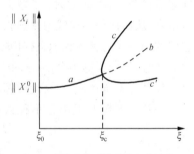

图 3-11　热力学系统中的组分浓度
随控制参量的演化及分岔现象

化,即 b 部分对应的系统状态是不稳定的状态,从而很小的扰动就可能使系统跳跃到另外的由 c 和 c' 所示的曲线上,按其标记的组分浓度演化规律而发展演化,并且曲线 c 和 c' 所示的状态都和曲线段 a 所示的状态类似,具有某种稳定的时空有序结构. 这就是说,在系统状态随控制参量 ξ 的变化过程中,当 ξ 偏离平衡状态的控制参量 ξ_0 足够大而达到某临界值 ξ_c,系统状态的演化出现"岔路口"之后,系统沿不同的分支 c 或 c' 演化. 这种系统随控制参量演化出现不同演化路径的现象称为分岔现象或分支现象(bifurcation),$\xi = \xi_c$ 的点称为

分岔点或分支点. 在分岔点之前, 系统的状态具有确定的空间分布规律, 如果不受外界影响, 系统将趋向于具有空间均匀性和时间不变性的平衡态, 即具有高度的时空对称性(symmetry). 相应的曲线段 a 称为热力学分支. 当 $\xi \geqslant \xi_c$ 时, a 的延长线 b 所示的状态不稳定, 故称之为热力学分支的不稳定部分. 由于 b 所示的状态不稳定, 在很小的扰动下系统就分解到具有不同的时空有序结构的分支 c 或 c', 从而破坏系统原来的对称性, 这种现象称为对称性破缺(symmetry breaking), 形成的分支 c 和 c' 称为耗散结构分支.

分岔现象在自然界中普遍存在, 例如, 浮云不呈球形、山峰不是锥体、闪电从不沿直线行进、树皮并不光滑、海岸线不是圆圈或直线, 等等, 都是分岔现象的表现. 仔细考察这些现象可知, 它们的表现都与所取的空间尺度有关. 例如, 海岸线的长度与采用的比例尺有关, 在小比例尺的地图上, 海岸线上许多小的曲折被拉直, 从而成为直线段, 总长度就显得较短, 随着比例尺的放大, 一批批越来越多的海湾、半岛都显露出来, 从而使得海岸线愈来愈长. 仔细考察这些观测结果可以发现, 它们的局部都与整体相似, 这种现象称为自相似性(self-similarity). 数学上, 把这种现象称为分形(fractal). 分形是由于大尺度范围内大规模出现分岔现象所致, 它在尺度或标度变换下具有自相似性.

虽然分形概念提出并不很久(B. Mandelbrot, 1982 年), 但数学上人们早已构造了具有分形结构的科赫曲线(Koch curve)、谢尔宾斯基镂垫(Sierpinski gasket)等模型. 先以单位长度线段中央的 1/3 为边作等边三角形, 并将该 1/3 线段去掉, 代之以三角形的其他两边, 形成四段长度都为 1/3 的曲线, 如图 3-12(a)所示, 然后去掉该四条线段中央的 1/3, 代之以相应等边三角形的其余两边, 如图 3.12(b)所示, 如此无穷多次继续操作下去形成的曲线就是科赫曲线. 系统的理论研究表明, 具有分形结构的系

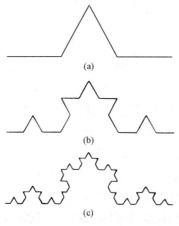

图 3-12　科赫曲线

统的一个重要特征是具有非整数维数,并称该维数为分形维数,例如,科赫曲线的维数为 1.26,海岸线的维数大于 1 小于 2.

分岔与分形已在科学和技术领域得到广泛的应用,并推动数学、物理学、化学、生命科学、地学等各个学科的发展.有兴趣的同学可参阅有关专著,如 K. J. Falconer 的著作:Fractal Geometry:Mathematical Foundations and Applications(中译本《分形几何——数学基础及其应用》,东北大学出版社,1991 年).

- **耗散结构与自组织现象**

上小节的讨论表明,对开放系统,当控制参量 ξ 远离其平衡态的数值 ξ_0 而大于临界值 ξ_c 时,系统的状态发生对称性破缺,出现分岔现象,形成不同的稳定结构.另一方面,这样形成的状态虽然稳定,但与平衡态差别很大,至少不再具有空间分布均匀性,如图 3-11 所示,并且所经历的过程不能反向进行而使系统和外界都恢复到原来的状态.这种在开放和远离平衡的条件下,在与外界进行物质和能量交换的过程中,通过能量耗散和内部非线性动力学机制而形成并维持的宏观时空有序结构称为耗散结构(dissipative structure)(普里高津(I. Prigogine) 1969 年提出).

在耗散结构形成的过程中,当系统的控制参量 ξ 大于临界值 ξ_c 时,对应于一个控制参量,系统的状态由于分岔现象至少有两个不同的有序结序,对于有多个分岔的高级分岔系统有更多的状态.这种一个系统内部自发地使其中大量分子或单元按一定的规律运动而形成有序结构的现象称为自组织(self-organization)现象.由此可知,耗散结构的基本特征是具有自组织现象.自组织现象和耗散结构普遍存在,以下仅举两个典型实例.

(1) DNA 双螺旋结构

任何物质都由原子和分子组成.但当大量原子组成大分子,再进一步形成细胞时,系统却发生了质的变化,由无生命的原子形成有活性、有生命的生物体.对这一变化过程的认识,目前仍是物理学中没有解决的重大课题之一.从热力学系统的状态来看,自然界中的生物都是由大量细胞按严格的规律组成的高度有序的组织,例如,人的大

脑是由 10^{10} 量级数目的神经细胞组成的极其精密、有序的组织. 每一个细胞都具有特有的有序结构,它至少包含一个脱氧核糖核酸(DNA)分子或核糖核酸(RNA)分子. 一个 DNA 分子是由分别称为腺嘌呤(简记为 A)、胸腺嘧啶(简记为 T)、鸟嘌呤(简记为 G)和胞嘧啶(简记为 C)的四种核苷酸碱基与磷酸盐和糖组成的双螺旋长链,如图 3-13 所示,其中的每一种核苷酸都由 $10^8 \sim 10^{10}$ 个原子组成. 这一高度有序的结构中不同成分 A,T,G,C 连接方式的少许差异,就造成具有不同结构和功能的细胞,从而导致自然界中具有各种各样的生物. 形成不同的核苷酸碱基及进一步形成不同的 DNA 分子,都是由大量原子组成的热力学系统中的自组织过程引起的. 由此可见,自组织现象在生命过程中具有至关重要的作用.

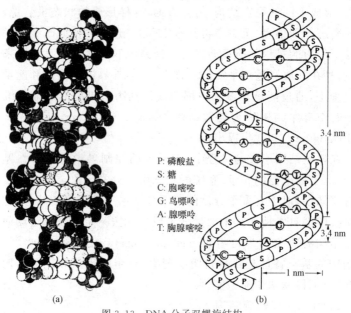

P: 磷酸盐
S: 糖
C: 胞嘧啶
G: 鸟嘌呤
A: 腺嘌呤
T: 胸腺嘧啶

3.4 nm

3.4 nm

1 nm

(a) (b)

图 3-13　DNA 分子双螺旋结构

(2) 图灵斑图与化学振荡及螺旋波

许多树叶、花朵和各种动物的毛皮等都具有漂亮的规则图案,而从原子分子的层次上来讲,组成它们的原子分子原来都在空间均匀分布,为什么通过胚胎的发育、生长会形成不同的形状、结构和图案呢？英国数学家图灵（A. M. Turing）提出一个动力学模型来描述这种形态发生过程. 图灵认为, 形态发生过程实际上包括化学反应和扩散两个过程. 虽然单一的扩散现象会抹平空间分布的不均匀, 但在有化学反应进行的多种组分耦合扩散的系统中, 由于不同组分的扩散系数不同及不同反应物和生成物的浓度不同, 使得均匀相发生自发破

图 3-14 化学螺旋波的观测结果

缺, 从而形成不均匀的空间形态, 这样的不均匀形态可以是动态的化学波, 也可以是静态的图案. 这样形成的空间形态或图案称为图灵斑图（Turing pattern）. 20 世纪 60～70 年代人们发现了化学振荡、化学靶图和化学螺旋波两种化学波, 如图 3-14 所示. 20 世纪 90 年代初, 我国学者欧阳颀（现为北京大学教授）与他人合作在凝胶反应器中得到了静态的斑图, 并且说明当化学浓度、温度等控制参量达到临界值时, 斑图在均匀背景上自发地突然出现, 图 3-15 为其示例. 这些

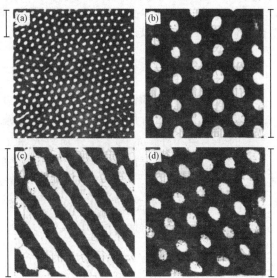

图 3-15 静态图灵斑图（取自 Nature 352(1991),610）

结果揭示了自然界中形态发生的基本规律.进一步的研究表明,螺旋波的探测与控制是目前心脏病的诊断与治疗的重要方法之一.

上述讨论表明,自组织现象和耗散结构是非平衡热力学系统的重要特征和表现.另一方面,天空中的云有时呈整齐的鱼鳞状排列、有时呈带状间隔排列、有时又呈纤缕或头发似的纹理,而其他时间却是孤立成簇、成堆;在高空中的水蒸气结合会形成有规则的六角形的雪花;这些常见现象都表明自组织现象和耗散结构在自然界中普遍存在.

考察这些出现自组织现象和耗散结构的系统的特征知,这些系统都是可以和外界交换能量或物质的开放系统.只有有外界不断提供能量或物质的系统才可能出现并维持耗散结构,即耗散结构只可能发生在开放系统中;只有当控制参量达到或大于确定的临界值时,才能出现耗散结构,即耗散结构只有在远离平衡态的情况下才会出现;耗散结构出现时,时空结构向对称性降低的方向变化,即耗散结构及自组织现象出现时,一定有对称性自发破缺;耗散结构是稳定的,不因任何小的扰动而被破坏.

耗散结构与自组织现象不仅深化了人们对热力学系统(尤其是非平衡热力学系统)的性质及规律的认识,还打开了从物理学通向生命科学的窗口.虽然已经硕果累累,但其研究仍有待深入.

习　　题

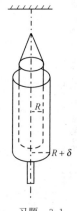

习题　3.1

3.1　利用如图所示的旋转黏度计可以测定流体的黏度.已知由扭丝下悬吊的两同轴圆筒的内筒的外半径和外筒的内半径分别为 R 和 $R+\delta$ $(\delta\ll R)$,长度都为 L,待测流体装于两圆筒之间.使外圆筒以恒定角速度 ω 转动时,内圆筒会先随着转动,待转过一定角度 θ 后会"静止"下来.若该转角 θ 显示的扭力矩为 M,试证明待测的流体的黏度为

$$\eta=\frac{M\delta}{2\pi R^2(R+\delta)L\omega}.$$

3.2　一细金属丝将一质量为 m、半径为 R 的均质圆盘过中心轴竖直挂起,并使盘能绕轴水平转

动,在盘面下平行放置一个大水平板,盘与平板之间间距为 h,并充满黏度为 η 的液体,初始时盘以角速度 ω_0 旋转.假设盘与平板间的任一竖直线上的速度梯度都相等,试问在 t 时刻盘的旋转角速度是多少?

3.3 半径 $r=0.1$ m 的铀球,在原子核裂变过程中以 5.5×10^3 W/m³ 的热产生率均匀地、恒定不变地散发出热量.已知铀的热导率为 46 W/(m·K),试问达到稳态时,铀球的中心与外表面间的温度差是多少?

3.4 厚度都可忽略的两个长圆筒共轴套在一起,两筒长度都为 L,内筒和外筒的半径分别为 R_1 和 R_2,并且两筒分别保持在恒定的温度 T_1 和 T_2($T_1>T_2$).设两筒间空气的热导率 κ 对温度的依赖可忽略,试证明:每秒内由内筒通过空气传到外筒的热量为

$$Q = \frac{2\pi\kappa L}{\ln(R_2/R_1)}(T_1 - T_2).$$

3.5 设有一半径为 R 的水滴悬浮在空气中,由于蒸发而体积逐渐减小,蒸发出的水蒸气扩散到周围空气中.设其邻近处水蒸气的密度为 ρ,远处水蒸气的密度为 ρ_∞,水蒸气在空气中的扩散系数为 D,水的密度为 ρ_w,试证明:

(1) 开始时,水滴的蒸发速率为 $W=4\pi D(\rho-\rho_\infty)R$;

(2) 水滴全部蒸发完需要的时间为 $t=\dfrac{\rho_w R^2}{2D(\rho-\rho_\infty)}$.

3.6 一长为 2 m、截面积为 10^{-4} m² 的管子里贮有标准状态下的 CO_2 气体.一半 CO_2 分子中的 C 原子是放射性同位素 ^{14}C,在 $t=0$ 时放射性分子密集在管子左端,其分子数密度沿着管子均匀地减少,到右端减为 0.假设 CO_2 的黏度为 1.4×10^{-5} N·s/m²,求

(1) 开始时,放射性气体的密度梯度是多大?

(2) 开始时,每秒钟有多少个放射性分子通过管子中点的横截面从左侧移往右侧?从右侧移往左侧的呢?

(3) 开始时,每秒钟通过管子中点横截面扩散的放射性气体为多少克?

3.7 设某种气体分子的平均自由程为 $\bar\lambda$,试证明:一个分子在

连续两次碰撞之间所走路程至少为 x 的概率为 $e^{-\frac{x}{\bar{\lambda}}}$.

3.8　某一时刻温度为 300 K 的氧气中有 N 个分子都刚与其他分子碰撞.问经过多少时间后其中尚有一半未与其他分子再相碰.设氧分子都以平均速率运动,该温度、压强下氧分子的平均自由程为 2.0 cm.

3.9　显像管的灯丝到荧光屏的距离为 20 cm,为使灯丝发射的电子有 90% 直接达到荧光屏而在途中不与空气分子相碰,显像管的真空度至少为多高? 设空气分子的直径为 3.0×10^{-10} m,气体的温度为 27°C.

3.10　由电子枪发出一束电子射入压强为 p 的气体中,在电子枪前相距 x 处放置一收集电极,用来测定能自由通过这段距离的电子数.已知电子枪发射的电子流为 100 μA,当气压 $p=100$ Pa,$x=$ 10 cm 时,到达收集极的电子流为 37 μA.问:

(1) 电子的平均自由程为多大?

(2) 当气压降到 50 Pa 时,到达收集极的电子流为多大?

3.11　在标准状态下,氦气的黏度为 1.89×10^{-5} Pa·s,求:

(1) 在此状态下氦原子的平均自由程 $\bar{\lambda}$;

(2) 氦原子的半径.

3.12　电子管的真空度为 1.333×10^{-3} Pa,设空气分子的有效直径为 3.0×10^{-10} m,求 27°C 时单位体积内的分子数 n、平均自由程 $\bar{\lambda}$ 和平均碰撞频率 $\bar{Z}$.

3.13　氧气在标准状态下的扩散系数为 1.9×10^{-5} m^2/s,求氧分子的平均自由程.

3.14　氢气在 1.013×10^5 Pa、15°C 时的平均自由程为 1.18×10^{-7} m,求氢分子的有效直径.

3.15　某种气体分子在 25°C 时的平均自由程为 2.63×10^{-7} m.

(1) 已知分子的有效直径为 2.6×10^{-10} m,求气体的压强;

(2) 求分子在 1.0 m 的路程上与其他分子碰撞的次数.

3.16　一定量气体先经过等容过程,使其温度升高一倍,再经过等温过程,使其体积膨胀为原来的二倍,问末态中气体分子的平均自

由程 $\bar{\lambda}$、黏度 η、热传导系数 κ、扩散系数 D 各为原来的多少倍?

3.17　卫星飞行在极稀薄的大气中,这时大气分子的平均自由程比卫星的大小要大得多. 试求气体作用在与卫星运动方向垂直的单位面积上的阻力. 设大气的分子数密度为 n,分子质量为 m,卫星的飞行速率为 v.

3.18　在 18°C 的温度下,观察半径为 0.4×10^{-6} m 的粒子在黏度为 2.78×10^{-3} Pa·s 的液体中的布朗运动. 测得粒子在时间间隔 10 s 内的位移方差为 $\overline{x^2} = 3.3 \times 10^{-12}$ m^2. 试由此求玻尔兹曼常量 k_B.

4 热力学第一定律

在第 1 章和第 2 章中,我们分别讨论了热力学系统的平衡态的描述方法和热力学系统的基本统计规律.这些描述和讨论都是对热力学系统的一个确定的平衡态而言的,平衡态是在力学平衡、热学平衡和化学平衡都达到并得以维持的条件下热力学系统所处的状态.在实际的物理问题中,由于这些平衡条件之一或全部被破坏,系统的状态将会发生变化.由第 3 章的讨论可知,一个平衡态被破坏之后,系统的状态将发生变化.力学理论告诉我们,力学系统状态的演化遵循动力学规律,这些规律可以表示为牛顿定律和一些守恒定律.对于热力学系统,其状态演化是否也有一定规律呢?即热力学系统的动力学性质如何呢?研究表明,热力学系统状态的演化也有一定的性质和规律,这些动力学性质和规律可以表述为三个热力学定律.本章中,我们讨论热力学第一定律.

4.1　热力学过程和准静态过程

- 热力学过程及准静态过程的概念
- 实现准静态过程的可能性及条件

● **热力学过程及准静态过程的概念**

　　热力学系统的状态随时间的变化称为热力学过程,简称为过程.

在热现象中,以气缸活塞系统为例,随着活塞的运动,气缸中的气体在不同时刻有不同的状态.由于活塞运动方式不同,气缸中气体状态随时间的变化可以有不同的方式,即经历不同的过程.

对于不同的过程通常按过程中系统状态的性质进行分类.简单地,热力学过程可以分为准静态过程和非准静态过程两大类.所谓准静态过程就是进行得足够缓慢,以致系统连续经过的每一个中间态都处于平衡态的过程.如果一过程中系统连续经过的每一个中间态并不都处于平衡态,则称之为非准静态过程.对于准静态过程,如果系统经过的所有的中间状态的压强,或体积,或温度都相等,则分别称之为等压过程或定压过程(isobaric process)、等容过程或等体过程(isochoric process)、等温过程(isothermal process).如果一个热力学过程是在绝热系统中发生的,则称之为绝热过程(adiabatic process).

由于平衡态本身是一个理想化的概念,因此准静态过程是一个理想化的过程.在这一理想情况下,系统连续经过的每一个中间状态都处于平衡态表明,在过程进行的每一时刻,系统的状态都有确定的状态参量,那么,通过描述准静态过程中系统的状态参量的变化规律就可以很好地描述准静态过程的性质.因此,准静态过程具有可以由状态参量的变化描述、而可以不明确考虑时间的特征.对于单元均匀系,描述其平衡态的状态参量有压强 p、体积 V 和温度 T.由于这三个状态参量满足一定的状态方程,因此独立的状态参量只有两个,那么,对于准静态过程,其连续经过的每一个中间态都可以在 p-V 图(或 T-V 图,或 p-T 图)中表示为一个点,整个过程可以在图中表示为一条曲线.对于常见的等压、等容、等温、绝热等准静态过程,根据进行过程中一些状态参量的特殊性质(p=常量,V=常量,T=常量等)可以将这些过程在 p-V 图上表示为图 4-1 所示的曲线.对于非准静态过程,由于进行中系统的每一个中间状态并不都处于甚至都不处于平衡态,即可能没有确定的状态参量,所以非准静态过程不能用 p-V 图(或 T-V 图,或 p-T 图)上的曲线来表示.由准静态过程的这些特征可知,只有对准静态过程,才可以进行具体细致的讨论和计算,从而帮助我们深入理解认识实际过程的性质和规律.因此,对于我们目前讨论的问题,除明确指出外,都限于准静态过程.

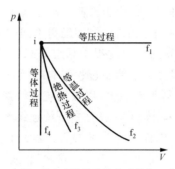

图 4-1　由同一状态出发的准静态过程的 p-V 图举例

● 实现准静态过程的可能性及条件

　　准静态过程是理想化的过程,是不可能严格实现的.但是,由于平衡态可以近似实现,那么,准静态过程也可以近似实现.既然平衡态是系统同时满足力学、热学、化学等平衡条件的状态,那么准静态过程实现的条件就应该是过程中系统内部各部分之间及系统与外界之间都始终同时满足力学、热学和化学等平衡条件.具体地,根据平衡态实现的条件是系统的弛豫时间小于过程的特征时间,实现准静态过程的条件就是使过程进行得足够缓慢,以至于其特征时间大于系统的弛豫时间.并且该特征时间相对于系统的弛豫时间越大,准静态过程实现的近似程度越高.由于弛豫时间是由系统本身的内禀性质决定的,那么使特征时间大于弛豫时间就需要通过控制过程的进行速度来实现.根据控制方式的不同或对不同的过程采取不同的控制方式,准静态过程可以以不同的方式实现.例如,对气缸活塞系统的膨胀和压缩过程,因为气缸内气体受扰动一定是靠近活塞部分先受影响,然后在气缸中形成密度疏密波传播开来,其传播速度为气体中的声速,即 10^2 m/s.若气缸线度为 10^{-1} m,则这种扰动传遍气缸中的气体并达到有确定状态量的状态需要的时间,即系统的弛豫时间 $t_{弛}$ 为 10^{-3} s,那么只要活塞运动的速度不太大,如 $10^0 \sim 10^1$ m/s,活塞对气体影响的特征时间 $t_{特}$ 约 $10^{-2} \sim 10^0$ s,就有 $t_{弛} < t_{特}$,当一次影响完成后,气体早已重新建立起新的平衡态,因此,这样的过

程可以近似为准静态过程. 具体操作中, 可以通过减小各步间的压强差 Δp 使之趋于无穷小量 $\mathrm{d}p$ 而实现. 同理, 对热量传递过程, 可以通过使每一步的温度变化 ΔT 小到可近似为无穷小量 $\mathrm{d}T$ 而实现. 对于其他过程, 只要使相应的特征量 X 在每一步中的变化量 ΔX 小到可近似为无穷小量 $\mathrm{d}X$, 这一过程就可近似为准静态过程.

4.2 热力学第一定律

- 能量守恒定律
- 功——力学作用下转移的能量
- 热量——热学作用下转移的能量
- 内能——热力学系统的内部能量
- 功、热量及内能间的关系——热力学第一定律

• 能量守恒定律

随着科学技术的发展, 到 19 世纪前期, 人们发现物质运动的各种形式, 如机械的、热的、电的、磁的、光的、化学的等形式之间可以互相转化. 之后, 经过迈耶(R. J. Mayer)的观察分析、焦耳(J. P. Joule)的系统实验和亥姆霍兹(H. von Helmholtz)的分析总结, 到 19 世纪中期, 人们认识到, 物质运动各种形式之间存在能量守恒定律. 20 世纪前期发现的康普顿(A. H. Compton)效应确认能量守恒定律在微观世界中仍然正确. 后来又认识到能量守恒定律是由时间平移不变性决定的, 从而能量守恒定律成为物理学中普遍的基本规律. 能量守恒定律可以表述为: 自然界中一切物体都具有能量, 能量有多种不同形式, 它能从一种形式转化为另一种形式, 从一个物体传递给另一个物体, 在转化和传递的过程中能量的总量不变.

• 功——力学作用下转移的能量

力学研究表明, 在外力的作用下, 物体的平衡状态被破坏, 从而改变物体的运动状态, 并且伴随有以功的形式表现出来的能量转移. 对于热力学系统, 通常把其力学平衡条件被破坏时产生的对系统状

态的影响称为力学相互作用. 由于热力学系统的多样性,热力学系统中的力学相互作用具有多种多样的形式,它不仅包括机械的相互作用,例如,压强、表面张力、一维弹性力等,还包括电场、磁场等对系统的影响. 与纯粹力学系统在外力作用下引起的效应一样,热力学系统在力学相互作用下不仅会改变状态,而且在系统和外界之间会有能量转移,这种能量转移也以作功的方式表现出来.

在力学中,如果物体受到力的作用并在力的方向上发生位移,力就对物体作功. 在热力学系统中,力学相互作用是广义的力学相互作用,相应的位移是广义位移. 设热力学系统受广义力 Y 的作用,引起微小的广义位移 ΔX,该元过程中力学相互作用对热力学系统所作的功为

$$\Delta W = Y \cdot \Delta X. \tag{4.1}$$

以图 4-2 所示的气缸活塞系统为例,气缸中有一截面积为 S 的活塞,其中封有压强为 p 的流体(气体或液体). 设在活塞外侧压强 p_{ex} 的作用下活塞向内移动距离 Δx,该过程中外界对流体所作的元功为

$$\Delta W = \boldsymbol{F} \cdot \Delta \boldsymbol{x} = p_{ex} S \Delta x.$$

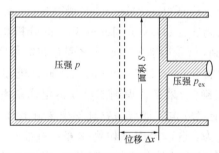

图 4-2 可引起体积功的气缸活塞系统

从系统状态来看,体积减小 $S\Delta x$,即体积改变(广义位移) $\Delta V = -S\Delta x$,所以上式又可表示为

$$\Delta W = -p_{ex} \Delta V.$$

如果活塞与气缸壁之间的摩擦可以忽略不计,上述压缩过程进行得足够缓慢,以致可以视为准静态过程,则外界施予流体的外压强 p_{ex}

等于流体(系统)的压强 p,即 $p_{ex}=p$,那么,上式可以重写为

$$\Delta W = -p\Delta V. \tag{4.2}$$

此即无摩擦准静态过程中体积功的元功表达式. 显然,如果 $\Delta V<0$,则 $\Delta W>0$,它表示外界对系统作正功;如果 $\Delta V>0$,则 $\Delta W<0$,它表示外界对系统作负功,也就是系统对外界作正功. 作功的正负对应于外界对系统作功还是系统对外界作功.

对于系统体积由 V_i 变为 V_f 的有限的无摩擦准静态过程,外界对系统所作的功就是相应的所有元过程中所作功的叠加,也就是

$$W = -\sum_i p_i\Delta V_i.$$

根据定积分的概念,如果每个元过程的体积改变 ΔV_i 都是趋于 0 的无限小量,则上式实际上即

$$W = -\int_{V_i}^{V_f} p\,\mathrm{d}V. \tag{4.3}$$

根据定积分的意义,上述功的数值可以在 p-V 图上表示为过程曲线与横坐标轴间的曲边梯形的面积,如图 4-3 示. 于是,只要知道了过程进行中 p-V 的函数关系 $p(V)$,也就是 p-V 图中过程曲线的具体位置,就可以确定该准静态过程中所作的功. 很显然,过程曲线的位置不同,其下曲边梯形的面积也不同,也就是说,过程进行路径不同,外界对系统所作功的数值也就不同. 所以功的数值与路径有关,不能由初末态的状态完全确定. 因此,功是过程量,不是态函数. 于是,元功通常以无穷小量 $\mathrm{d}W$ 表示,而不能表示为全微分形

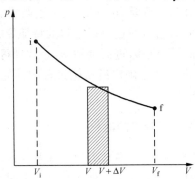

图 4-3　体积功在 p-V 图上的表示

式 dW.

表示系统在过程进行中状态参量之间关系的方程称为系统状态变化的过程方程.显然,过程方程与系统的状态方程不同,过程方程描述系统状态变化过程中状态参量间的关系和特征,而状态方程描述系统处在任何一个确定状态时各状态参量之间的关系,并且仅由状态方程不能确定过程方程.例如,对理想气体,由状态方程 $pV = \nu RT$,知 $p = \dfrac{\nu RT}{V}$,由于 p 不仅依赖于 V,还依赖于温度 T,所以由之不能唯一确定过程进行中状态参量间的关系.但是,在一些特殊情况下,过程只经历一系列特殊的状态,则过程方程可以由状态方程求得,例如等温过程 $T =$ 常量,从而 $p \propto \dfrac{1}{V}$,所以理想气体的等温过程方程可表示为 $T =$ 常量,并可推论出 $p = \dfrac{常量}{V}$,即 $pV = p_i V_i =$ 常量.知道了过程方程,就可以利用(4.2)或(4.3)式确定过程中外界对系统所作的功.

如前所述,热力学系统中的力学相互作用是广义的力学相互作用,除上述实例中提到的压强外,还有表面张力、弹性力、电源电动势、电场强度、磁场强度等多种形式的广义力,在其作用下会产生相应的表面积变化、长度变化、电量变化、电极化强度变化、磁矩变化、磁化强度变化等广义位移.具体分析这些广义力和广义位移可知,广义位移都正比于系统中物质的量,广义力都与系统中物质的量无关,也就是说,广义位移是广延量,广义力是强度量.那么,对于任意一个系统中发生的准静态过程,通过分析过程的特征量的性质,可以确定过程中的广义力和广义位移,进而利用(4.1)式即可求出过程中的元功,再通过积分就可以完全确定所讨论过程中外界和系统之间在力学作用下转移的能量.

● **热量——热学作用下转移的能量**

热力学系统的平衡态,除满足力学平衡条件外,还应满足热平衡条件和化学平衡条件.当系统与外界之间存在温度差时,系统的热平衡条件被破坏,系统的状态会随之发生变化.当热力学系统状态的变化来源于热平衡条件被破坏时,我们称系统与外界之间存在热学相互作用.显而易见,热学相互作用的表现就是外界和系统之间存在温度差.由日常事实知,温度不同的两物体接触时,温度较低的物体的温度会升高.由温度的本质知,在接触过程中一定有能量从高温物体传到低温物体,使组成原低温物体的微观粒子的运动剧烈程度提高.那么,热学相互作用的效果就是能量从高温物体传到低温物体.在热学相互作用下伴随系统状态的改变而传递的能量称为热量,由此知,热量的本质是能量.

平衡态的化学平衡条件包括化学反应平衡和相平衡等.当系统与外界之间(或系统内各部分之间)存在化学反应不平衡或相不平衡等现象时,我们称系统和外界之间(或系统内部)存在化学相互作用.因为在化学反应过程中一般都有反应热存在,在相变过程中也常有热量传递,所以化学相互作用的效果除有物质组分或相的变化外,还有以"热量"形式进行的能量转移.因此,化学作用下的能量转移与热学作用下的能量转移方式相同,都以热量的形式表现出来.那么,化学作用下能量转移可以纳入热学作用下的能量转移进行讨论,也就是说,关于热量的讨论不仅限于热学相互作用的效果,也包括化学相互作用的效果.

比较热量和功的本质,热量和功是系统状态变化时伴随发生的两种不同的能量传递方式,是以不同形式传递的能量的度量,都与状态变化的具体路径有关.因此,热量和功一样,是过程量,而不是态函数.所以,对一个无穷小的过程中传递的热量只能记作 dQ,而不能记作 dQ.虽然如此,热力学中的热量和功还是有一定区别的.其区别主要表现在它们源自不同的相互作用.热量来源于热学相互作用,只有存在温度差别时才有热量传递;功是力学相互作用引起的,只有在广义力的方向上有广义位移时才有功出现.

- **内能——热力学系统的内部能量**

热力学系统由大量的分子、原子或其他粒子组成,这些粒子都处于不停的无规则运动状态,并且粒子之间有相互作用,那么组成热力学系统的微观粒子具有动能和相互作用势能两种能量形式.这两种能量的总和称为热力学系统的内能.记系统的内能为 U,组成系统的大量微观粒子的动能的总和为 U_k,这些微观粒子间的相互作用势能的总和为 U_p,则有

$$U = U_k + U_p.$$

考虑不同结构层次的系统,组成系统的微观粒子可以相差很远,例如,在温度不太高的情况下,热能不足以影响原子层次以下的微观粒子的运动,所以对常见的正常条件下的热力学系统可以认为仅仅是由分子或原子组成的.相应地, U_k 和 U_p 也仅分别指分子的热运动动能和分子(或原子)间的相互作用势能.但是,对目前引起人们广泛关注的天体系统(如中子星等)和高能重离子碰撞形成的"火球"系统,其组分包括质子、中子、电子、超子、介子,甚至更深层次的夸克和胶子.于是,系统的 U_k 就应指所有核子、电子、介子等的动能, U_p 即包含所有这些粒子间相互作用势能.总之,考察热力学系统的内能应注意系统的结构层次.

由于组成系统的微观粒子的动能与系统的温度密切相关,例如:对三维系统,每个分子的热运动动能平均为 $\bar{\varepsilon}_k = \dfrac{3}{2} k_B T$,极端相对论性粒子的热运动能平均为 $\bar{\varepsilon}_k = 3 k_B T$.而微观粒子间的相互作用势能与粒子之间的距离密切相关.由于组成系统的微观粒子间的间距由系统中的粒子数密度决定,从而由系统的体积 V 决定,则系统中微观粒子间的相互作用势能 U_p 依赖于系统的体积 V,即有 $U_p = U_p(V)$.那么,系统的内能 $U = U_k + U_p$ 应由系统的温度 T 和体积 V 决定,也就是说,系统的内能 U 是系统的态函数.

● **功、热量及内能间的关系——热力学第一定律**

热力学系统与外界之间的相互作用可以分为力学的和热学的,在这些作用下,一方面,系统的状态会发生变化,从而作为态函数的内能会随之改变.另一方面,伴随有作功和传热两种形式的能量传递.根据能量守恒守律,作功、传热和内能改变这三种形式的能量的总和应保持守恒.于是,当热力学系统状态变化时,可以通过作功和

传热等方式改变系统的内能,内能的增量等于外界对系统所作的功与外界传递给系统的热量之和,这就是著名的热力学第一定律(first law of thermodynamics).用数学形式表述,则有

$$\Delta U = W + Q, \quad \Delta U = U_f - U_i, \tag{4.4}$$

其中,W 为外界对系统作的功,Q 为外界向系统传递的热量,ΔU 为内能的增量,U_i 为初态的内能,U_f 为末态的内能.在一个热力学过程中,外界对系统所作的功 W 和传递的热量 Q 都是代数量,都可正可负.

$W > 0$ 表示外界对系统作正功,$W < 0$ 表示外界对系统作负功,实质上也就是系统对外界作正功;

$Q > 0$ 表示外界传递给系统热量,$Q < 0$ 表示外界传递给系统负热量,也就是系统向外界释放热量;

$\Delta U > 0$ 表示系统内能增加$(U_f > U_i)$,$\Delta U < 0$ 表示系统内能减少$(U_f < U_i)$.

通常,为区分系统对外界作功(或放热)和外界对系统作功(或传热),分别用 W' 和 Q' 表示系统对外界所作的功和系统传递给外界的热量.

如果系统发生的过程是一个微小的过程,以致内能的增量为一无穷小量,根据内能是态函数的性质,该无穷小量可记为全微分,于是(4.4)式可以表示为

$$\mathrm{d}U = \mathrm{d}Q + \mathrm{d}W. \tag{4.5}$$

从本质上看,功、热量和内能都是能量,作功和传热是改变系统内能的两种不同方式,功和热量都是过程量.假设对应系统的一个状态有两个内能 U 和 $U'(U \neq U')$,则由热力学第一定律知,人们可以在不改变系统状态的情况下从系统取出能量,这显然既与内能是组成系统的微观粒子的动能和势能之和的定义不符,又违背能量守恒定律,所以,系统的内能一定是由系统状态单值确定的态函数.另一方面,对绝热过程,系统内能改变量为 $\Delta U = U_f - V_i = W_{绝热}$,那么,在一个绝热过程中,外界对系统所作的绝热功 $W_{绝热}$ 与路径无关,仅由系统的初、末状态决定.据此,我们可以给系统的内能一个宏观可操作定义:热力学系统内能的增量等于系统变化过程中外界对系统所

作的绝热功. 如果系统经历一个非绝热过程,虽然外界对系统所作的功和传递给系统的热量都不仅取决于系统的初、末状态,还与过程的路径有关,但是外界对系统所作的功与所传递的热量之和却仅取于系统的初、末状态,而与过程所经历的路径无关.

功、热量和内能都是能量,在利用(4.4)、(4.5)式进行计算时都以能量单位 J(焦)为单位. 考虑到历史的原因,在一些专门领域中仍使用 cal 为计量单位,它与 J 的关系(即热功当量)国际上规定(即热功当量)为 1 cal(热化学)=4.184 J, 1 cal(热工程)=4.1868 J.

上述讨论还表明,热力学第一定律是能量守恒定律在涉及热现象宏观过程中的具体表述,并且还可以表述为第一类永动机是不可能造成的. 所谓第一类永动机就是不需要消耗任何形式的能量和动力而能对外作功的机械,显然这与能量守恒定律矛盾,所以是不可能的. 事实上,热力学第一定律的"第一类永动机是不可能造成的"表述是亥姆霍兹的原始表述.

4.3 热力学第一定律在关于物体热学性质讨论中的应用

· 物体的热容   · 实际气体的节流膨胀效应
· 物体的内能和焓

● 物体的热容

热量是在热力学过程中传递的一种能量,一个物体或系统荷载或容纳这种形式的能量的能力就是该物体或系统的热容. 定量地,在一定的条件下,物体或系统的温度升高(或降低)1 K 时吸收(或放出)的热量称为该物体或系统在该条件下的热容,即

$$C = \lim_{\Delta T \to 0} \left(\frac{\Delta Q}{\Delta T} \right). \tag{4.6}$$

在特殊的标度下,例如,如果物质的量为 1 mol,则相应的热容为摩尔热容(molar heat capacity),记为 C_m. 而单位质量物质的热容称为该物质的比热容(specific heat capacity),简称比热,常用 c 表示.

由热力学第一定律知,热力学系统吸收或放出热量的数量与其

经历的过程有关,那么,热容定义中的一定条件还包括一定的热力学过程. 相应地,常见的等体过程和等压过程中的热容分别称为定体热容、定压热容,并分别记为 C_V、C_p. 对定体热容,由于定体过程中状态参量的最典型关系是 $V=$ 常量,即 $\Delta V=0$,又由热力学第一定律知,定体过程中传递的热量为

$$\Delta Q = \Delta U - W = \Delta U + p\Delta V = (\Delta U)_V,$$

若相应的温度变化为 ΔT,则定体热容可以表示为

$$C_V = \lim_{\Delta T \to 0} \frac{(\Delta Q)_V}{(\Delta T)_V} = \lim_{\Delta T \to 0} \left(\frac{\Delta U}{\Delta T}\right)_V.$$

由数学中偏导数的定义知,上式即

$$C_V = \left(\frac{\partial U}{\partial T}\right)_V. \tag{4.7}$$

对定压热容,因为定压过程中 $\Delta p=0$,则

$$p\Delta V = \Delta(pV) - (\Delta p)V = \Delta(pV),$$

那么,由热力学第一定律可知

$$\Delta Q_p = (\Delta U + p\Delta V)_p = [\Delta(U + pV)]_p,$$

若定义 $H \equiv U + pV$,则

$$\Delta Q_p = (\Delta H)_p,$$

所以

$$C_p = \lim_{\Delta T \to 0} \frac{(\Delta Q)_p}{(\Delta T)_p} = \lim_{\Delta T \to 0} \left(\frac{\Delta H}{\Delta T}\right)_p.$$

由此可知,系统的定压热容可以由上面定义的函数 $H=U+pV$ 在压强不变的情况下关于温度的偏导数表示为

$$C_p = \left(\frac{\partial H}{\partial T}\right)_p. \tag{4.8}$$

从形式上看,为简化定压热容的表述,人们定义函数

$$H = U + pV. \tag{4.9}$$

由于内能 U 是态函数,pV 由系统的状态 p 和 V 唯一确定,则这样定义的函数 H 也是系统的态函数,并称之为焓(enthalpy).

- **物体的内能和焓**

内能由组成物体的微观粒子的热运动动能和粒子间的相互作用

势能决定,因此将其表示为物体温度 T 和体积 V 的函数时可以比较方便地讨论物体的性质和微观结构,取 $U=U(T,V)$.由于焓的概念是在讨论定压过程的热容时提出的,为了方便地讨论物体在温度和压强变化的过程中的性质,通常将物体的焓表示为 $H=H(T,p)$.

物体的定体热容 C_V 和定压热容 C_p 分别与内能、焓关于温度 T 的偏导数等价,并分别如(4.7)、(4.8)式所示.由(4.7)式知,$(\mathrm{d}U)_V=C_V\mathrm{d}T$,那么一般地应有

$$\mathrm{d}U=\left(\frac{\partial U}{\partial T}\right)_V\mathrm{d}T+\left(\frac{\partial U}{\partial V}\right)_T\mathrm{d}V=C_V\mathrm{d}T+f'(V,T)\mathrm{d}V.$$

同理,

$$\mathrm{d}H=\left(\frac{\partial H}{\partial T}\right)_p\mathrm{d}T+\left(\frac{\partial H}{\partial p}\right)_T\mathrm{d}p=C_p\mathrm{d}T+g'(p,T)\mathrm{d}p.$$

于是,我们有

$$U(T,V)-U_0=\int_{T_0}^{T}C_V\mathrm{d}T+f(V,T),\qquad(4.10)$$

$$H(T,p)-H_0=\int_{T_0}^{T}C_p\mathrm{d}T+g(p,T),\qquad(4.11)$$

其中 T_0 是选取的标准点的温度,$f(V,T),g(p,T)$ 分别是确定温度 T 下关于 V,p 的函数,U_0,H_0 是依赖于标准点的选取的常量[①].

由(4.10)和(4.11)式可知,如果测定了系统的定体热容 $C_V(T)$ 和定压热容 $C_p(T)$,并利用其他方法得到 $f(V)$ 和 $g(p)$,就可以确定系统的内能和焓.当系统温度变化时,由于体膨胀系数 $\alpha\neq0$,系统的体积都会发生变化,因此,在实验上,定体热容很难测定,而定压热容的测定却相对容易.那么,系统的焓比内能容易确定.另一方面,地球表面上的物体一般都处于确定的大气压下,物态变化或者说物相变化及一些化学反应都在确定压强下进行,因此,在实验和工程技术中,态函数焓比内能有更重要的实用价值.对于理想气体这一典型的特殊系统,因为理想气体的分子间的相互作用可以忽略,即 $U_p=$ 常

---

① 在一些专门学科中对此有具体规定.例如,在热化学中规定:25°C(298 K)、1 atm(101 325 Pa)时处于稳定形态的元素的状态作为标准参考态,标准参考态的焓为零,记作 $H_0^{298}=0$.

量,则内能 $U = U_k + U_p$ 和热容 C_V 都仅是温度 T 的函数,即 $f(V)$ 应是一个常量,从而可以并入 U_0,那么,理想气体的内能可表示为

$$U(T, V) = U(T) = \int_{T_0}^{T} C_V \mathrm{d}T + U_0. \tag{4.12}$$

考虑理想气体的状态方程 $pV = \nu RT$,则可将理想气体的焓表示为

$$H(T, p) = H(T) = U(T) + \nu RT. \tag{4.13}$$

根据(4.13)及(4.8)式,可得

$$C_p = \left(\frac{\partial H}{\partial T}\right)_p = \frac{\mathrm{d}H(T)}{\mathrm{d}T} = \frac{\mathrm{d}U(T)}{\mathrm{d}T} + \nu R = C_V + \nu R,$$

即理想气体的定体热容和定压热容满足关系

$$C_p - C_V = \nu R, \tag{4.14a}$$

及

$$C_{p,\mathrm{m}} - C_{V,\mathrm{m}} = R. \tag{4.14b}$$

引入参量 $\gamma = C_p / C_V$,常称为气体的泊松比或绝热指数,则可解得

$$C_V = \frac{\nu R}{\gamma - 1}, \qquad C_p = \frac{\gamma}{\gamma - 1}\nu R. \tag{4.14c}$$

根据 2.3 节的讨论,对单原子分子理想气体 $\gamma = 5/3$;对于常温下的双原子分子理想气体 $\gamma = 7/5$;对高温下的双原子分子理想气体 $\gamma = 9/7$. 据此我们可以确定常见理想气体的定体热容和定压热容.

上述分析表明,理想气体的内能和焓都仅依赖于系统的温度 T,而与体积 V、压强 p 无关,即有 $U = U(T)$,$H = H(T)$. 但实际情况是否如此呢? 需要由实验检验.

1845 年,焦耳利用自由膨胀实验对气体的内能进行了研究,其实验装置及过程如图 4-4 所示. 开始时,容器 A 中充满气体,容器 B 中为真空,连接 A 和 B 的阀门 C 关闭,它们都浸在水中(图 4-4(a)). 然后将阀门 C 打开,让气体自由膨胀,充满容器 A 和 B(图 4-4(b)). 实验时,测量阀门 C 打开前后的水温,测量结果表明水温保持不变.

根据 $U = U(T, V)$ 知,$\mathrm{d}U = \left(\frac{\partial U}{\partial T}\right)_V \mathrm{d}T + \left(\frac{\partial U}{\partial V}\right)_T \mathrm{d}V$,当系统温度改变 ΔT、体积改变 ΔV 时,系统内能的改变为 $\Delta U = \left(\frac{\partial U}{\partial T}\right)_V \Delta T + \left(\frac{\partial U}{\partial V}\right)_T \Delta V$. 由热力学第一定律知 $\Delta U = Q + W$,对气体的自由膨胀过

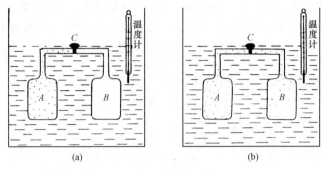

图 4-4   气体自由膨胀实验

程,因为无热量传递,且不作功,则 $\Delta U = 0$,于是有

$$\left(\frac{\partial U}{\partial T}\right)_V \Delta T + \left(\frac{\partial U}{\partial V}\right)_T \Delta V = 0.$$

实验中 $\Delta V \neq 0$, $\Delta T = 0$, 那么一定有 $\left(\dfrac{\partial U}{\partial V}\right)_T = 0$, 即内能 U 与体积 V 无关. 这表明, 理想气体(或者说实际气体在密度趋于零的极限情况) 的内能只是温度的函数而与体积无关. 该规律称为焦耳定律.

更精确的实验检验到 20 世纪中期仍在进行, 典型的有 Rossini 和 Frandsen 的向大气的等温膨胀实验(1932 年). 结果表明, 当压强 $p \to 0$ 时, 气体的内能只依赖于气体的温度, 而与气体的压强和体积 无关. 从而确定理想气体的内能和焓都只是温度的函数.

● **实际气体的节流膨胀效应**

对焦耳自由膨胀实验, 由于仪器浸在水中, 系统温度的改变通过 测量水温的变化来确定, 而水的热容远大于气体的热容, 因此其实验 结果不可能很精确. 于是, 焦耳和汤姆孙(W. Thomson)于 1852 年进 行了气体在固定压强差下通过多孔塞膨胀的实验以进一步研究气体 的内能, 实验装置如图 4-5(a)所示. 高压气体经过多孔塞流到低压一 边的稳定流动过程常称为节流过程(throttling process), 该焦耳-汤 姆孙实验也常被称为节流膨胀实验.

节流膨胀过程可简化示意为图 4-5(b), 多孔塞(如棉絮等)置于 绝热气缸的中间, 两边各有一个面积分别为 S_1, S_2 的活塞, 活塞上

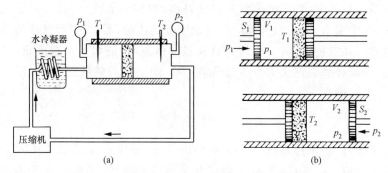

图 4-5 （a）节流膨胀实验的实验装置 （b）过程简化说明

分别作用有 $F_1=p_1S_1$, $F_2=p_2S_2$ 恒定不变的外力（$F_1>F_2$）. 开始时气体都在多孔塞的左边, 其状态可记为 p_1,V_1,T_1, 内能为 U_1. 在力 F_1 的作用下, 气体缓慢流过多孔塞到达右边, 在外力 F_2 的作用下, 保证右边气体的压强始终是 p_2. 过程结束后, 所有气体都在右边, 其状态可记为 p_2,V_2,T_2, 内能为 U_2. 在该节流过程中, 外界对系统所作的总功为 $W=p_1V_1-p_2V_2$. 因为过程是绝热的, 则由热力学第一定律知

$$U_2-U_1=Q+W=p_1V_1-p_2V_2, \tag{4.15}$$

也就是

$$U_2+p_2V_2=U_1+p_1V_1,$$

即

$$H_2=H_1.$$

这就是说, 在节流膨胀过程的前后, 气体的焓不变. 所以节流膨胀过程是一个等焓过程.

实验表明, 所有理想气体在节流膨胀前后温度都不变, 即 $T_1=T_2=$ 常量. 代入理想气体状态方程则得 $p_1V_1-p_2V_2=0$. 那么, 由 (4.15) 式知, 理想气体系统的内能保持不变. 仿照关于自由膨胀实验的原理的讨论可知, 理想气体的内能仅是温度的函数.

另一方面, 所有实际气体在节流膨胀前后温度都发生变化, 并且其变化与气体的成分、初态温度、压强及末态压强有关. 这种在常温常压下气体通过多孔塞节流膨胀后温度发生变化的现象称为节流效应, 或焦耳-汤姆孙效应. 如果节流后温度降低, 则称为节流正效应或节流致冷效应;如果节流后温度升高,则称为节流负效应.实验表明,在常温下,大多数气体的节流效应都是正的,而氢、氦等气体的节流效应是负的.节流效应的正负和强弱由焦耳-汤姆孙系数确定.焦耳-汤姆孙系数定义为节流过程在 T-p 图上的等焓线的斜率,记为 α_H 或 α,即有

$$\alpha_H = \left(\frac{\partial T}{\partial p}\right)_H. \tag{4.16}$$

如果焦耳-汤姆孙系数 $\alpha_H > 0$,则为正效应;如果 $\alpha_H < 0$,则节流效应为负效应. $\alpha_H = 0$ 为节流正效应和负效应的分界.考察组成气体的微观粒子的性质及节流膨胀过程的性质知,焦耳-汤姆孙效应的正负由组成气体的分子间的吸引作用和排斥作用的相对强弱决定.如果分子间的吸引作用较强(例如,范德瓦耳斯模型中的 a 起主要作用),则节流效应为正;如果分子间的排斥作用较强(例如,范德瓦耳斯模型中的 b 起主要作用),则节流效应为负.

由于大多数气体节流膨胀后温度降低,因此在低温工程中常用节流膨胀效应使气体降温和液化.利用这种方法,林德(C. von Linde)和汉普森(W. Hampson)于 1895 年实现了空气的液化,其后又有其他气体相继被液化.

4.4 热力学第一定律对理想气体的应用

· 理想气体的等体过程   · 理想气体的绝热过程
· 理想气体的等压过程   · 理想气体的多方过程
· 理想气体的等温过程

理想气体是热力学中最简单、最重要的气体模型,通过研究理想气体在准静态过程中的性质和能量转移的规律,可以为实际应用提供信息资料和指导建议.由于在过程中系统的状态沿一定的路径发生变化,其状态参量间的关系由过程方程表示,并且在过程进行中伴随有作功、传热和内能改变等形式的能量转移,因此过程方程和能量转移是过程性质的典型标志. 在本节中,我们对理想气体在等

体、等压、等温、绝热和多方过程中的过程方程和能量转移予以具体讨论.

● 理想气体的等体过程

理想气体的等体过程(也称定体过程,或等容过程)的过程方程可以表示为

$$V = 常量. \tag{4.17a}$$

由理想气体状态方程知,该过程方程又可以表示为

$$\frac{T}{p} = 常量, \tag{4.17b}$$

或

$$\frac{p_1}{p_2} = \frac{T_1}{T_2}. \tag{4.17c}$$

由(4.17a)可知,由初态 $i(p_i, T_i)$ 到末态 $f(p_f, T_f)$ 的等体过程可以在 $p\text{-}V$ 图上表示为平行于 p 轴的连接初态点 i 和末态点 f 的直线段,如图 4-1 中的竖直线段 if_4 所示.

根据热容的定义,在一个无穷小元等体过程中,理想气体系统从外界吸收的热量,即外界传递给系统的热量为

$$\mathrm{d}Q_V = C_V \mathrm{d}T. \tag{4.18a}$$

对一个有限的由 i→f 的等体过程,则有

$$Q_V = \int_{T_i}^{T_f} C_V \mathrm{d}T. \tag{4.18b}$$

在温度变化 $\Delta T = T_f - T_i$ 不大的情况下,因为 $C_V \approx 常量$,则

$$Q_V = C_V \Delta T. \tag{4.18c}$$

因为在等体过程中 $V=常量$,即 $\Delta V \equiv 0$,所以外界对系统所作的功 $W_V \equiv 0$.

另一方面,由 $C_V = \left(\dfrac{\partial U}{\partial T}\right)_V$ 可知,在一个无穷小元等体过程中,系统内能的变化为

$$\mathrm{d}U = C_V \mathrm{d}T, \tag{4.19a}$$

对一个由 i→f 的有限的等体过程,内能的变化为

$$\Delta U = \int_{T_i}^{T_f} C_V \mathrm{d}T, \tag{4.19b}$$

当温度变化 ΔT 不大时,则有

$$\Delta U = C_V \Delta T. \tag{4.19c}$$

● **理想气体的等压过程**

根据等压过程的典型特征是压强保持不变知,等压过程的过程方程可以表示为

$$p = 常量, \tag{4.20a}$$

或

$$\frac{T}{V} = 常量, \tag{4.20b}$$

或

$$\frac{V_1}{V_2} = \frac{T_1}{T_2}. \tag{4.20c}$$

对一个由初态 $i(V_i, T_i)$ 到末态 $f(V_f, T_f)$ 的有限等压过程,在 p-V 图上可以图示为连接初末态的平行于 V 轴的直线段,如图 4-1 中的水平线段 if_1 所示.

仿照关于等体过程的讨论,在一个无穷小元等压过程中,外界传递给系统的热量为

$$\mathrm{d}Q_p = C_p \mathrm{d}T, \tag{4.21a}$$

在一个有限的等压过程中,外界传递给系统的热量为

$$Q_p = \int_{T_i}^{T_f} C_p \mathrm{d}T. \tag{4.21b}$$

如果温度变化 $\Delta T = T_f - T_i$ 不大,则有

$$Q_p = C_p \Delta T. \tag{4.21c}$$

由(4.3)式和过程方程(4.20a)式知,在一个有限等压过程中,外界对系统所作的功为

$$W_p = -\int_{V_i}^{V_f} p \mathrm{d}V = -p(V_f - V_i). \tag{4.22a}$$

考虑理想气体状态方程可知,该过程中外界对系统所作的功还可以表示为

$$W_p = -\nu R(T_f - T_i) = -\nu R \Delta T. \tag{4.22b}$$

根据热力学第一定律,等压过程中系统内能的改变为

$$\Delta U_p = Q_p + W_p = C_p \Delta T - \nu R \Delta T, \tag{4.23a}$$

由(4.14a)式知,上式又可表示为

$$\Delta U = C_V \Delta T. \qquad (4.23b)$$

- **理想气体的等温过程**

等温过程即温度保持不变的过程. 那么, 过程方程可以表达为

$$T = 常量. \qquad (4.24a)$$

根据状态方程 $pV=\nu RT$ 可以推论, 理想气体的等温过程方程还可以表示为

$$pV = 常量, \quad 或 \quad \frac{p_1}{p_2} = \frac{V_2}{V_1}, \qquad (4.24b)$$

其中 p_1, V_1 和 p_2, V_2 分别为系统在等温过程中任意两状态的压强和体积. 由于 $pV=$ 常量是一双曲线方程, 则理想气体由初态 $i(p_i, V_i)$ 到末态 $f(p_f, V_f)$ 的等温过程可以在 $p\text{-}V$ 上表示为连接初态和末态的双曲线, 如图 4-1 中的双曲线 if_2 所示.

因为等温过程中系统的温度保持不变, 则由定义知, 等温过程的热容量 $C_T = \infty$.

由过程方程 $pV=\nu RT=$ 常量知, 在等温过程中 $p = \nu RT \dfrac{1}{V}$, 则在一个由初态 $i(p_i, V_i)$ 到末态 $f(p_f, V_f)$ 的等温过程中, 外界对系统所作的功为

$$W_T = -\int_{V_i}^{V_f} p\,\mathrm{d}V = -\int_{V_i}^{V_f} \nu RT\,\frac{\mathrm{d}V}{V} = -\nu RT \ln \frac{V_f}{V_i}. \qquad (4.25)$$

显然, 如果 $V_f < V_i$, 则 $W_T > 0$; 如果 $V_f > V_i$ 则 $W_T < 0$; 这就是说, 在等温压缩过程中外界对系统作功, 而在等温膨胀过程中, 系统对外界作功.

根据理想气体的内能仅是温度的函数的性质和 $C_V = \left(\dfrac{\partial U}{\partial T}\right)_V$ 知, 在一个过程中理想气体内能的改变为 $\Delta U = C_V \Delta T$. 由于在等温过程中 $\Delta T = 0$, 则 $\Delta U_T = U_f - U_i = 0$, 所以在等温过程中, 理想气体的内能保持不变.

根据热力学第一定律 $\mathrm{d}U = \mathrm{d}Q + \mathrm{d}W$ 知, 在由初态 $i(p_i, V_i)$ 变化到末态 $f(p_f, V_f)$ 的等温过程中, 理想气体从外界吸收的热量为

$$Q_T = \Delta U_T - W_T = -W_T = \nu RT \ln \frac{V_f}{V_i}. \qquad (4.26)$$

由此可知,若 $V_f < V_i$,则 $Q_T < 0$,这就是说,等温压缩时,外界对理想气体系统所作的功全部转化为热量并释放给外界. 如果 $V_f > V_i$,则 $Q_T > 0$,也就是说,等温膨胀过程中,理想气体系统对外界所作的功全部来源于系统从外界吸收的热量.

● **理想气体的绝热过程**

绝热过程就是与外界不交换热量的过程. 常见情形中,在良好绝热材料包围的系统内发生的准静态过程就是绝热过程(adiabatic process);因进行得较快而来不及与外界交换热量的准静态过程也是绝热过程. 由定义可知,绝热过程的最直观最典型的特征就是与外界交换的热量恒等于零,即对一个微元过程 $\mathrm{d}Q \equiv 0$;对一个有限过程 $\Delta Q \equiv 0$. 那么,由热容的定义 $C = \lim\limits_{\Delta T \to 0} \dfrac{\Delta Q}{\Delta T}$ 知,绝热过程中系统的热容 $C \equiv 0$.

由于绝热过程的最典型特征是 $Q = 0$,则状态参量 p, V, T 都可以发生变化. 由于理想气体的状态方程可以表示为 $pV = \nu RT$,则通过对状态方程两边关于状态参量微分可知,在一个压强、体积、温度分别变化 $\mathrm{d}p, \mathrm{d}V, \mathrm{d}T$ 的元绝热过程中,状态参量及其改变量满足关系

$$p\,\mathrm{d}V + V\,\mathrm{d}p = \nu R\,\mathrm{d}T. \qquad (4.27)$$

由热力学第一定律知,在该元过程中

$$C_V\,\mathrm{d}T = -p\,\mathrm{d}V.$$

上式与(4.27)式联立消去 $\mathrm{d}T$,并考虑热容间的关系,可得

$$\gamma p\,\mathrm{d}V + V\,\mathrm{d}p = 0,$$

其中 $\gamma = \dfrac{C_p}{C_V}$ 为泊松比. 对理想气体,$\gamma =$ 常数,对上式积分,则得

$$pV^{\gamma} = \text{常量}. \qquad (4.28a)$$

此即理想气体的绝热过程方程. 将该过程方程与状态方程 $pV = \nu RT$ 联立可知,绝热过程方程还可以表示为

$$TV^{\gamma-1} = \text{常量}, \qquad (4.28b)$$

或
$$\frac{p^{\gamma-1}}{T^{\gamma}} = 常量. \tag{4.28c}$$

比较绝热过程方程(4.28a)式和等温过程方程(4.24b)式,并注意

$$\gamma = \frac{C_p}{C_V} > 1$$

可知,绝热过程可以在 p-V 图上表示为比等温线更陡的曲线,如图 4-1 中的绝热曲线 if$_3$ 所示.

根据过程方程(4.28a)式,经由初态 i(p_i, V_i, T_i) 到末态 f(p_f, V_f, T_f) 的绝热过程中,外界对系统作的功为

$$W_{ad} = -\int_{V_i}^{V_f} p \, dV = -p_i V_i^{\gamma} \int_{V_i}^{V_f} \frac{dV}{V^{\gamma}} = \frac{p_i V_i}{\gamma - 1} \left[\left(\frac{V_i}{V_f} \right)^{\gamma-1} - 1 \right]. \tag{4.29a}$$

考虑过程方程、状态方程和绝热指数 γ 的定义,绝热过程中外界对系统所作的功又可以表示为

$$W_{ad} = \frac{1}{\gamma - 1} (p_f V_f - p_i V_i) = \frac{\nu R}{\gamma - 1} (T_f - T_i) = C_V (T_f - T_i). \tag{4.29b}$$

根据热力学第一定律,在由初态 i(p_i, V_i, T_i) 到 f(p_f, V_f, T_f) 的绝热过程中,理想气体的内能的改变为

$$\Delta U_{ad} = U_f - U_i = C_V (T_f - T_i). \tag{4.30}$$

由上述讨论可知,泊松比 $\gamma = \dfrac{C_p}{C_V}$ 决定绝热过程的过程方程中 V 的幂指数,从而决定绝热过程中由于力学相互作用而转移的能量. 也就是说,泊松比 γ 是绝热过程的性质的一个重要标志. 所以,泊松比 γ 又常被称为绝热指数.

理想气体的绝热指数 γ 可以通过先测定定压热容和定体热容,再由定义 $\gamma = \dfrac{C_p}{C_V}$ 确定;也可以利用其他方法测定. 常见的方法有 Ruchhardt 测 γ 法. Ruchhardt 测 γ 法的装置如图 4-6 所示,气体置于体积为 V 的大瓶中,一根截面积为 S 的玻璃管竖直插入瓶塞,一质量为 m 的光滑小球置于管中作气密接触,形成一个小活塞. 根据力学平衡条件,小球处在平衡位置时,气体的体积为 V,压强为

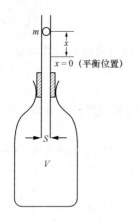

图 4-6 Ruchhardt 测 γ 法装置

$$p = p_0 + \frac{mg}{S},$$

其中 p_0 为大气压强. 给小球一个扰动使其偏离平衡位置时,瓶内气体就被压缩或膨胀,从而压强增大或减小,形成恢复力,于是小球在管内上下振动. 因为气体导热性能很差,振动又较快,则过程可近似为绝热过程. 又因为小球振动时瓶内气体的压强涨落以声速传播,其传遍整个大瓶需时远较振动周期短,所以过程又是准静态的. 那么,小球振动过程中,瓶内气体所经过程的过程方程可以表示为

$$pV^\gamma = 常量,$$

两边微分,得

$$V^\gamma \mathrm{d}p + \gamma p V^{\gamma-1} \mathrm{d}V = 0 \quad 即 \quad \mathrm{d}p = -\gamma p \frac{\mathrm{d}V}{V}.$$

因为气体的体积改变量 $\mathrm{d}V$ 可以由小球在玻璃管中偏离平衡位置的小位移 $\mathrm{d}x$ 表示为 $\mathrm{d}V = S\mathrm{d}x$,则小球所受力为

$$\mathrm{d}F = S\mathrm{d}p = -\gamma S\, p\, \frac{\mathrm{d}V}{V} = -\gamma p\, \frac{S^2}{V} \mathrm{d}x.$$

这说明小球所受力 F 确实是一个弹性恢复力,其弹性系数为

$$k = \frac{\gamma p S^2}{V} = \frac{\gamma\left(p_0 + \dfrac{mg}{S}\right) S^2}{V}.$$

那么,小球作简谐振动,其角频率为

$$\omega = \sqrt{\frac{k}{m}} = \sqrt{\frac{\gamma\left(p_0 + \dfrac{mg}{S}\right) S^2}{mV}},$$

所以 $$\gamma = \frac{mV\omega^2}{\left(p_0 + \dfrac{mg}{S}\right) S^2} = \frac{4\pi^2 mV}{\left(p_0 + \dfrac{mg}{S}\right) S^2 T^2}.$$

于是,只要测定了小球的振动周期 T 或角频率 ω,即可测出其绝热指

数 γ.

如本节开始所述,很多实际过程都可以近似为绝热过程,那么绝热过程有广泛的应用.例如,声速公式的推导.声波是气体中由于每一局部气体的周期性压缩、膨胀而在空间中形成的疏密相间的纵波,如图 4-7 所示.那么,可以将其抽象为活塞运动(声源振动)引起其中气体密度变化形成的疏密波.设面积为 S 的活塞在压强差 Δp 作用下以速度 v_0 运动,由此引起的气体密度变化的传播速度(即声速)为 c_s,可以证明,声速

$$c_s = \sqrt{\frac{\partial p}{\partial \rho}}, \tag{4.31}$$

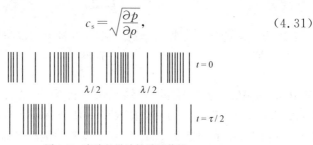

图 4-7 声波的纵波性质及传播

这就是说,气体中的声速 c_s 依赖于压强随密度变化的规律 $p(\rho)$.最早牛顿认为声波传播的过程是一个等温过程,即有 $pV = $ 常量,也就是 $\dfrac{p}{\rho} = $ 常量,于是有

$$\frac{\partial p}{\partial \rho} = 常量 = \frac{p}{\rho},$$

所以

$$c_s = \sqrt{\frac{p}{\rho}}.$$

将标准状况下的大气压强值和空气密度值代入,可以算得 $c_s = 280.0$ m/s.这显然与实验结果相差很大.按照现代的观点,声波是疏密波,密区与疏区之间的距离为 $\lambda/2$,其中 λ 为声波的波长.疏区变密时,因受到压缩而温度升高,密区变疏时,因膨胀而温度降低,则声音的传播过程不可能是等温过程,而是温度周期变化的过程,并且温度互换的周期为 $\dfrac{\tau}{2}$,其中 τ 为声波的周期.由于空气的导热性能很差,则在温度变化的一个周期内,从原来温度较高的密区向原来温度

较低的疏区传播的热量比把疏区气体压缩为密区所作的功小得多. 所以密区膨胀和疏区被压缩都可认为是在绝热条件下进行的. 这就是说,声音传播过程实际上可近似为绝热过程,即有过程方程 $pV^\gamma =$ 常量,也就是 $\dfrac{p}{\rho^\gamma} =$ 常量,所以

$$\frac{\partial p}{\partial \rho} = 常量 \cdot \gamma \cdot \rho^{\gamma - 1} = \gamma \frac{p}{\rho}.$$

代入(4.31)式,即有

$$c_s = \sqrt{\gamma \frac{p}{\rho}}.$$

考虑理想气体的状态方程知 $pV_m = RT$,可将上式改写为

$$c_s = \sqrt{\gamma \frac{RT}{\mu}}, \tag{4.32}$$

其中 $\mu = \rho V_m$,为气体的摩尔质量. 将空气的 $\gamma = 1.4$, $\mu = 0.029\ \mathrm{kg/mol}$, $T = 273.15\ \mathrm{K}$ 及 $R = 8.31\ \mathrm{J/(mol \cdot K)}$ 代入,可求得 $0\,^\circ\mathrm{C}$ 干燥空气中的声速为 $331.0\ \mathrm{m/s}$. 与实验测得结果($331.5\ \mathrm{m/s}$)很好符合. 顺便指出,由于声速可精确测定,则根据(4.32)式可以以很高的精度测得绝热指数 $\gamma = \dfrac{\mu c_s^2}{RT}$.

2.2 节讨论过大气的等温模型. 事实上,地球周围的大气,特别是其下层,有很强的对流,所以等温大气模型是不实际的,这就是说,大气在竖直高度方向有温度梯度. 由于实际对流气体上升缓慢,则大气状态变化过程可视为准静态的;又因为干燥空气导热性能很差,则其中发生的过程又可视为绝热的,那么,干燥大气中沿垂直高度方向发生的过程,可以用准静态绝热模型描述.

由准静态绝热方程(4.28c)式: $\dfrac{p^{\gamma - 1}}{T^\gamma} =$ 常量,得

$$p^{\gamma - 1} = 常量 \cdot T^\gamma.$$

两边微分,则得

$$(\gamma - 1)p^{\gamma - 2}\mathrm{d}p = 常量 \cdot \gamma \cdot T^{\gamma - 1}\mathrm{d}T.$$

于是有

$$\frac{\mathrm{d}p}{\mathrm{d}T} = \frac{\gamma}{\gamma - 1} \cdot 常量 \cdot \frac{T^{\gamma - 1}}{p^{\gamma - 2}} = \frac{\gamma}{\gamma - 1} \cdot \frac{p}{T}.$$

那么

$$\frac{\mathrm{d}p}{\mathrm{d}z} = \frac{\mathrm{d}p}{\mathrm{d}T} \cdot \frac{\mathrm{d}T}{\mathrm{d}z} = \frac{\gamma}{\gamma-1} \cdot \frac{p}{T} \cdot \frac{\mathrm{d}T}{\mathrm{d}z}. \tag{4.33}$$

对高度 z 处、厚度为 $\mathrm{d}z$ 的薄层内的气体,由力学平衡条件知(参见图 2-8)

$$\mathrm{d}p = -\rho g \, \mathrm{d}z.$$

因为

$$\rho = nm = \frac{p}{k_B T} \cdot \frac{\bar{\mu}}{N_A} = \frac{\bar{\mu}p}{RT},$$

其中 $\bar{\mu}$ 为空气的摩尔质量,则

$$\frac{\mathrm{d}p}{\mathrm{d}z} = -\frac{\bar{\mu}g}{RT}p, \tag{4.34}$$

比较(4.33)和(4.34)式,则得干燥大气的垂直温度梯度

$$\frac{\mathrm{d}T}{\mathrm{d}z} = -\frac{\gamma-1}{\gamma} \cdot \frac{\bar{\mu}g}{R} = -9.8 \text{ K/km}. \tag{4.35}$$

这就是说,对于干燥大气,在垂直高度方向,每升高 1 km,大气温度降低约 10 K.该值常被称为大气温度的干绝热递减率(dry adiabatic lapse rate,简称 DALR).

事实上,大气中通常含有水蒸气.大气中水蒸气的分压强与同温度下饱和水蒸气的压强之比称为该大气的湿度.未饱和的空气,其中水蒸气含量较小,且不凝结成水,故可以不考虑其影响.但对于湿度饱和的空气,由于温度、压强变化可以引起水蒸气凝结成水和水蒸发成水蒸气的双向相变,而水的凝结热和汽化热很可观,从而会严重影响大气的热学性质.因此,在气象学中通常考虑湿度饱和的空气的垂直温度梯度,即饱和绝热递减率(saturated adiabatic lapse rate,简称 SALR).

记水的摩尔汽化热为 $L_{vp,m}$,则由热力学第一定律 $\mathrm{d}U = \mathrm{d}Q + \mathrm{d}W$ 知,对水蒸气的量减少 $\mathrm{d}\nu_{vp}$ 的水蒸气凝结成水的过程,

$$C_V \mathrm{d}T = -p \mathrm{d}V - L_{vp,m} \mathrm{d}\nu_{vp}.$$

以大气中水蒸气的浓度 $c_{vp} = \nu_{vp}/\nu$ 表示,则上式即

$$-p \mathrm{d}V = C_V \mathrm{d}T + \nu L_{vp,m} \mathrm{d}c_{vp}. \tag{4.36}$$

假设大气可以近似为理想气体,则对理想气体状态方程 $pV = \nu RT$

两边微分,可得

$$p\mathrm{d}V + V\mathrm{d}p = \nu R\mathrm{d}T.$$

上式与(4.36)式联立,则得

$$V\mathrm{d}p = (C_V + \nu R)\mathrm{d}T + \nu L_{vp,m}\mathrm{d}c_{vp}.$$

考虑定体热容与定压热容之间的关系,采用与讨论干燥大气相同的
方法,可得

$$\frac{\mathrm{d}T}{\mathrm{d}z} = -\frac{\gamma-1}{\gamma}\left(\frac{\bar{\mu}g}{R} + \frac{L_{vp,m}}{R} \cdot \frac{\mathrm{d}c_{vp}}{\mathrm{d}z}\right). \tag{4.37}$$

因为大气中水蒸气的浓度通常随高度的增加而减小,即 $\mathrm{d}c_{vp}/\mathrm{d}z < 0$,
那么比较(4.37)式和(4.35)式知,饱和绝热递减率小于干绝热递减
率(绝对值).从物理上讲,因为水汽化时吸热,从而同量的饱和大气
较干燥大气的内能大,所以其温度随高度升高而降低的幅度较干燥
大气的降低幅度要小.

　　绝热大气模型是较好符合实际的大气模型,由之确定的干绝
热递减率和饱和绝热递减率也很好地与实际测量结果符合,并且
利用这些结果可以很好地讨论大气的稳定结构和焚风(山区山坡
一面下雨,另一面山脚附近出现的较下雨面山脚附近温度高的干
热风)等自然现象,在环境保护和气象研究等方面都起到重要
作用.

● **理想气体的多方过程**

　　对于气体中实际进行的过程,很难保证是等体的、等压的、等温
的或绝热的,也就是说,等体、等压、等温及绝热过程都是实际过程近
似而成的理想情况.考察理想气体的等体、等压、等温、绝热过程的过
程方程 $V=$ 常量、$p=$ 常量、$pV=$ 常量、$pV^\gamma=$ 常量可知,这四种过程
的过程方程可以统一表示为

$$pV^n = 常量$$

的形式,其中,

$$V = C_1, 对应于 \quad n = \infty;$$
$$p = C_2, 对应于 \quad n = 0;$$

$$pV = C_3, \text{对应于} \quad n = 1;$$

$$pV^\gamma = C_4, \text{对应于} \quad n = \gamma.$$

那么可以说 $pV^n =$ 常量是很大一类过程中状态参量变化规律的概括. 于是，人们把状态参量的变化满足 $pV^n =$ 常量的过程称为多方过程(polytropic process). 因此，多方过程的过程方程可以表示为

$$pV^n = \text{常量}, \tag{4.38a}$$

其中 n 称为多方指数. 再考虑状态方程 $pV = \nu RT$，该过程方程又可以写为

$$TV^{n-1} = \text{常量}, \tag{4.38b}$$

或

$$\frac{p^{n-1}}{T^n} = \text{常量}. \tag{4.38c}$$

由于一个函数通常可以展开为幂级数的形式，因此一个任意的过程可以表示为很多多方过程的叠加，等体过程($n=\infty$)、等压过程($n=0$)、等温过程($n=1$)、绝热过程($n=\gamma$)是特殊形式的多方过程，所以多方过程是一类很重要的过程.

比较多方过程的过程方程和绝热过程的过程方程可知，二者的差别仅在于多方指数和绝热指数. 仿照关于绝热过程的讨论可知，对一个由初态 $i(p_i, V_i, T_i)$ 到末态 $f(p_f, V_f, T_f)$ 的多方过程，外界对系统所作的功为

$$W = \frac{1}{n-1}(p_f V_f - p_i V_i) = \frac{\nu R}{n-1}(T_f - T_i). \tag{4.39}$$

该过程中，系统内能的改变为

$$\Delta U = U_f - U_i = C_V(T_f - T_i). \tag{4.40}$$

记多方过程中系统的热容量为 C_n，则该过程中外界传递给系统的热量为

$$Q = C_n(T_f - T_i). \tag{4.41}$$

由热力学第一定律知，多方过程中

$$\Delta U = Q + W,$$

将(4.39)、(4.40)和(4.41)式代入，则有

$$C_V(T_f - T_i) = C_n(T_f - T_i) + \frac{\nu R}{n-1}(T_f - T_i),$$

整理,得

$$C_n = \frac{n-\gamma}{n-1}C_V. \tag{4.42}$$

由于在多方过程中 n 可以取任意实数值,则 C_n 既可为正值也可以为负值. 多方过程的热容 C_n 与多方指数 n 的关系如图 4-8 所示. 显然,当 $n<1$ 或 $n>\gamma$ 时, $C_n>0$,这就是说,如果外界传递给系统热量($Q>0$),则系统的温度一定升高($\Delta T>0$);如果系统向外界放热($Q<0$),则系统的温度一定降低($\Delta T<0$). 但是,当 $1<n<\gamma$ 时, $C_n<0$,即如果系统从外界吸收热量($Q>0$),系统的温度反而下降($\Delta T<0$);如果系统向外界放出热量($Q<0$),系统的温度却上升($\Delta T>0$). 由于在多方过程中,系统与外界之间能量转移的方式有作功、传热和内能改变三种,由热力学第一定律知,此三者之间有关系 $\Delta U = Q + W$,于是,如果 $Q<0$,而 $W>0$,且 $W>|Q|$ 时,$\Delta U>0$,从而 $\Delta T>0$,这就是说,虽然在一个多方过程中系统向外界释放热量,但如果外界对系统所作的功大于系统向外界释放的热量时,系统的内能增加,从而温度升高. 类似地,如果 $Q>0$,但 $W<0$,且 $|W|>Q$,则 $\Delta U<0$,从而 $\Delta T<0$,这就是说,尽管一个多方过程从外界吸收热量,但系统对外界所作的功大于系统从外界吸收的热量时(多方指数 $1<n<\gamma$),系统的内能减小,从而温度降低.

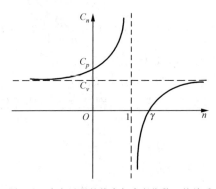

图 4-8   多方过程的热容与多方指数 n 的关系

例题 1   理想气体经历 $V = \dfrac{\ln(p_0/p)}{K}$ 的热力学过程,其中 p_0 和

K 是常量,且 $p < p_0$,$K > 0$. 试问当系统体积按此过程由 V_1 扩大一倍时,系统对外界作了多少功?该过程的热容是多大?

解 (1)由已知条件,系统的过程方程还可以表示为

$$p = p_0 e^{-KV}.$$

那么,系统由初态(体积为 V_1)到末态(体积为 $2V_1$)的过程中,系统对外界所作的功

$$W' = \int_{V_1}^{2V_1} p_0 e^{-KV} dV = \frac{p_0}{K} e^{-KV_1} (1 - e^{-KV_1}).$$

(2)对过程方程 $p = p_0 e^{-KV}$ 两边微分,可得

$$dp = -Kp_0 e^{-KV} dV = -Kp \, dV,$$

即

$$dV = -\frac{dp}{Kp},$$

那么,由热力学第一定律得

$$đQ = C_V dT + p \, dV = C_V dT - \frac{dp}{K},$$

所以,该过程中系统的热容为

$$C = \frac{đQ}{dT} = C_V - \frac{1}{K} \frac{dp}{dT}.$$

将过程方程和状态方程联立,得

$$p \frac{\ln(p_0/p)}{K} = \nu RT,$$

对之两边微分,得

$$\frac{\ln(p_0/p)}{K} dp - \frac{p}{K} \cdot \frac{p_0/p^2}{p_0/p} dp = \nu R \, dT,$$

整理,得

$$\frac{dp}{dT} = \frac{\nu R}{V - 1/K} = \frac{K\nu R}{KV - 1}.$$

所以,该过程的热容为

$$C = C_V - \frac{\nu R}{KV - 1}.$$

至此,我们讨论了理想气体在准静态过程中的性质及能量转移的方式、数量和关系,为方便查阅,将有关公式列于表 4.1 中。

表 4.1　理想气体在准静态过程的主要公式

过程	过程方程	热容	外界作功 W	吸收热量 Q	内能改变 ΔU
等体	$V=$常量	C_V	0	$C_V(T_f-T_i)$	$C_V(T_f-T_i)$
等压	$p=$常量	C_p	$-p(V_f-V_i)$	$C_p(T_f-T_i)$	$C_V(T_f-T_i)$
等温	$pV=$常量	∞	$-\nu RT\ln\dfrac{V_f}{V_i}$	$\nu RT\ln\dfrac{V_f}{V_i}$	0
绝热	$pV^{\gamma}=$常量	0	$\dfrac{1}{\gamma-1}(p_fV_f-p_iV_i)$	0	$C_V(T_f-T_i)$
多方	$pV^{n}=$常量	$\dfrac{n-\gamma}{n-1}C_V$	$\dfrac{1}{n-1}(p_fV_f-p_iV_i)$	$C_n(T_f-T_i)$	$C_V(T_f-T_i)$

4.5　循环过程和卡诺循环

- 循环过程的概念、性质和效率
- 理想气体的卡诺循环及其效率
- 内燃机的理想循环

● 循环过程的概念、性质和效率

　　一个系统由某个状态出发,经过任意的一系列过程,最后回到原来的状态的过程称为循环过程. 对于可压缩的两参量系统,如果其循环过程是准静态的,则可在 p-V 图上表示为一条闭合曲线,如图 4-9 中的 $ABCDA$ 闭合曲线. 由于在一个过程中,系统可以对外界作功,外界也可以对系统作功,在一个循环过程中,总的效果可以用一个代数量 W 表示. 另一方面,循环过程具有方向. 为使循环过程方向与系统对外作功相联系,规定由顺时针闭合曲线表示的循环过程为正循环过程,如图 4-9 中沿 $ABCDA$ 方向进行的循环过程;由逆时针闭合曲线表示的循环过程为逆循环. 在正循环过程中,$W<0$,$W'>0$,系统对外界作功,可以向外界提供动力能源;在逆循环过程中,$Q<0$,

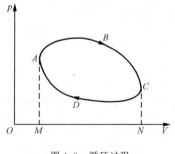

图 4-9　循环过程

系统向外界放出热量,从而使系统的温度降低.通常,人们把以"火"为动力,将热能转化为机械能的机械称为热机,例如:蒸汽机、内燃机等;而把通过外界作功使处于一定区域内的系统的温度降低的机械称为致冷机,例如:冰柜、冰箱等.正循环就是热机的工作循环,逆循环就是致冷机的工作循环.由于一个循环过程中,系统总在一些阶段内对外作正功,而在另一些阶段对外界作负功,如图 4-9 所示的正循环 $ABCDA$,在 ABC 阶段系统对外界作功,在 CDA 阶段外界对系统作功,那么,在整个正循环过程中,系统对外界净作功 W' 的数值等于循环过程曲线所围区域的面积.同理可知,在一个逆循环过程中,外界对系统所作的功 W 的数值等于逆时针循环曲线所包围的面积.

正循环(热机的工作循环)的效果是把热能转化为机械能.其工作过程如图 4-10 所示,其工作原理可以概括为:工作物质从高温热源吸收热量,内能增加,通过对外作功使内能减小,再通过向低温热源放热,系统内能进一步减小而回到原来的状态.也就是说,热机不可能把从高温热源吸收的热量 Q_1 全部转化为机械功 W',而必须将部分热量

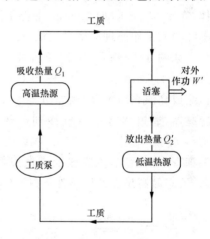

图 4-10 热机工作原理

Q_2' 释放给低温热源.在热机工作的一个循环过程中,吸收的热量转化为机械功的百分比称为该热机的效率,记作 η,即有

$$\eta = \frac{W'}{Q_1} = \frac{Q_1 - Q_2'}{Q_1} = 1 - \frac{Q_2'}{Q_1}. \tag{4.43}$$

逆循环热机,即致冷机的功能是通过外界作功 W 使工作物质从低温热源吸收热量 Q_2,从而使低温热源降温.那么,人们通常关心的自然是当外界作功 W 时,致冷机在有效的待致冷区域内吸收的热量 Q_2 的大小,即致冷的效率.在一个循环过程中,致冷机从有效的待致冷区域内吸收的热量称为该致冷机的致冷量,致冷机的效率被称为

致冷系数.严格地,致冷系数定义为在一个逆循环过程中致冷机在低温热源的有效的待致冷区域内吸收的热量 Q_2 与外界所作功 W 的比值,记作 ε,即有

$$\varepsilon = \frac{Q_2}{W} = \frac{Q_2}{Q_1' - Q_2}, \tag{4.44}$$

其中 $Q_1' = Q_2 + W$ 为工作物质在高温热源处放出的热量.具体地,致冷机的工作物质一般选为凝结温度(或沸点)较低的气体,例如氨(沸点 $-33.5°C$)、二氧化碳(沸点 $-79.5°C$)、碳氟化合物中的氟利昂(CCl_2F_2,代号 R-12,沸点 $-29.8°C$,出于环境保护的要求,现被禁止使用)、超多元混合工质(环保型)等.这些物质在室温、常压下都是气体,在室温、高压(如 10 atm)下都是液体.致冷机的工作过程可以以电冰箱的工作原理为例说明如下.

　　如图 4-11 所示,工作开始时,一定量的工作物质(如干燥的压强 $p_1 = 1.5$ atm、温度 $t_1 = -10°C$ 的氟利昂)进入压缩机中,被绝热压缩成高温高压蒸气(例如 $p_2 = 9.1$ atm, $t_2 = 46°C$),再经管道进入冷凝器,通过水冷或空气冷却散热变成稍低温的高压液体(例如 $p_3 = 8.9$ atm, $t_3 = 37.4°C$).然后通过过滤器滤掉水分和杂质,流入毛细管,使其经节流膨胀变为低温低压液体.随后进入冰箱的蒸发器,液态氟利昂在低压条件下(例如 $p = 1.5$ atm, $t = -20°C$)迅速汽化,从而从蒸发器中吸收大量的热量,使冷却室及其中的物体降温,达到致冷的效果(以氟利昂为工作物质的冰箱可达 $-10°C$ 以下).这些工作物质通过从冷却室内的物体吸热,温度上升,然后进入压缩机,完成一个循环.这样,重复前述过程,即可使冷却室维持在低温状态.

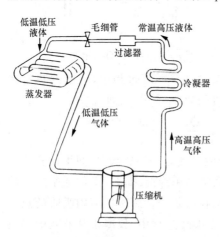

图 4-11　电冰箱工作原理

　　例题 2　一定量的理想气体作如图 4-12 所示的正

循环过程,其中 AB 和 CD 为等压过程,BC 和 DA 为绝热过程.若 B 态和 C 态的温度分别为 T_2 和 T_3,试求:

(1) 该循环过程的效率 η;

(2) 若系统按图示路线的逆方向作逆循环,则其致冷系数 ε 为多大?

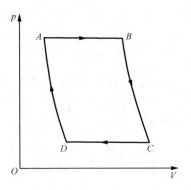

图 4-12 由两个等压过程和两个绝热过程构成的循环过程

解 (1) 对正循环过程 AB-CDA,由于循环由两个等压过程 AB,CD 和两个绝热过程 BC,DA 构成,则该循环过程中只在等压过程 AB 中吸热,在等压过程 CD 中放热.所以

$$Q_1 = C_p(T_2 - T_A), \quad Q_2 = C_p(T_D - T_3),$$

那么

$$\eta = \frac{Q_1 - Q_2'}{Q_1} = 1 - \frac{Q_2'}{Q_1} = 1 - \frac{T_3 - T_D}{T_2 - T_A}. \tag{a}$$

因为 BC 和 DA 为绝热过程,则由过程方程 $\dfrac{T^\gamma}{p^{\gamma-1}} =$ 常量,可得

$$\frac{T_B{}^\gamma}{p_B{}^{\gamma-1}} = \frac{T_C{}^\gamma}{p_C{}^{\gamma-1}}, \quad \frac{T_A{}^\gamma}{p_A{}^{\gamma-1}} = \frac{T_D{}^\gamma}{p_D{}^{\gamma-1}},$$

两式相除,则有

$$\left(\frac{T_B}{T_A}\right)^\gamma \left(\frac{p_A}{p_B}\right)^{\gamma-1} = \left(\frac{T_C}{T_D}\right)^\gamma \left(\frac{p_D}{p_C}\right)^{\gamma-1}.$$

因为 AB 和 CD 为等压过程,即

$$p_B = p_A, \quad p_D = p_C,$$

那么,由上式可得

$$\frac{T_B}{T_A} = \frac{T_C}{T_D},$$

即

$$\frac{T_D}{T_3} = \frac{T_A}{T_2}. \tag{b}$$

将此结果代入(a)式,则得该循环的效率

$$\eta = 1 - \frac{T_3 - T_D}{T_2 - T_A} = 1 - \frac{T_3\left(1 - \dfrac{T_A}{T_2}\right)}{T_2\left(1 - \dfrac{T_A}{T_2}\right)} = 1 - \frac{T_3}{T_2}.$$

（2）系统作逆循环，即沿 $ADCBA$ 方向运行时

$$Q_2 = C_p(T_C - T_D), \quad Q_1 = C_p(T_A - T_B),$$

所以该逆循环的致冷系数为

$$\varepsilon = \frac{Q_2}{Q_1' - Q_2} = \frac{T_C - T_D}{(T_B - T_A) - (T_C - T_D)} = \frac{1}{\dfrac{T_B - T_A}{T_C - T_D} - 1}$$

$$= \frac{1}{\dfrac{T_2}{T_3} - 1} = \frac{T_3}{T_2 - T_3}.$$

- **理想气体的卡诺循环及其效率**

　　在热能转化为机械能的应用方面，到 18 世纪末，瓦特完善了蒸汽机，使之成为真正的动力机械，但效率很低（3%～5%）.1824 年，法国炮兵军官萨地·卡诺（Sadi Carnot）首先认识到蒸汽机真正的动力来源是下面的"火"，并从分析蒸汽机的工作过程出发，提出一种理想热机，以期利用较少的燃料得到较多的动力，提高热机的效率和经济效益.

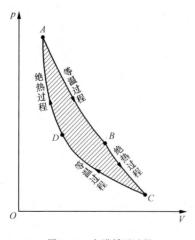

图 4-13　卡诺循环过程

　　卡诺热机就是工作物质进行卡诺循环的热机.卡诺循环则是由两个等温过程和两个绝热过程构成的循环，如图 4-13 中 $ABCDA$ 所示.对以理想气体为工作物质的准静态卡诺正循环，系统在 BC 和 DA 所示的绝热过程中与外界没有热量交换.所以，整个循环过程中，系统从外界吸收的热量就是在等温过程 AB 中吸收的热量

$$Q_1 = \nu R T_1 \ln \frac{V_B}{V_A}, \qquad \text{(a)}$$

而系统向低温源放出的热量就是在等温过程 CD 中放出的热量

$$Q_2' = \nu R T_2 \ln \frac{V_C}{V_D}. \qquad \text{(b)}$$

那么,整个循环过程的效率为

$$\eta = \frac{W'}{Q_1} = \frac{Q_1 - Q_2'}{Q_1} = 1 - \frac{T_2 \ln \dfrac{V_C}{V_D}}{T_1 \ln \dfrac{V_B}{V_A}}. \qquad \text{(c)}$$

因为 BC 和 DA 为绝热过程,则由绝热过程方程可得

$$\frac{V_C{}^{\gamma-1}}{V_B{}^{\gamma-1}} = \frac{T_B}{T_C} = \frac{T_1}{T_2}, \quad \frac{V_D{}^{\gamma-1}}{V_A{}^{\gamma-1}} = \frac{T_A}{T_D} = \frac{T_1}{T_2},$$

于是有

$$\frac{V_C}{V_D} = \frac{V_B}{V_A}, \qquad \text{(d)}$$

代入(c)式,则得正卡诺循环的效率为

$$\eta = 1 - \frac{T_2}{T_1}. \qquad (4.45)$$

由此可知,理想气体准静态卡诺循环的效率只由高温热源的温度 T_1 和低温热源的温度 T_2 决定. T_1 愈高, T_2 愈低,则循环的效率愈高,从而为提高热机效率指明了方向.

回忆上述讨论过程,由(a)式、(b)式分别可得

$$\ln \frac{V_B}{V_A} = \frac{Q_1}{\nu R T_1}, \quad \ln \frac{V_C}{V_D} = \frac{Q_2'}{\nu R T_2}.$$

再考虑(d)式,则得

$$\frac{Q_1}{T_1} = \frac{Q_2'}{T_2}. \qquad (4.46)$$

这就是说,理想气体的准静态卡诺正循环具有交换的热量与相应热源的温度的比值相等的重要性质.

对于理想气体准静态卡诺循环的逆循环,同理可得

$$\frac{Q_1'}{T_1} = \frac{Q_2}{T_2}, \qquad (4.47)$$

从而,理想气体准静态卡诺逆循环的致冷系数为

$$\varepsilon = \frac{T_2}{T_1 - T_2}. \tag{4.48}$$

虽然卡诺循环是仅与一个高温热源接触而吸热,并仅与一个低温热源接触而放热的理想热机的工作循环,并且最简单,但其为提高热机效率提供了指导,是最基本的循环.

● 内燃机的理想循环

由关于卡诺循环的讨论可知,提高热机效率的重要途径是提高高温热源的温度和降低低温热源的温度.对于实际的热机来说,低温热源一般采用大气、江河或地下水源等自然环境,因而其温度基本上为室温,那么,为提高热机效率就需要提高高温热源的温度.在现代蒸汽机中,虽然又加上了过热器等装置,从锅炉中得到的蒸汽的温度至多是 500~600 K.这样蒸汽机不仅需要产生蒸汽的锅炉等笨重设备,而且效率也不可能很高,因而除在大型火力发电站或核电站等方面仍使用外,目前在通常的动力装置中已不多见.如果工作物质直接在气缸内燃烧,其温度可高达 1000 K 以上,则其效率可大大提高.这种使燃料在气缸内燃烧,以燃烧的气体为工作物质,推动活塞作功的机械,称为内燃机.例如,常见的汽油发动机、柴油发动机、喷气发动机等已作为汽车、拖拉机、火箭等的动力.关于内燃机的工作原理,可以将其理想的工作循环分为奥托循环和狄塞尔循环两类,对于其效率的计算和讨论,请读者自己完成(见习题 4.25,4.26).

习　题

4.1　试在 $p\text{-}V$ 图上画出以下理想气体完成的准静态过程:

(1) $p = k_1 V$;(2) $p = k_2 T$;(3) $V = k_3 T$;

其中 k_1, k_2, k_3 为常量.并计算当系统体积由 V_1 变至 V_2 时,上述三过程中系统对外界所作的功.

4.2　0.020 kg 的氦气温度由 17℃ 上升到 27℃,若在升温过程中:(1) 体积保持不变;(2) 压强保持不变;(3) 不与外界交换热量.试分别求出气体内能的改变、吸收的热量、外界对气体所作的功.

该氦气可看作理想气体,且 $C_{V,\mathrm{m}}=\dfrac{3}{2}R$.

4.3　一气体的摩尔定压热容随温度改变的规律服从公式 $C_{p,\mathrm{m}}=a+bT-cT^{-2}$,其中 a,b,c 是常量,当 $n\,[\mathrm{mol}]$ 气体经一个等压过程使温度从 T_1 变到 T_2 时,气体与外界之间传递的热量为多少?

4.4　在标准状况下,1 mol 的单原子理想气体先经过一绝热过程,再经过一等温过程,最后压强和体积都增为原来的 2 倍,求整个过程中气体吸收的热量 Q_1.若先经过等温过程再经过绝热过程而达到同样的状态,结果是否相同? 若不同,吸收的热量 Q_2 是多少?

4.5　设 1 mol 固体的状态方程可写作 $V=V_0+aT+bp$;内能可表示为 $U=cT-apT$,其中 a,b,c 和 V_0 均是常量,试求:

(1) 摩尔焓的表达式;

(2) 摩尔热容 $C_{p,\mathrm{m}}$ 和 $C_{V,\mathrm{m}}$.

4.6　证明若理想气体按 $V=a_0/\sqrt{p}$ 的规律膨胀,则气体在该过程中的热容 C 可由下式表示: $C=C_V-\dfrac{a_0^2}{TV}$.

4.7　由于铅的熔点温度较低,因此铅弹射击到木板后会熔化掉.已知与木板撞击前铅弹的温度是 $30\,^\circ\mathrm{C}$,而且已知铅的熔点是 $327\,^\circ\mathrm{C}$,熔解热是 2.045×10^4 J/kg,比热容是 130 J/(kg·K),试求此铅弹撞击木板前的最低速度是多少?

4.8　1.0 g 氮气原来的温度和压强分别为 423 K 和 5.066×10^5 Pa,经准静态绝热膨胀后,体积变为原来的 2 倍.试求在这过程中气体对外所作的功.

4.9　在原子弹爆炸后 0.1 s 所出现的"火球"是半径约 15 m、温度为 30 000 K 的气体球,试作一些极粗略的假设,以估计温度变为 3000 K 时,气体球的半径.

4.10　两端开口的 U 形管中注入水银,直到水银全长为 h.

(1) 若将一边管中水银压下,然后使水银振荡,试证:不计摩擦时,振动周期为 $\tau_1=2\pi\sqrt{\dfrac{h}{2g}}$.

(2) 把管的左端封闭起来,使被封在管内的气柱高度为 l,然后使水银柱振荡,假设摩擦可忽略,空气是理想气体,且可以认为气体经历的是准静态绝热过程,而气压计水银柱高度为 h_0,试证这时周期变为 $\tau_2 = 2\pi\sqrt{\dfrac{h}{2g + \gamma h_0 g/l}}$.

(3) 试证 $\gamma = \dfrac{2l}{h_0}\left[\left(\dfrac{\tau_1}{\tau_2}\right)^2 - 1\right]$.

4.11 试证明,在理想气体准静态绝热膨胀过程中温度变化 ΔT 与压强变化 Δp 的关系为 $\Delta T = \dfrac{\gamma - 1}{\gamma}\dfrac{T}{p}\Delta p$.

4.12 在宇宙大爆炸理论中,起初局限于小区域的辐射能量以球对称方式绝热膨胀,在膨胀过程中,辐射能量,以致逐渐冷却.仅从热力学角度考虑,试推导出温度 T 和辐射半径 R 的关系.

4.13 试证明:按绝热大气模型,高度 h 与压强 p 的关系为

$$h = \frac{C_{p,\mathrm{m}}T_0}{\bar{\mu}g}\left[1 - \left(\frac{p}{p_0}\right)^{\frac{\gamma-1}{\gamma}}\right],$$

式中 $\bar{\mu}$ 为大气的平均摩尔质量,$C_{p,\mathrm{m}}$ 为摩尔定压热容,p_0 和 T_0 为地面 $h = 0$ 处的压强和温度.

4.14 证明:当泊松比 γ 为常数时,若理想气体在某一过程中的热容也是常量,则这个过程一定是多方过程.

4.15 一定量的氧气,压强为 $p_1 = 1.0 \times 10^5$ Pa,体积为 $V_1 = 2.3$ L,温度为 $t_1 = 26^\circ$C;经过一个多方过程,达到压强 $p_2 = 5.0 \times 10^4$ Pa,体积为 $V_2 = 4.1$ L,求:

(1) 多方指数 n;   (2) 内能的变化;

(3) 对外界作的功;   (4) 吸收的热量.

4.16 一圆筒装有压强为 2.0×10^5 Pa 的氧气,其容积为 3 L,温度为 300 K,使氧气依次经历下列过程:等压下加热到 500 K,等容下冷却到 250 K,等压下冷却到 150 K,等容下加热到 300 K.

(1) 在 p-V 图上画出上述四个过程,并给出每一过程终态的 p,V 值.

(2) 计算氧气在一个循环中所作的净功;

（3）计算此循环的效率.

4.17　设有一卡诺热机,它的低温热源的温度为 280 K,效率为 40%,现若使此热机效率提高到 50%,问:

（1）如果低温热源的温度保持不变,高温热源的温度必须提高多少?

（2）如果高温热源的温度保持不变,那么低温热源的温度必须降低多少?

4.18　一个平均输出功率为 50 MW 的发电厂,热机循环的高温热源温度为 $T_1 = 1000$ K,低温热源温度为 $T_2 = 300$ K,试求:

（1）理论上热机的最高效率为多少?

（2）这个厂只能达到这个效率的 70%,为了产生 50 MW 的电功率,每秒钟需要提供多少焦耳的热量?

（3）如果低温热源是一条河流来承担,其流量为 10 $m^3 \cdot s^{-1}$,试求由于电厂释放的热量而引起的温度变化是多少?

4.19　1 mol 空气（可视为理想气体）进行如图所示的循环,其中 C—A 为绝热过程,试求:

（1）循环功;

（2）循环效率;

（3）以循环中最高温度及最低温度为热源的可逆卡诺循环的效率.

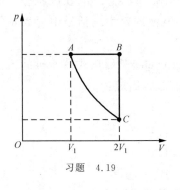

习题　4.19

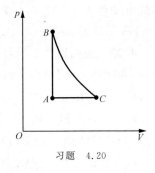

习题　4.20

4.20　设有一以理想气体为工作物质的热机循环,如图所示,由

等压过程 CA、等容过程 AB 和绝热过程 BC 所组成. 若已知 p_A, p_B, V_A, V_C 和绝热指数 γ, 证明此热机的循环效率为

$$\eta = 1 - \gamma\, \frac{(V_C/V_A) - 1}{(V_C/V_A)^{\gamma} - 1}.$$

4.21 如图所示, 燃料电池是把化学能直接转化为电能的装置, 把氢气和氧气连续通入多孔 Ni 电极, Ni 电极浸在 KOH 电解液中. 在两极进行的化学反应为:

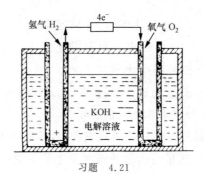

习题 4.21

正极: $2H_2 + 4OH^- \longrightarrow 4H_2O + 4e^-$;

负极: $2H_2O + 4e^- + O_2 \longrightarrow 4OH^-$;

总的效果是

$$H_2(g) + \frac{1}{2}O_2(g) \longrightarrow H_2O(l).$$

液态水在 25°C 时的标准生成焓为 -285.84 kJ/mol, 在此状态下电池的电动势为 1.229 V, 试求此燃料电池的效率. (括号中 g 表示气态, l 表示液态.)

4.22 逆向斯特令循环(Stirling cycle)是回热式致冷机的工作循环, 如图所示, 它由以下四个准静态过程组成:

(1) 等温压缩, 由 V_1, T_1 到 V_2, T_1;

(2) 等体降温, 由 V_2, T_1 到 V_2, T_2;

(3) 等温膨胀, 由 V_2, T_2 到 V_1, T_2;

(4) 等体升温, 由 V_1, T_2 到 V_1, T_1.

试求该循环的致冷系数.

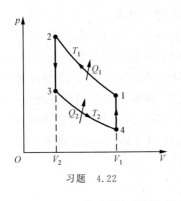

习题　4.22

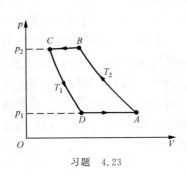

习题　4.23

4.23　一致冷机工质进行如图所示的循环过程，其中 AB，CD 分别是温度为 T_2，T_1 的等温过程；BC，DA 为等压过程. 设工质为理想气体，证明此致冷机的致冷系数为：

$$\varepsilon = \frac{T_1}{T_2 - T_1}.$$

4.24　某理想卡诺致冷机工作在 $0\,°\mathrm{C}$ 与 $100\,°\mathrm{C}$ 的水之间，试问要产生 1 kg 的冰，需将多少 $100\,°\mathrm{C}$ 的水变为蒸汽？已知冰的熔解热和汽化热分别为 334 kJ/kg，2260 kJ/kg.

4.25　四冲程汽油机的工作循环（奥托循环或定体加热循环）如图所示. 工作开始时，一定量的雾状汽油和空气的混合气体由状态 V_1，T_A 绝热压缩到状态 V_2，T_B，达到可燃点；此刻，火花塞放出电火花，点燃气体，经等体加热至状态 V_2，T_C；燃烧形成的高温气体经绝

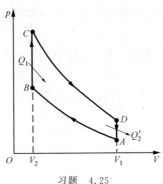

习题　4.25

热膨胀至状态 V_1, T_D；后经等体放热使气体恢复到初始状态 V_1，T_A. 若工作气体可近似为理想气体，试确定该工作循环的效率.

4.26 四冲程柴油机的工作循环（狄塞尔循环或定压加热循环）如图所示. 工作开始时，一定量的空气由状态 V_1, T_A 经绝热压缩至状态 V_2, T_B；此刻将雾状柴油喷入气缸，燃油与空气混合后燃烧，等压吸热至状态 V_3, T_C；然后绝热膨胀至状态 V_1, T_D；再经等体放热至状态 V_1, T_A. 若工作物质可近似为理想气体，试确定该工作循环的效率.

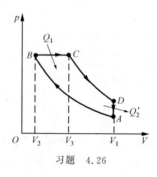

习题　4.26

4.27 设服从克劳修斯方程 $p(V_m - b) = RT$ 的气体的摩尔内能为 $U_m = C_{V,m} T + U_{0,m}$，其中 $C_{V,m}$ 和 $U_{0,m}$ 都是常量，

（1）证明在准静态绝热过程中，克劳修斯气体满足绝热方程

$$p(V_m - b)^\gamma = 常量，$$

其中 $\gamma = C_{p,m}/C_{V,m}$.

（2）证明利用克劳修斯气体所作的卡诺循环的效率为

$$\eta = 1 - T_2/T_1.$$

4.28 某致冷机在冬天作热泵用以使某房间取暖. 若室内温度保持为 $25°C$，而室外为 $-5°C$，房间的地板、墙壁、门窗等向外散热的总功率为 350 W. 若电费收费标准为每度 0.5 元，试问此热泵运行一天最少需花多少电费？

5 热力学第二定律和第三定律

热力学第一定律表明,自然界发生的一切与热现象有关的过程都必须遵从能量守恒定律.但是,满足热力学第一定律的过程是否都一定能实现呢?这一问题的解决,推动了热力学第二定律的建立.热力学第二定律和热力学第一定律一起构成了热力学的主要理论基础.本章介绍热力学第二定律的基本内容及与之相关的熵等态函数的概念和有关定律.为准确确定熵的数值及低温过程的温度,还提出了热力学第三定律.本章也对之作一简要介绍.

5.1 可逆过程与不可逆过程

- 可逆过程与不可逆过程的概念
- 可逆过程与不可逆过程举例及区分

● **可逆过程与不可逆过程的概念**

人们常说"落叶永离、覆水难收",这表明很多常见的自然现象都只能沿一个方向进行.严格地,在化学中,对酸碱中和反应,只要把 NaOH 与 HCl 混合就可以生成 NaCl 和 H_2O,而 $NaCl + H_2O \longrightarrow$ $NaOH + HCl$ 的过程却不能自发进行;在力学中,物体从高处落到松软地面是常见的自发过程,但由于物体与松软地面之间的碰撞是非弹性的,有一部分动能耗散掉,物体不可能再弹起到原来的高度.这些现象说明,在严格的科学实验中,很多过程也只能沿一个方向进行.但是,对于力学中质量分别为 m_A, m_B,速度分别为 $\boldsymbol{v}_A, \boldsymbol{v}_B$ 的两刚性小球间的弹性碰撞,设碰撞后两球的速度分别为 $\boldsymbol{v}_A', \boldsymbol{v}_B'$,具体计算表明,如果这两个小球起初分别以速度 $-\boldsymbol{v}_A', -\boldsymbol{v}_B'$ 运动,则碰撞后它们的速度一定分别是 $-\boldsymbol{v}_A, -\boldsymbol{v}_B$,即两小球的弹性碰撞是可以沿两个相反的方向进行的.根据这一原理,在电影制作过程中,先拍下人从高处落下过程的一系列镜头,然后将顺序全倒过来放映,就得到了人从低处向高处飞起的电影特技场面.这些现象表明,在理论及一些实际生活中,有些过程是可以自发地沿互为相反的方向进行的.

综合分析上述现象可知,自然界中的所有现象按其过程进行的方向可以分为两类,一类是可以沿正方向(规定一个方向为正)进行的路线反向原路返回到原初始状态,另一类是不能沿正方向进行的路线反向原路返回,也就是说,过程可以概括为可逆过程与不可逆过程两类.

为准确地判断一个过程是可逆过程或者是不可逆过程,需要有严格的科学的定义.一个热力学系统由一个状态出发,经过一个过程达到另一个状态,如果存在另一个过程或某种方法,可以使系统和外界都恢复到原来的状态,则这样的过程称为可逆过程(reversible process);反之,如果用任何方法都不可能使系统和外界都完全复原,则这样的过程称为不可逆过程(irreversible process).因此,判断一个过程是否是可逆过程的关键在于通过一系列过程后,其对系统产生的影响和在外界留下的痕迹是否可以将原过程产生的影响和痕迹完全消除.

- **可逆过程与不可逆过程举例及区分**

对图 5-1 所示的无摩擦的准静态等温过程,设原过程 i→f 为体积由 V_i 变化到 V_f 的等温膨胀过程,由于过程进行得无限缓慢,其中任何时刻系统的温度都为 T,都有均匀的确定的压强 $p = \dfrac{\nu RT}{V}$,并

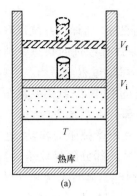 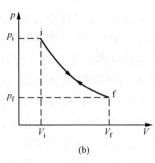

图 5-1　准静态等温过程及其 p-V 图

且,系统内能的改变为

$$\Delta U = 0,$$

系统对外界作的功和从外界吸收的热量为

$$W' = Q = \nu RT \ln \frac{V_f}{V_i}.$$

在其反过程 f→i 中,温度 T 也保持恒定,都有处处均匀的压强 $p = \dfrac{\nu RT}{V}$,在整个过程中系统内能的改变为

$$\Delta U = 0,$$

外界对系统所作的功和系统向外界释放的热量为

$$W = Q' = -Q = -\nu RT \ln \frac{V_i}{V_f} = \nu RT \ln \frac{V_f}{V_i}.$$

综合考察原过程和反过程:在 i→f 的过程中,系统从外界(热库)吸收热量 Q,对外界作功 W',内能保持不变;在 f→i 的过程中,系统向外界释放热量 Q,外界对系统作功 $W=W'$,内能也保持不变;并且正过程中对系统的影响(传入热量、体积膨胀对外作功)被反过程完全消除(放出热量,外界作功体积缩小),恢复到原来的状态.同时,在系统进行的正过程中,外界释放热量 Q;在反过程中,外界吸收热量 Q,也完全恢复到原来的状态而没有留下任何过程进行的痕迹.因此,无摩擦的准静态等温过程是可逆过程.

采用完全相同的方法分析可知,其他的无摩擦准静态过程也都是可逆过程.

对于非准静态过程,由于在过程进行的每一瞬间,系统没有确定的状态参量,在反过程中自然无法重现原过程经过的状态并消除原过程造成的影响,所以非准静态过程是不可逆过程.

对于有摩擦的准静态过程,由于在正过程中,系统需要克服摩擦阻力作功,这些功转化为热量,其中的一部分由系统吸收,另一部分释放给外界,而在其反过程中,系统仍要克服摩擦阻力作功,这些功也转化为热量,其中一部分由系统吸收,另一部分仍释放给外界,这就是说,在正反两过程中都克服摩擦阻力作功,其对系统和外界造成的影响都无法恢复,所以有摩擦的准静态过程是不可逆过程.

对于气体向真空的自由膨胀过程,在 i→f 的自由膨胀过程中,系统从外界吸收的热量 $Q=0$,外界对系统作的功 $W=0$,系统内能的改变 $\Delta U=0$. 但在 f→i 的过程中,系统不可能自动收缩到原来的状态,即一定有 $W\neq0$,$Q\neq0$. 更何况自由膨胀过程进行得很快,不可能任一时刻都有确定的状态参量,在压缩的过程中自然无法重复、并消除正过程对系统及外界造成的影响. 所以,气体向真空的自由膨胀过程是不可逆过程. 由于自由膨胀过程中存在压强不均匀性,因此压强不均匀的过程是不可逆过程.

同理可知,热传导过程、燃烧过程、扩散过程等都是不可逆过程. 也就是说,存在热学不平衡、化学不平衡、相不平衡等的过程都是不可逆过程.

综上所述,区分可逆过程与不可逆过程的判据不仅在于反过程能否发生,还在于反过程能否消除正过程对系统和外界造成的影响,使系统和外界都恢复到原来的状态. 上述具体的讨论表明,只有无耗散的准静态过程才是可逆过程,非准静态过程、有耗散的过程、有相不平衡的过程等都是不可逆过程. 其他的,如爆炸过程、生命过程等也都是不可逆过程. 由此可见,一切实际过程都是不可逆过程. 而可逆过程只是理想化的过程或实际过程的近似,并且只是在不涉及过程进行方向的问题中,才可以把实际过程当作可逆过程来处理;而一旦涉及过程进行方向的问题,则应严格区分可逆过程与不可逆过程.

5.2 热力学第二定律的两种语言表述

· 热力学第二定律的克劳修斯表述
· 热力学第二定律的开尔文表述
· 克劳修斯表述与开尔文表述的等价性

4.5 节的讨论得出,工作在一个高温热源和一个低温热源之间的卡诺热机的效率为

$$\eta = 1 - \frac{Q_2'}{Q_1}.$$

卡诺逆循环致冷机的致冷系数为

$$\varepsilon = \frac{Q_2}{Q_1' - Q_2}.$$

很显然,当 $Q_2' = 0$ 时,$W' = Q_1$,$\eta = 100\%$,即工作物质从单一热源吸收热量而对外作功,可获得 100% 的热机效率. 另一方面,当 $Q_2 = Q_1'$ 时,$W = 0$,$\varepsilon = \infty$,即不需要外界作功,热量可以自动由低温物体传到高温物体时,可得到无穷大的致冷系数. 从热力学第一定律的层次上看,这些都是可能的. 但是否能真正实现呢? 答案是否定的. 这些问题的解决导致了热力学第二定律(second law of thermodynamics)的提出. 从原始表述来看,热力学第二定律有以下两种语言表述形式.

● **热力学第二定律的克劳修斯表述**

致冷机的循环是从低温热源吸热而向高温热源放热. 在该热量传输过程中一定有外界作功,如果没有外界作功,这一传输是不可能的. 根据这些事实,克劳修斯(R. J. E. Clausius)于 1850 年指出,不可能使热量从低温物体自发地传递到高温物体而不产生任何其他影响. 这就是热力学第二定律的克劳修斯表述. 很显然,该规律指明了自发进行的热量传输的方向. 对于致冷机的工作循环,表面上看,它是把热量从低温热源传到了高温热源,但它是由于有外界作功这一

"其他影响"而实现的.

• 热力学第二定律的开尔文表述

对于热量与功之间的转换,热力学第一定律表明,功可以自发地无条件地全部转化为热量,而对于热量转化为功的问题,大量事实都说明,热量转化为功是有条件的,并且转化效率是有限制的,前述的从单一热源吸收热量全部转化为功以得到 100% 的热功转换效率是不可能的. 于是,开尔文于 1851 年指出,不可能从单一热源吸收热量使之完全转化为有用功而不产生其他影响. 这就是热力学第二定律的开尔文表述. 从单一热源吸收热量而全部转化为有用功的机械称为第二类永动机,所以热力学第二定律的开尔文表述又可以表示为:第二类永动机是不可能造成的.

• 克劳修斯表述与开尔文表述的等价性

乍看起来,开尔文表述说明了自发的功热转换过程的不可逆性,克劳修斯表述揭示了自发的热量传递过程的不可逆性,二者毫不相关,都作为热力学第二定律的表述似乎牵强,容易使人们对热力学第二定律的正确性产生怀疑.因此,需要证明开尔文表述与克劳修斯表述完全等价. 按照逻辑学原理,两种表述完全等价意味着一种表述正确另一种表述也必然正确,一种表述错误则另一种表述也必然错误. 由此可知,对开尔文表述和克劳修斯表述,只要违背其一种表述,则另一种表述也就不正确. 下面我们证明开尔文表述与克劳修斯表述的等价性.

假设克劳修斯表述不正确,即热量 Q 可以通过某种方式由低温热源 T_2 处传递到高温热源 T_1 处而不产生其他任何影响,如图 5-2(a) 所示,那么可以设计一卡诺热机工作于上述高温热源 T_1 和低温热源 T_2 之间,并在高温热源 T_1 处吸收热量 Q_1,在低温热源 T_2 处放出热量 Q,同时对外作功 W',如图 5-2(b) 所示. (a) 和 (b) 两部分联合工作的总效果是低温热源不发生变化,高温热源放出热量 Q_1-Q,热机对外作功 $W'=Q_1-Q$,也就是说,可以图示为图 5-2(c) 所示的情形,即有卡诺热机从高温热源 T_1 处吸收热量 Q_1-Q 全部转化为有用的功而不引起其他任何影响.这显然与开尔文表述相抵触.由于上述卡诺热机是可以实现的,那么该论证表明,如果克劳修斯表述不正确,则开尔文表述也一定不正确,说明克劳修斯表述不正确的假设不成立.由前述的逻辑学的反证法原理知,这样由开尔文表述推出了克劳修斯表述.

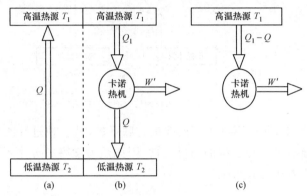

图 5-2　可违背克劳修斯表述而运行的装置的工作效果

　　下面再证明由克劳修斯表述可以推导出开尔文表述.与前述相同,利用反证法就应该有:如果开尔文表述不正确,则克劳修斯表述也不正确.为此,假设开尔文表述不对,即可以从单一热源吸收热量 Q、并完全转化为有用的功 W'、而不引起其他任何影响,如图 5-3(a) 所示,利用其输出的功 W' 驱动致冷机工作,从低温热源 T_2 吸收热量 Q_2,在高温热源 T_1 处放出热量 Q_1',如图 5-3(b) 所示.显然,由热力学第一定律可得 $Q_1' = Q_2 + W' = Q_2 + Q$.那么,图 5-3(a) 与 (b) 联合工作的总体效果就如图 5-3(c) 所示:热量 $Q_2 = Q_1' - Q$ 自动地由低温热源 T_2 传递到高温热源 T_1,而未引起其他任何变化.这说明,如果开尔文表述不正确,则克劳修斯表述也一定不正确,从而由克劳修斯表述推导出了开尔文表述.

　　综合上述两方面的论证,由克劳修斯表述可以推导出开尔文表述,由开尔文表述也可以推导出克劳修斯表述.所以开尔文表述与克劳修斯表述完全等价.这就是说,由功热转换的不可逆性可以导出热传导的不可逆性,由热传导的不可逆性也可以导出功热转换的不可

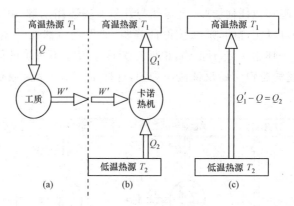

图 5-3   可违背开尔文表述而运行的装置的工作效果

逆性. 事实上, 所有不可逆过程都是有联系的, 从一种过程的不可逆性可以导出另一种过程的不可逆性, 因此热力学第二定律还可以用语言表述为其他形式.

5.3   热力学第二定律的数学表述和熵增加原理

· 克劳修斯不等式   · 熵变的计算
· 态函数——熵   · 熵增加原理

● 克劳修斯不等式

将热力学第二定律用语言表述, 应用起来并不方便, 因此需要发展具有高度概括性的数学表述形式.

通过系统深入的研究证明, 克劳修斯于 1854 年指出, 对于热力学系统经历的任意循环过程, 吸收的热量与相应热源的温度 T 的比值沿循环回路的积分都满足关系

$$\oint \frac{\mathrm{d}Q}{T} \leqslant 0, \tag{5.1}$$

其中等号适用于可逆循环过程, 不等号适用于不可逆循环过程. 上述关系常被称为克劳修斯不等式, 并且, 人们常把克劳修斯不等式认为是热力学第二定律的一种数学表述形式.

• 态函数——熵

对于由某一状态开始的循环过程，可以认为是以该状态为初态 i，以循环过程中所经历的某一状态为末态 f，以 i→f 的过程 I 和 f→i 的过程 II 组合而成，如图 5-4 所示，则(5.1)式可以改写为

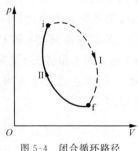

图 5-4　闭合循环路径

$$\oint \frac{\mathrm{d}Q}{T} = \int_{i \atop (I)}^{f} \frac{\mathrm{d}Q}{T} + \int_{f \atop (II)}^{i} \frac{\mathrm{d}Q}{T} \leqslant 0,$$

于是有

$$\int_{i \atop (I)}^{f} \frac{\mathrm{d}Q}{T} \leqslant \int_{i \atop (II)}^{f} \frac{\mathrm{d}Q}{T}.$$

如果路径 I 和 II 都是可逆的，则上述循环为可逆循环，那么由克劳修斯等式知

$$\int_{i \atop (R\,I)}^{f} \frac{\mathrm{d}Q}{T} = \int_{i \atop (R\,II)}^{f} \frac{\mathrm{d}Q}{T},$$

其中 R 表示可逆路径. 这表明，对连接初态 i 和末态 f 的所有可逆过程，吸收热量与温度的比值的积分与路径无关，由数学原理知，必然存在只与状态有关的函数 S 使得

$$\int_{i \atop (R\,I)}^{f} \frac{\mathrm{d}Q}{T} = \int_{i \atop (R\,II)}^{f} \frac{\mathrm{d}Q}{T} = S_f - S_i.$$

这一相应于可逆过程热量与温度的比值的积分的函数称为熵(entropy). 显然，熵的单位是 J/K.

熵是态函数，一个状态的熵的数值的确定依赖于参考点的选取. 但是，一个可逆过程引起的系统的熵变是唯一确定的，具体地，熵变由可逆过程中系统吸收的热量和相应温度的比值(简称热温比)的积分表示为

$$S_f - S_i = \int_{i \atop (R)}^{f} \frac{\mathrm{d}Q}{T}, \tag{5.2}$$

对无穷小过程，则有

$$\mathrm{d}S = \left(\frac{\mathrm{d}Q}{T}\right)_R. \tag{5.3}$$

由于这样的熵是由克劳修斯从宏观上引入的,因此常称之为克劳修斯熵,也有人称之为宏观熵.在这里,熵是从宏观上引入的,虽然无法说明其微观意义,但可以确定熵具有重要性质:熵是系统的态函数.

对于联系初态 i 和末态 f 的不可逆过程,如图 5-4 中的虚线 I 所示,在末态 f 和初态 i 之间连接一可逆过程,如图 5-4 中的实线 II 所示,则不可逆过程 I 和可逆过程 II 组成一不可逆循环,由克劳修斯不等式可知

$$\int_{i \atop (\mathrm{IR})}^{f} \frac{\mathrm{d}Q}{T} + \int_{f \atop (R)}^{i} \frac{\mathrm{d}Q}{T} < 0,$$

其中 R 表示可逆路径,IR 表示不可逆路径.也就是

$$\int_{i \atop (\mathrm{IR})}^{f} \frac{\mathrm{d}Q}{T} < \int_{i \atop (R)}^{f} \frac{\mathrm{d}Q}{T}.$$

将(5.2)式代入上式,则得

$$\int_{i \atop (\mathrm{IR})}^{f} \frac{\mathrm{d}Q}{T} < S_f - S_i. \tag{5.4}$$

综合考虑(5.4)式和(5.2)式可知,对任一由 i 到 f 的过程,系统吸收的热量与系统温度的比值的积分与两状态间的熵变满足关系

$$\int_{i}^{f} \frac{\mathrm{d}Q}{T} \leqslant S_f - S_i, \tag{5.5}$$

其中等号适用于可逆过程,不等号适用于不可逆过程.并且,对无穷小元过程,有

$$\mathrm{d}S \geqslant \frac{\mathrm{d}Q}{T}. \tag{5.6}$$

(5.5)式和(5.6)式分别称为热力学第二定律的数学表述的积分形式和微分形式.

- **熵变的计算**

如前所述,熵变是通过可逆过程定义的,那么,一个可逆过程引起的系统的熵变可以通过热温比沿该可逆路径的积分直接计算,而不可逆过程引起的系统的熵变不能由热温比沿其路径的积分直接计算,但是我们可以设计一个初、末态与不可逆过程的初、末态分别相同的可逆过程,通过计算该可逆过程中的熵变,由熵是态函数的性质确定该

不可逆过程联系的系统的状态间的熵变,也可以先计算出熵的原函数形式,再根据其态函数性质确定不可逆过程联系的系统的末态和初态间的熵变. 总之,确定可逆过程中的熵变是熵变计算的基础和关键.

由熵变的定义可知,从状态 i 经可逆路径 R 到达状态 f 的过程中,系统的熵的改变为

$$\Delta S = S_f - S_i = \int_{\substack{i \\ (R)}}^{f} \frac{\mathrm{d}Q}{T}.$$

根据熵是态函数的性质,$p\text{-}V\text{-}T$ 系统的熵可以表示为 $S(T,V)$ 或 $S(T,p)$,如果 $\mathrm{d}Q$ 可以表示为仅是温度 T 的函数,如 $\mathrm{d}Q = C(T)\mathrm{d}T$,则可直接积分求得熵变,如果 $\mathrm{d}Q$ 不仅是温度的函数,则应代入热力学第一定律 $\mathrm{d}Q = \mathrm{d}U - \mathrm{d}W = \mathrm{d}U + p\mathrm{d}V = \left(\dfrac{\partial U}{\partial T}\right)_V \mathrm{d}T + \left[\left(\dfrac{\partial U}{\partial V}\right)_T + p\right]\mathrm{d}V$ 和内能与系统状态方程间的关系. 可以证明(根据本章第六节介绍的热力学基本方程及在其基础上建立的微分关系),对以 T, V 为状态参量的系统($S = S(T,V)$)

$$\Delta S = S_f - S_i = \int_{\substack{i \\ (R)}}^{f} \frac{C_V}{T}\mathrm{d}T + \int_{\substack{i \\ (R)}}^{f} \left(\frac{\partial p}{\partial T}\right)_V \mathrm{d}V, \tag{5.7}$$

其中 C_V 为系统的定体热容,$p = p(T,V)$ 为系统的状态方程. 对于以 T, p 为状态参量的可逆过程,则应考虑焓与状态方程的关系,可以证明(根据本章第六节介绍的热力学基本方程及在其基础上建立的微分关系),系统的熵变为

$$\Delta S = S_f - S_i = \int_{\substack{i \\ (R)}}^{f} \frac{C_p}{T}\mathrm{d}T - \int_{\substack{i \\ (R)}}^{f} \left(\frac{\partial V}{\partial T}\right)_p \mathrm{d}p, \tag{5.8}$$

其中 C_p 为系统的定压热容,$V = V(T,p)$ 为系统的状态方程. 下面简要讨论一些简单系统及常见过程中的熵变.

(1) 纯理想气体系统的熵及其在可逆过程中的变化

理想气体系统是典型的 $p\text{-}V\text{-}T$ 系统,若以 T 和 V 为状态参量,则其状态方程为

$$p = \frac{\nu R T}{V},$$

其中 ν 为系统的物质的量,那么

$$\left(\frac{\partial p}{\partial T}\right)_V = \frac{\nu R}{V}.$$

代入(5.7)式则得,单一组分的理想气体系统由初态(T_i,V_i)经可逆过程到达末态(T_f,V_f)的过程中熵的变化为

$$\Delta S = \int_{T_i}^{T_f} \frac{C_V}{T}\mathrm{d}T + \nu R \int_{V_i}^{V_f} \frac{\mathrm{d}V}{V}. \tag{5.9}$$

如果以(T_0,V_0)状态为参考点,并假设其熵为S_0,则(T,V)状态的熵可以表示为

$$S(T,V) = \int_{T_0}^{T} C_V\, \frac{\mathrm{d}T}{T} + \nu R\, \ln\frac{V}{V_0} + S_0. \tag{5.10a}$$

如果在一定的温区内系统的定体热容C_V可近似为常量,则

$$S(T,V) = C_V \ln\frac{T}{T_0} + \nu R\, \ln\frac{V}{V_0} + S_0$$

$$= C_V \ln T + \nu R \ln V + S_0'. \tag{5.10b}$$

如果以T,p为状态参量,则由状态方程

$$V = \frac{\nu R T}{p},$$

可知

$$\left(\frac{\partial V}{\partial T}\right)_p = \frac{\nu R}{p},$$

代入(5.8)式可得,由初态(T_i,p_i)经可逆路径到达末态(T_f,p_f)的过程中,理想气体系统的熵的改变

$$\Delta S = \int_{T_i}^{T_f} \frac{C_p}{T}\mathrm{d}T - \nu R\, \ln\frac{p_f}{p_i}. \tag{5.11}$$

若取(T_0,p_0)状态为参考点,则(T,p)状态的熵可以表示为

$$S(T,p) = \int_{T_0}^{T} C_p\, \frac{\mathrm{d}T}{T} - \nu R\, \ln\frac{p}{p_0} + S_0, \tag{5.12a}$$

在定压热容C_p可近似为常量的温区内,则有

$$S(T,p) = C_p \ln T - \nu R \ln p + S_0', \tag{5.12b}$$

很显然,对可逆等温过程

$$\Delta S_T = \nu R\, \ln\frac{V_f}{V_i} = -\nu R\, \ln\frac{p_f}{p_i}.$$

这表明,等温膨胀过程$(V_f > V_i, p_f < p_i)$中,$\Delta S_T > 0$;等温压缩过程$(V_f < V_i, p_f > p_i)$中,$\Delta S_T < 0$.

对可逆等体过程

$$\Delta S_V = C_V \ln \frac{T_f}{T_i}.$$

即,在等体加热过程($T_f > T_i, p_f > p_i$)中,$\Delta S_V > 0$;在等体降温过程($T_f < T_i, p_f < p_i$)中,$\Delta S_V < 0$.

对可逆等压过程

$$\Delta S_p = C_p \ln \frac{T_f}{T_i}.$$

如果等压膨胀($V_f > V_i, T_f > T_i$),则 $\Delta S_p > 0$;如果等压压缩($V_f < V_i, T_f < T_i$),则 $\Delta S_p < 0$.

对可逆绝热过程,因 $đQ \equiv 0$,则由定义知 $\Delta S_a = 0$.

对可逆多方过程

$$\Delta S_n = C_V \ln \frac{T_f}{T_i} + \nu R \ln \frac{V_f}{V_i} = C_n \ln \frac{T_f}{T_i},$$

在 $C_n > 0$ 的情况下,如果 $T_f > T_i$,则 $\Delta S_n > 0$;如果 $T_f < T_i$,则 $\Delta S_n < 0$. 在 $C_n < 0$ 情况下,如果 $T_f > T_i$,则 $\Delta S_n < 0$;如果 $T_f < T_i$,则 $\Delta S_n > 0$.

(2) 物态(物相)变化过程中的熵变

从状态参量的变化规律来看,物态变化过程是相变过程,其典型特征是温度恒定、压强恒定,但通常需要吸收或放出热量才能实现相的变化,例如熔解过程中系统放出热量(称为熔解热)Q_s、汽化过程中系统需要吸收热量(称为汽化热)Q_b. 记相变过程中系统吸收或放出的热量为 Q_{pt},则相变过程中熵的变化为

$$\Delta S_{pt} = \int_i^f \frac{đQ}{T} = \frac{Q_{pt}}{T}. \tag{5.13}$$

例如,经摩擦使冰变为水,$Q_{pt} > 0, \Delta S > 0$. 对由极低温度经过固相→液相→气相的相变,达到室温 T 下气相的整个过程中系统的熵变为

$$\Delta S = \int_0^{T_s} \frac{C_p^{(s)}}{T} dT + \frac{Q_s}{T_s} + \int_{T_s}^{T_b} \frac{C_p^{(l)}}{T} dT$$

$$+ \frac{Q_b}{T_b} + \int_{T_b}^{T} \frac{C_p^{(g)}}{T} dT, \tag{5.14}$$

其中 T_s,T_b 分别为所讨论物质的熔点、沸点温度,$C_p^{(s)}$,$C_p^{(l)}$,$C_p^{(g)}$ 分别为物质处于固相、液相、气相的热容.

（3）化学反应过程中的熵变

对化学物质通常都有标准规定熵 $S^{\ominus}$,所谓标准规定熵就是以 1.01325×10^5 Pa 的压强下温度 $T \to 0$ 时的稳定凝聚态为参考点而确定的其他状态的熵值. 由标准规定熵分别为 $S_j^{\ominus}$ 的反应物到标准规定熵分别为 $S_k^{\ominus}$ 的生成物的化学反应过程的熵变则可表示为

$$\Delta S^{\ominus} = S_f^{\ominus} - S_i^{\ominus} = \sum_k S_k^{\ominus} - \sum_j S_j^{\ominus}. \tag{5.15}$$

下面具体讨论一些实例.

例题 1 热容量分别为常量 C_1,C_2,温度分别为 T_1,T_2 的两个物体通过热接触而达到共同的温度 T,试求该过程中两物体构成的系统的熵的变化.

解 由于题设过程中仅两物体有热接触,而与外界无关,则两物体形成的系统为孤立系统. 对该两物体,假设 $T_1 > T_2$,则由能量守恒可得

$$C_1(T_1 - T) = C_2(T - T_2),$$

$$T = \frac{C_1 T_1 + C_2 T_2}{C_1 + C_2}.$$

由于通过热接触使两个物体改变温度而最后达到同一个温度的过程为热传导过程,是不可逆的,但对该两物体经过的任意一个温度由 $T_i'(i=1,2)$ 改变 $\mathrm{d}T_i'$ 的元过程,可以设计一个与所讨论物体 i 的状态、状态改变及热容量等都分别相同的可逆过程,则由熵是态函数的性质知,该元过程中物体 i 的熵变为

$$\mathrm{d}S_i = \frac{C_i \mathrm{d}T_i'}{T_i'} \quad (i = 1, 2),$$

那么,整个系统的熵变为

$$\mathrm{d}S = \mathrm{d}S_1 + \mathrm{d}S_2 = C_1 \frac{\mathrm{d}T_1'}{T_1'} + C_2 \frac{\mathrm{d}T_2'}{T_2'},$$

积分,则得

$$\Delta S = \int_{T_1}^{T} C_1 \frac{\mathrm{d}T_1'}{T_1'} + \int_{T_2}^{T} C_2 \frac{\mathrm{d}T_2'}{T_2'}$$

$$= C_1 \ln \frac{T}{T_1} + C_2 \ln \frac{T}{T_2}.$$

将 $T = \dfrac{C_1 T_1 + C_2 T_2}{C_1 + C_2}$ 代入,则有该热传导过程中两物体构成的系统的熵的变化为

$$\Delta S = C_1 \ln\left[\frac{C_1 T_1 + C_2 T_2}{(C_1 + C_2) T_1}\right] + C_2 \ln\left[\frac{C_1 T_1 + C_2 T_2}{(C_1 + C_2) T_2}\right].$$

考察计算过程我们知道,因为热传导过程中能量守恒,即

$$C_1 \mathrm{d}T_1' = -C_2 \mathrm{d}T_2',$$

并且 $T_1' > T_2'$,则

$$\mathrm{d}S = \frac{C_1 \mathrm{d}T_1'}{T_1'} + \frac{C_2 \mathrm{d}T_2'}{T_2'} = C_2 \mathrm{d}T_2'\left[\frac{1}{T_2'} - \frac{1}{T_1'}\right] > 0,$$

这就是说,对每一个元过程,系统的熵变都大于 0,所以整个过程的熵变大于 0.

例题 2　$\nu[\mathrm{mol}]$ 单一组分的理想气体由初态 i 自由膨胀到末态 f,设该自由膨胀过程的膨胀比为 $n(n>1)$,试确定该过程中理想气体系统的熵变.

解　状态为 (p, V, T) 的 $\nu[\mathrm{mol}]$ 理想气体的熵可以表示为

$$S(T, V) = C_V \ln T + \nu R \ln V + S_0,$$

或

$$S(T, p) = C_p \ln T - \nu R \ln p + S_0,$$

若以 T, V 为状态参量,则由熵是态函数的性质知,在状态 (p_i, V_i, T_i) 到状态 (p_f, V_f, T_f) 的过程中,系统的熵变为

$$\Delta S = S(T_f, V_f) - S(T_i, V_i) = C_V \ln \frac{T_f}{T_i} + \nu R \ln \frac{V_f}{V_i}.$$

对膨胀比为 n 的自由膨胀过程 $T_f = T_i$,$V_f = nV_i$,则

$$\Delta S = C_V \ln \frac{T_f}{T_i} + \nu R \ln \frac{V_f}{V_i} = C_V \ln 1 + \nu R \ln n = \nu R \ln n.$$

若以 T, P 为状态参量,考虑到 $T_f = T_i$,$p_f = p_i/n$,则也可得到

$$\Delta S = \nu R \ln n.$$

这表明,不论以何种状态参量表示熵,在膨胀比为 n 的自由膨胀过程中的熵变都是 $\Delta S = \nu R \ln n$. 因为膨胀比 $n>1$,所以自由膨胀过程中的熵变恒大于 0.

例题 3　物质的量分别为 ν_j 的 n 种理想气体在温度为 T、压强为 p 的情况下混合成体积为 V、物质的量为 ν 的混合气体,试确定该过程引起的熵的变化.

解　在混合气体中第 j 种理想气体的摩尔分数为 $c_j = \nu_j/\nu$,并且 $\sum\limits_{j=1}^{n} c_j = 1$. 由理想气体状态方程知,混合前第 j 种理想气体的体积为 $V_j = c_j V$,压强都为 p;混合后第 j 种理想气体的压强为 $p_j = c_j p$,体积都为 V. 那么,若以 T,V 为状态参量,则混合前,系统的熵可表示为

$$S_i(T,V) = \sum_{j=1}^{n} \int_{T_0}^{T} C_{V,j}\, \frac{\mathrm{d}T}{T} + \sum_{j=1}^{n} \nu_j R\, \ln V_j + S_0$$

$$= \int_{T_0}^{T} C_V\, \frac{\mathrm{d}T}{T} + \nu R \sum_{j=1}^{n} c_j\, \ln V_j + S_0,$$

其中 $C_{V,j}$ 为第 j 种理想气体的定体热容, C_V 为这 n 种理想气体作为整体的定体热容. S_0 为参考点 (p_0, V_0, T_0) 的熵.

若以 T,p 为状态参量,则有

$$S_i(T,p) = \sum_{j=1}^{n} \int_{T_0}^{T} C_{p,j}\, \frac{\mathrm{d}T}{T} - \sum_{j=1}^{n} \nu_j R\, \ln p + S_0$$

$$= \int_{T_0}^{T} C_p\, \frac{\mathrm{d}T}{T} - \nu R\, \ln p + S_0,$$

其中 $C_p = \sum\limits_{j=1}^{n} C_{p,j}$, $C_{p,j}$ 为第 j 种理想气体的定压热容.

混合以后,混合气体系统的熵为

$$S_f(T,V) = \int_{T_0}^{T} C_V\, \frac{\mathrm{d}T}{T} + \nu R\, \ln V + S_0,$$

或　　　　$$S_f = (T,p) = \int_{T_0}^{T} C_p\, \frac{\mathrm{d}T}{T} - \nu R \sum_{j=1}^{n} c_j\, \ln p_j + S_0,$$

那么,混合过程引起的熵变(严格地,应该是混合之后与混合之前系统的熵的差值)为

$$\Delta S_m(T,V) = S_f(T,V) - S_i(T,V) = \nu R\left[\ln V - \sum_{j=1}^{n} c_j\, \ln V_j\right].$$

考虑 $\sum_{j=1}^{n} c_j = 1$，则

$$\Delta S_{\mathrm{m}}(T,V) = \nu R \left[\ln V \sum_{j=1}^{n} c_j - \sum_{j=1}^{n} c_j \ln V_j \right]$$

$$= \nu R \sum_{j=1}^{n} c_j [\ln V - \ln V_j] = \nu R \sum_{j=1}^{n} c_j \ln \frac{V}{V_j}$$

$$= -\nu R \sum_{j=1}^{n} c_j \ln c_j.$$

以 (T,P) 为状态参量，则有

$$\Delta S_{\mathrm{m}}(T,p) = S_{\mathrm{f}}(T,p) - S_{\mathrm{i}}(T,p)$$

$$= -\nu R \sum_{j=1}^{n} c_j \ln \frac{p_j}{p} = -\nu R \sum_{j=1}^{n} c_j \ln c_j.$$

故无论以 T,V 为状态参量，还是以 T,p 为状态参量，混合过程引起的熵变均为 $-\nu R \sum_{j=1}^{n} c_j \ln c_j$. 因为摩尔分数 $c_j < 1$，则 $\ln c_j < 0$，所以总有混合熵变 $\Delta S_{\mathrm{m}} > 0$.

- **熵增加原理**

由上小节熵变计算实例的结果可知，理想气体在等体、等压、等温及多方过程中的熵变都与状态参量的变化有关，既可大于 0，也可小于 0，但在绝热过程中理想气体的熵变却恒为 0. 而对于其他绝热过程，如气体混合过程（也就是扩散过程）、热传导过程等，熵变 ΔS 总是大于 0.

一般地，由热力学第二定律的数学表述 (5.4) 式可知，在沿任意路径 L 由初态 i 到末态 f 的过程中，系统的熵变为

$$\Delta S = S_{\mathrm{f}} - S_{\mathrm{i}} \geqslant \int_{\substack{\mathrm{i} \\ (L)}}^{\mathrm{f}} \frac{\mathrm{d}Q}{T}.$$

由于在任意过程中，$\mathrm{d}Q$ 可能大于零，也可能小于零，所以 ΔS 既可能大于零，也可能小于零. 另一方面，上述任意过程自然包括绝热过程，那么将上述关系应用于绝热过程，则有

$$\Delta S_{\mathrm{ad}} \geqslant \int_{\substack{\mathrm{i} \\ (\mathrm{ad})}}^{\mathrm{f}} \frac{\mathrm{d}Q}{T},$$

其中等号适用于可逆过程,不等号适用于不可逆过程.因为在绝热过程中 $dQ \equiv 0$,则 $\int_{i(ad)}^{f} \frac{dQ}{T} \equiv 0$. 于是,对任意的绝热过程都有

$$\Delta S_{ad} \geqslant 0, \tag{5.16}$$

其中等号适用于可逆过程,不等号适用于不可逆过程.

综合上述实例计算结果和一般讨论,可以得出结论:当热力学系统从一个平衡态经绝热过程到达另一个平衡态时,它的熵永不减少;如果过程是可逆的,则其熵不变;如果过程是不可逆的,则其熵增加.这一结论称为熵增加原理.(5.16)式就是熵增加原理的数学表述.

回顾熵增加原理的导出过程可知,熵增加原理仅适用于绝热过程,而不适用于其他过程.由关于热力学系统的分类知,孤立系统无法与外界交换能量,即其中发生的过程为绝热过程,因此熵增加原理只适用于孤立系统,而不适用于开放系统.由于熵增加原理表明,不可逆绝热过程总是向着熵增加的方向进行,可逆绝热过程总是沿着保持熵不变的方向进行.那么,通过实际计算可能的绝热过程中熵的改变量 ΔS_{ad},就可以判定孤立系统中的绝热过程是否可逆.由此可知,熵增加原理可以作为孤立系统中绝热过程自发进行方向的判据.

5.4   熵及热力学第二定律的统计意义

· 微观熵——玻尔兹曼熵
· 劳克修斯熵与玻尔兹曼熵的关系
· 熵及热力学第二定律的统计意义
· 熵与信息

● **微观熵——玻尔兹曼熵**

宏观上,在克劳修斯不等式的基础上引入了一个态函数——熵,称为克劳修斯熵,或热力学熵,或宏观熵,记为 S_c.根据熵是态函数的性质,热力学熵仅可在其改变量上严格确定,并且两状态 i 和 f 间熵的变化等于连接状态 i 和 f 的任意一个可逆过程中系统吸收的热量与相应状态温度的比值的积分,即

$$\Delta S_C = S_{Cf} - S_{Ci} = \int_{\substack{i \\ (R)}}^{f} \frac{\mathrm{d}Q}{T}.$$

熵还有一个基本性质——熵增加原理. 然而,仅在这样的宏观层次上,其微观意义和统计解释并不清楚. 为解决这些问题,需要先在微观上引入熵的概念.

考察热力学中的重要物理量,如:温度、压强、体积、内能、热量、焓和热力学熵等可知,这些物理量可以分为两类,一类是强度量,另一类是广延量. 强度量不因物质量的变化而变化. 而广延量却与物质的量有关,并且是简单相加的关系. 例如,将两个具有相同状态参量的系统 A 和 B 连接起来,形成一个大系统 $A+B$,则有

$$T_{A+B} = T_A = T_B, \qquad p_{A+B} = p_A = p_B,$$

而

$$V_{A+B} = V_A + V_B, \quad U_{A+B} = U_A + U_B, \quad S_{C(A+B)} = S_{CA} + S_{CB},$$

这说明温度和压强是强度量,体积、内能、熵等是广延量.

从微观上讲,热力学系统的微观状态的数目 Ω 是最重要的物理量之一. 那么,可以设想通过微观态数目 Ω 从微观上引入熵的概念. 由于对两个系统 A,B 和由它们形成的大系统 $A+B$,其微观态数目之间的关系是

$$\Omega_{A+B} = \Omega_A \Omega_B,$$

即微观态数目既不是强度量,也不是广延量,因此,不能由其自身及其幂函数从微观上定义广延量熵. 另一方面,由于

$$\ln \Omega_{A+B} = \ln(\Omega_A \Omega_B) = \ln \Omega_A + \ln \Omega_B,$$

即 $\ln \Omega$ 是广延量,并且 $\ln \Omega$ 与 Ω 有相同的单调性质,那么用 $\ln \Omega$ 既可以描述 Ω 的性质又可以与其他热力学量相对应. 因此,可以定义

$$S = k \ln \Omega, \tag{5.17}$$

来描述热力学系统的微观熵及其性质. 很显然,如果比例系数 k 的单位为 J/K,这样定义的函数 S 具有与克劳修斯熵相同的量纲. 由于这样的熵是由玻尔兹曼引入的,因此常称之为玻尔兹曼熵或微观熵,记为 S_B.

● **克劳修斯熵与玻尔兹曼熵的关系**

通过考虑微观态数目与微观态按能量分布的规律可以证明,当

玻尔兹曼熵的定义(5.17)式中的比例系数 k 为玻尔兹曼常量 k_B 时,玻尔兹曼熵与克劳修斯熵完全等价,即

$$dS_B = dS_C, \qquad S_B = S_C. \tag{5.18}$$

例如孤立系统的自由膨胀过程,设系统的初态 i 和末态 f 包含的微观态数目分别是 Ω_i 和 Ω_f,由(5.17)式知,在 i→f 的过程中玻尔兹曼熵的变化为

$$\Delta S_B = S_{Bf} - S_{Bi} = k_B \ln \frac{\Omega_f}{\Omega_i}. \tag{5.19}$$

以膨胀比 $V_f/V_i = 2$ 的自由膨胀的理想气体系统为例,对一个分子,膨胀后它在整个容器中的概率为 1,而在左右两半(膨胀前气体所处区域)的概率都是 1/2,即有两个微观状态. 第二个分子单独存在的概率分布也和前述分子的分布完全一样,也有两个微观态. 那么,当两个分子同时存在时,它们在整个容器中的概率为 1,两个都在左边或都在右边的概率都是 1/4,左右两边中各有一个分子的概率为 1/2,也就是说,共有 4 个微观状态,如图 5-5 所示. 对有三个分子的情

图 5-5 两分子经膨胀比为 2 的自由膨胀后在容器中分布的微观状态

况,很显然,第三个分子单独存在的情况与前两个也完全相同. 而三个分子整体的分布共有 8 种情况,即有 8 个微观态,如图 5-6 所示,那么三个分子都在左边或都在右边的概率为 1/8. 依次类推,系统中有 $N = \nu N_A$(其中 ν 为物质的量)个分子时,每个分子单独处于左边或右边的概率都是 1/2,总的可能的微观态数目为 $\Omega_f = 2^N$,所有分子都在左边或右边的概率为 $1/2^N$. 而在自由膨胀之前,所有分子

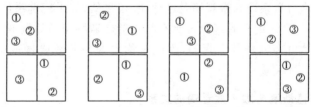

图 5-6 三个分子在膨胀比为 2 的自由膨胀后在容器中分布的微观状态

都在左边或右边(取决于原来气体在左边部分还是右边部分)的概率为 1 或 0,即膨胀前的微观状态数为 $\Omega_i = 1$. 那么,在该自由膨胀过程中,理想气体系统的玻尔兹曼熵的变化为

$$\Delta S_B = S_{Bf} - S_{Bi} = k_B \ln \frac{\Omega_f}{\Omega_i} = k_B N \ln 2$$

$$= k_B \nu N_A \ln 2 = \nu R \ln 2. \tag{5.20}$$

利用 5.3 节例题 2 的结果,$\nu [\text{mol}]$ 理想气体在膨胀比为 2 的自由膨胀过程中,克劳修斯熵的变化为

$$\Delta S_C = \nu R \ln 2.$$

与(5.20)式比较知,对自由膨胀过程

$$\Delta S_C = \Delta S_B.$$

采用类似的方法可以证明,在所有的可逆热力学过程中,克劳修斯熵的变化与玻尔兹曼熵的变化完全相同. 也就是说,克劳修斯熵与玻尔兹曼熵等价.

• 熵及热力学第二定律的统计意义

由克劳修斯熵与玻尔兹曼熵完全等价,即

$$S = S_B = k_B \ln \Omega$$

可知,热力学系统的熵与系统的微观状态数目一一对应,而微观状态数目是系统无序程度的标志,微观态数目 Ω 小意味着无序程度低,微观状态数目多说明无序程度高,所以熵是宏观的热力学状态对应的微观状态数目多少(即无序程度)的度量,也就是宏观态出现概率大小的标志. 熵高说明系统包含的微观态数目多,也就是混乱、分散,即无序程度高,相应宏观态出现的概率大;熵低意味着系统包含的微观态数目少,也就是整齐、集中,即无序程度低,相应宏观态出现的概率小. 例如,对气体的自由膨胀过程,膨胀前气体分子活动于较小的区间内,微观态数目较少,从而系统的熵较小;膨胀后气体分子活动范围增大,微观态数目增多,所以系统的熵较大. 气体在自由膨胀过程中熵增加正是这一规律的表现. 又例如,一种气体分解成两种气体使得系统的分子数增多,变得分散;两种气体化合成一种气体使系统的分子数减少,变得集中. 再如,在使熵增加的气体混合和扩散过程中,

混合(扩散)前气体分子分别处于相对集中状态,微观态数目较少;混合(扩散)后气体分子变得分散,微观态数目增加.凡此种种,都说明熵是热力学系统对应的微观态数目多少的度量,也就是系统无序程度的度量.

热力学第二定律表明,在孤立系统的绝热过程中总有

$$\Delta S \geqslant \int_{i}^{f} \frac{dQ}{T} = 0, \qquad dS \geqslant \frac{dQ}{T} = 0.$$

根据热力学熵与玻尔兹曼熵的等价关系

$$S = k_B \ln \Omega,$$

$$dS = k_B \ln \frac{\Omega_f}{\Omega_i},$$

那么 $dS \geqslant 0$ 表明

$$\frac{\Omega_f}{\Omega_i} \geqslant 1,$$

即在孤立系统中实际发生的、自发的、不可逆的过程中总有 $\Omega_f > \Omega_i$. 这就是说,宏观状态的不可逆性与微观状态的数目直接相关,孤立系统的自发过程总是从有序向无序过渡,从出现概率较小的宏观状态向出现概率较大的宏观状态过渡,这就是热力学第二定律的统计意义或微观本质.

前面已讨论过的自由膨胀、气体混合、扩散等不可逆过程都是由对应微观状态数目少的宏观状态向微观状态数目多的宏观状态过渡的过程.再如,功热转换过程,功是定向运动的效果,是集中有序的,而热是随机的无规则运动的表现,是分散无序的,功可以自发地完全转化为热量而不引起其他变化正是热力学第二定律的微观本质的反映,热不可能自发地完全转化为有用的功而不带来其他影响也是热力学第二定律的微观本质的表现.更细致地考察热转化为功这一由无序向有序过渡的过程,例如对理想的卡诺循环过程,得到的有用功为 $W' = Q_1 \left(1 - \dfrac{T_2}{T_1}\right)$,同时有能量 $Q_2' = Q_1 \dfrac{T_2}{T_1} = \Delta S_1 T_2$ 释放给低温热源,变为无用能,即有能量贬值.热力学第二定律表明这一结果是普适的,从而说明,在无序向有序过渡的过程中一定有能量贬值.再考察热传导过程,从表面上看,热量只能自发地由高温处传向低温处,

由于温度变低,从而是从无序程度高向无序程度低变化的过程.但事实上,以温度为 T_1 的高温热库和温度为 T_2 的低温热库间的热传导过程为例,由于 $T_1 > T_2$,$Q_1 < 0$,$Q_2 = -Q_1 > 0$,并且两热库的熵变分别为

$$\Delta S_1 = \frac{Q_1}{T_1} = -\frac{Q_2}{T_1} < 0,$$

$$\Delta S_2 = \frac{Q_2}{T_2} > 0,$$

则包含两热库及传热介质的整体系统的熵变为

$$\Delta S = \Delta S_1 + \Delta S_2 = Q_2\left(\frac{1}{T_2} - \frac{1}{T_1}\right) > 0,$$

即传热过程是熵增加的过程,是由无序程度低向无序程度高过渡的过程.据此,在热力学第二定律的微观本质的层次上考察热力学第二定律的克劳修斯表述和开尔文表述,由于它们的微观本质都是孤立系统中的自发过程只能沿着使系统的微观状态由有序向无序过渡的方向进行,所以这两种表述是完全等价的.

从热力学第二定律和熵增加原理的微观本质出发讨论问题应该注意它们的适用范围.熵增加原理仅适用于孤立系统,而不适用于开放系统,3.5 节中讨论的耗散结构系统就是典型的例证.克劳修斯在其晚年把熵增加原理应用于宇宙,指出宇宙的熵将持续增加并趋于一个极大值,进入热寂状态.另一方面,有人认为宇宙在膨胀,它根本就不是一个孤立系统,上述推广的前提就不正确,所以宇宙不会出现热寂状态.再者,热力学系统中都有涨落,宇宙的某些局部也可以偶然地出现巨大的涨落,这种涨落会导致有序结构出现,从而在宇宙中出现恒星、星系及星系团等,保证宇宙中存在有序结构,不进入热寂状态.另外,宇宙是自引力系统,具有负热容量,从而宇宙的熵不会一直增加.但对该问题,目前仍无确切的公认的定论.关于宇宙及其是否会热寂仍是目前物理学的一个重要研究课题.

- **熵与信息**

当今社会是信息社会,所谓信息就是对事物状态、存在方式和相互联系进行描述的一组文字、符号、语言、图像及情态,即消除事物的

不确定性的因素.这些因素可以与热力学系统的微观态相类比,而事物可以与热力学系统的宏观态相类比.信息论的创始人香农(C. E. Shannon)将热力学系统的熵的概念推广,定义了信息熵(或广义熵).设确定一事物的因素有 Ω 个,第 i 个因素出现的概率为 P_i,则其信息熵为

$$S = -K \sum_{i=1}^{\Omega} P_i \ln P_i. \tag{5.21}$$

取信息熵的单位为比特(bit),则 $K = 1/\ln 2$.可以证明,决定事物的因素越多,各个因素的概率越接近,信息熵 S 越大,所以信息熵是无知或信息缺乏程度的量度.据此,可以确定信息的信息量为

$$I = -\Delta S = -(S_2 - S_1), \tag{5.22}$$

其中 S_1 和 S_2 分别为收到信息前、后事物的信息熵,即一信息的信息量为其引起的事物的信息熵的减少.最近的研究表明,信息熵与热力学熵可能严格等价,信息熵的引入使熵的概念由物理学进入信息学、生命科学、经济学、社会学等领域,并推动这些学科定量化研究及动力学机制研究的发展.例如,目前关于 DNA 分子测序的研究,使得人们可以获得 DNA 分子的微观结构的信息,降低其信息熵,向准确了解遗传的奥秘、有效防治疾病迈进了一步.

5.5 热力学第二定律的应用举例

·卡诺定理及其证明   ·热力学温标的建立

热力学第二定律和热力学第一定律一起,构成了热力学的主要理论基础,并在生产和科学发展中广泛应用,发挥重要作用,这里仅简要介绍其在热机技术发展及温标建立两方面的应用.

● 卡诺定理及其证明

对任意一个工作在两个热源之间的热机的工作循环过程,工作物质从高温热源(温度为 T_1)吸收热量 Q_1,在低温热源(温度为 T_2)放出热量 Q_2,整个复合系统包括高温热源、低温热源和工作物质三部分.由于高温热源和低温热源的温度分别保持不变,经过一个循环

后工作物质恢复到原状态,那么,在一个循环过程中,高温热源、低温热源及工作物质的熵的变化分别为

$$\Delta S_H = -\frac{Q_1}{T_1}, \quad \Delta S_L = \frac{Q_2}{T_2}, \quad \Delta S_M = 0.$$

由于高温热源、低温热源和工作物质三部分组成的复合系统为一个孤立系统,则由熵增加原理知,整个复合系统的熵变为

$$\Delta S = \Delta S_H + \Delta S_L + \Delta S_M = -\frac{Q_1}{T_1} + \frac{Q_2}{T_2} \geqslant 0,$$

于是有

$$\frac{Q_2}{T_2} \geqslant \frac{Q_1}{T_1}. \tag{5.23}$$

由热力学第一定律 $\Delta U = \Delta Q + W$ 和热机中经过一个循环的工作物质

$$\Delta U = Q_1 - Q_2 + W = 0$$

知,在一个循环过程中热机对外所作的功为

$$W' = -W = Q_1 - Q_2,$$

于是

$$Q_2 = Q_1 - W',$$

代入(5.23)式,则有

$$\frac{Q_1 - W'}{T_2} \geqslant \frac{Q_1}{T_1},$$

解之,得

$$W' \leqslant \frac{(T_1 - T_2)}{T_1} Q_1.$$

所以热机的效率

$$\eta = \frac{W'}{Q_1} \leqslant \frac{T_1 - T_2}{T_1}. \tag{5.24}$$

由于(5.23)式中的等号适用于可逆过程,不等号适用于不可逆过程,则(5.24)式中的等号适用于可逆过程,不等号适用于不可逆过程.

由于热力学第二定律适用于所有孤立的热力学系统,所以以热力学第二定律为基础的(5.24)式也适用于所有在两个热源之间工作的热机系统.于是卡诺定理表述如下:在相同的高温热源和相同的低温热源之间工作的一切可逆热机,其效率都相等,并且仅由两热源

的温度决定,而与工作物质无关;在相同的高温热源和相同的低温热源之间工作的一切不可逆热机,它们的效率都小于可逆热机的效率,且与工作物质无关.

卡诺定理说明了工作于两热源之间的热机的效率的限度,进一步还可以证明,任意循环过程的效率不可能大于卡诺循环的效率.那么,卡诺定理还说明了提高效率的方向,从而推动了热机技术的发展.然而,原始地,卡诺定理是在热质说的基础上提出的,而热质说本身是错误的.事实上,考察上述导出过程可知,卡诺定理是热力学第二定律的必然结果.这说明卡诺定理不仅实际应用价值重大,还具有坚实的热力学基础.由此还可以知道,热力学第二定律不仅解决了热力学过程中自发过程进行方向的问题,还解决了热机效率的最大极限及提高热机效率应采取的措施的问题.

例题 4 有两个完全一样的物体,初始温度分别为 T_1,T_2. 有一热机工作于这两个物体之间,使两者的温度都变为 T'. 假设过程是等压的,且定压热容 C_p 为常量,试证明该过程中热机所作的功为

$$W = C_p(T_1 + T_2 - 2T') \leqslant C_p(T_1 + T_2 - 2\sqrt{T_1 T_2}).$$

证明 假设在题设温度变化过程中的任一时刻,两物体的温度分别为 T_1',T_2',且 $T_1' > T_2'$,经一微小过程,热机从温度较高的物体吸热 $\mathrm{d}Q_1$,对外作功 $\mathrm{d}W$,则由卡诺定理知,该热机的效率为

$$\eta = \frac{\mathrm{d}W}{\mathrm{d}Q_1} \leqslant 1 - \frac{T_2'}{T_1'},$$

于是有

$$\mathrm{d}W \leqslant \left(1 - \frac{T_2'}{T_1'}\right)\mathrm{d}Q_1. \tag{a}$$

由于在热机工作过程中,两物体经历的过程都是等压过程,则热机在温度较高的物体吸收的热量为

$$\mathrm{d}Q_1 = -C_p \mathrm{d}T_1',$$

而向温度较低的物体放出的热量为

$$\mathrm{d}Q_2 = C_p \mathrm{d}T_2'.$$

那么,由能量守恒可得

$$\mathrm{d}W = \mathrm{d}Q_1 - \mathrm{d}Q_2 = -C_p \mathrm{d}T_1' - C_p \mathrm{d}T_2'. \tag{b}$$

对等号两边积分则得热机对外所作的功为

$$W = -C_p(T' - T_1) - C_p(T' - T_2)$$
$$= C_p(T_1 + T_2 - 2T').\qquad\text{(c)}$$

再者,(b)式代入(a)式,则有

$$-C_p\,\mathrm{d}T_1' - C_p\,\mathrm{d}T_2' \leqslant \left(1 - \frac{T_2'}{T_1'}\right)(-C_p\,\mathrm{d}T_1'),$$

也就是

$$\frac{\mathrm{d}T_1'}{T_1'} + \frac{\mathrm{d}T_2'}{T_2'} \geqslant 0.$$

积分,则得

$$\ln\frac{T'}{T_1} + \ln\frac{T'}{T_2} \geqslant 0 \quad \text{即} \quad \ln\frac{T'^2}{T_1 T_2} \geqslant 0,$$

于是有

$$T' \geqslant \sqrt{T_1 T_2}.$$

代入(c),即得该热机对外所作的功为

$$W = C_p(T_1 + T_2 - 2T') \leqslant C_p(T_1 + T_2 - 2\sqrt{T_1 T_2}).$$

- **热力学温标的建立**

卡诺定理表明,工作于相同的高温热源和相同的低温热源之间的一切可逆热机的效率都相等,并且与工作物质无关.设有温度分别为 Θ_1, Θ_2 的两恒温热源,可逆卡诺热机的工作物质在 Θ_1 处吸收的热量为 Q_1,在 Θ_2 处放出的热量为 Q_2,则其效率为

$$\eta = 1 - \frac{Q_2}{Q_1},$$

我们可以这样选择温标 Θ,使得

$$\frac{Q_2}{Q_1} = \frac{\Theta_2}{\Theta_1}.$$

由卡诺定理知,上式对任意工作物质都成立.那么,据此来标定温度 Θ_1, Θ_2 的数值就与具体测温物质无关.但这样仅确定了两温度的比值.为确定每个温度的数值,规定水的三相点的温度为 273.16 K,则有

$$\Theta = 273.16\,\frac{Q}{Q_3}\ \text{K},$$

其中 Q_3 是工作物质在规定温度为 273.16 K 的热源处吸收或放出的热量.这样,从卡诺定理出发,就建立了不依赖于具体测温物质的温标.由于卡诺定理是热力学第二定律的必然结果,则这样建立的温标的理论基础是热力学第二定律.这种以热力学第二定律为基础的、不依赖于具体测温物质的普适温标称为热力学温标或绝对温标.

此前,在理想气体温标的基础,可逆卡诺热机的效率表示为

$$\eta = 1 - \frac{T_2}{T_1}.$$

在热力学温标的基础上有

$$\eta = 1 - \frac{\Theta_2}{\Theta_1}.$$

比较上述两式,则得

$$\frac{\Theta_2}{\Theta_1} = \frac{T_2}{T_1}.$$

再注意到,在热力学温标和理想气体温标中,都规定水的三相点的温度为 273.16 K,则对理想气体温标适用范围内的任一温度,都有

$$\Theta = T,$$

即理想气体温标与热力学温标测定的温度相同.因此,理想气体温标是在其适用的范围内的热力学温标的一种具体实现方式.

5.6   自由能与吉布斯函数

• 自由能   • 吉布斯函数   • 热力学方程与化学势

根据热力学第二定律及卡诺定理可以确定热机对外作功与从高温热源吸收热量的比值的极限,但不能直接确定一个系统可对外作功的最大本领.为回答这一问题,需要引入热力学系统的自由能的概念.本节在熵的概念的基础上对此及有关概念予以简单讨论.

● **自由能**

由熵增加原理知,在封闭系统内发生的一个微元过程中,系统的熵变和温度满足关系

$$TdS \geqslant dQ.$$

代入热力学第一定律 $dQ = dU - dW = dU + dW'$,则得

$$dW' \leqslant TdS - dU,$$

其中 dW' 为系统对外界作的功. 在等温条件下

$$dW' \leqslant d(TS - U). \tag{5.25}$$

由于温度 T 是系统的状态参量,熵 S 和内能 U 是系统的态函数,都具有确定的物理意义和数值,那么,对一个确定的状态,$T, S,$ U 的组合 $TS-U$ 或 $U-TS$ 也具有确定的数值和意义. 于是可以定义 $U-TS$ 为热力学系统的另一个态函数,称之为系统的亥姆霍兹自由能或亥姆霍兹函数,简称自由能(free energy),记作 F,于是有

$$F = U - TS. \tag{5.26}$$

将自由能的定义(5.26)式代入(5.25)式,则得

$$dW' \leqslant -dF. \tag{5.27a}$$

对一个有限过程,则有

$$W' \leqslant -(F_2 - F_1) = F_1 - F_2, \tag{5.27b}$$

这就是说,在等温过程中,系统对外界所作的功 W' 不可能大于系统自由能的减小. 这样就确定了在一个过程中系统可对外作功的最大本领,该规律称为最大功原理.

将自由能的定义(5.26)式改写,则有

$$U = F + TS, \tag{5.28}$$

即系统的内能包含两个部分,一部分是可以对外作功的自由能,另一部分 TS 是不能向外输出的能量,乘积 TS 称为系统的束缚能. 由此还可以知道熵增加使得系统内能中的束缚能增大,而可以对外作功的自由能相对说来减小,也就是说,熵增加使得能量贬值.

由最大功原理(5.27a)和(5.27b)式知,在等温过程中,系统的自由能的变化和对外作的功满足关系

$$dF \leqslant -dW'.$$

显然,当 $dW' = 0$ 时,$dF \leqslant 0$,即对等温等体过程,系统的自由能永不增加. 于是得到热力学系统的等温等体过程的自由能判据:在等温等体条件下,系统中所发生的不可逆过程总是朝着自由能减小的方向进行;达到平衡时,系统的自由能最小.

• 吉布斯函数

作功可以有多种多样的方式,不仅有体积功,还有非体积功,记非体积功为 $\mathrm{d}W''$,则有

$$\mathrm{d}W' = p\mathrm{d}V + \mathrm{d}W'',$$

代入最大功原理,则有

$$p\mathrm{d}V + \mathrm{d}W'' \leqslant -\mathrm{d}F.$$

若过程是既等温又等压的过程,则

$$\mathrm{d}W'' \leqslant -\mathrm{d}F - p\mathrm{d}V = -\mathrm{d}(F + pV). \tag{5.29}$$

由于 F 为态函数, p, V 为状态参量,则 $F + pV$ 构成系统的另一个态函数,称为系统的吉布斯自由能(Gibbs free energy)或吉布斯函数,记作 G. 于是,可以由系统的自由能、压强和体积定义系统的吉布斯函数为

$$G = F + pV. \tag{5.30}$$

又,由 $F = U - TS$ 知

$$G = U + pV - TS,$$

因为 $U + pV = H$ 为系统的焓,则吉布斯函数又可定义为

$$G = H - TS. \tag{5.31}$$

由此可知

$$H = G + TS. \tag{5.32}$$

这表明,吉布斯函数就是在等温等压过程中热力学系统的可以用来对外作功的那一部分焓. 所以吉布斯函数又称为吉布斯自由焓,简称自由焓(free enthalpy).

由(5.29)式和(5.30)式知

$$\mathrm{d}W'' \leqslant -\mathrm{d}G, \tag{5.33}$$

如果 $\mathrm{d}W'' = 0$,则

$$\mathrm{d}G \leqslant 0, \tag{5.34}$$

这说明,在除体积功以外没有其他形式的功的情况下,热力学系统的吉布斯函数永不增加. 于是有:在等温等压条件下,系统中的不可逆过程总是朝着吉布斯函数减小的方向进行;当达到平衡态时,系统的吉布斯函数最小.

● **热力学方程与化学势**

将热力学第二定律 $dS \geqslant \dfrac{dQ}{T}$ 应用于可逆过程,则有

$$TdS = dQ = dU - dW.$$

在只有体积功的条件下, $dW = -pdV$,于是有

$$dU = TdS - pdV. \tag{5.35}$$

(5.35)式是热力学第一定律和第二定律直接应用于仅有体积功的 p-T-V 系统的结果,表示热力学系统的不同形式的能量之间满足的基本关系,所以常称之为热力学基本方程.

由定义 $H = U + pV$ 知

$$dH = dU + pdV + Vdp,$$

与热力学基本方程联立,则得

$$dH = TdS + Vdp. \tag{5.36}$$

此即由焓表示的热力学方程.

由自由能的定义 $F = U - TS$ 知

$$dF = dU - TdS - SdT,$$

与热力学基本方程联立,则有

$$dF = -SdT - pdV. \tag{5.37}$$

此即由自由能表示的热力学方程.

由吉布斯函数(即自由焓)的定义 $G = U - TS + pV$ 知

$$dG = dU - TdS - SdT + pdV + Vdp,$$

与热力学基本方程联立,则得

$$dG = -SdT + Vdp. \tag{5.38}$$

此即由自由焓(即吉布斯函数)表示的热力学方程.

总之,一个热力学系统有五个态函数:内能 U、焓 H、熵 S、自由能 F、自由焓 G,还有三个典型的状态参量:压强 p、体积 V 和温度 T.这些量之间有四个关系,即(5.35)～(5.38)表示的四个热力学方程.考察这四个方程可知,熵具有与状态参量 p,V,T 同等重要的地位,所以常称之为最基本的热力学量.态函数可以表示为状态参量的函数,在此基础上可以建立一系列微分关系式,例如,由(5.35)式

知 $\left(\dfrac{\partial U}{\partial S}\right)_V = T, \left(\dfrac{\partial U}{\partial V}\right)_S = -p$；由 (3.37) 式知，$\left(\dfrac{\partial F}{\partial T}\right)_V = -S, \left(\dfrac{\partial F}{\partial V}\right)_T = -p$；等等．再考虑多元函数的混合偏导数与求导顺序无关的性质可得 $\left(\dfrac{\partial S}{\partial V}\right)_T = \left(\dfrac{\partial p}{\partial T}\right)_V$，等等．这些热力学方程及微分关系构成热力学的数学框架，由此可以讨论可逆热力学或平衡态热力学的性质和基本规律，最简单直接的应用就是由之可以导出（请同学们自己完成）热力学系统的内能与状态方程之间有关系 $\left(\dfrac{\partial U}{\partial V}\right)_T = T\left(\dfrac{\partial p}{\partial T}\right)_V - p$，热力学系统的焓与状态方程之间有关系 $\left(\dfrac{\partial H}{\partial p}\right)_T = -T\left(\dfrac{\partial V}{\partial T}\right)_p + V$．

　　根据自由焓表示的热力学方程 $\mathrm{d}G = -S\mathrm{d}T + V\mathrm{d}p$，当一个系统的状态发生变化时，系统的自由焓的变化 $\mathrm{d}G$ 依赖于系统的强度量 T 和 p 的变化 $\mathrm{d}T, \mathrm{d}p$，但由于自由焓是等温等压过程中热力学系统可以对外作功的那一部分焓，也就是能量的一种形式，是广延量．那么，当组成系统的粒子数目 N 发生变化时，系统的自由焓的变化 $\mathrm{d}G$ 还应依赖于 $\mathrm{d}N$. 于是，对于开放系统应有热力学方程

$$\mathrm{d}G = -S\mathrm{d}T + V\mathrm{d}p + \mu\mathrm{d}N. \qquad (5.39)$$

显然，上式中的系数 μ 可以由系统的自由焓（或吉布斯函数）表示为

$$\mu = \left(\frac{\partial G}{\partial N}\right)_{Tp}, \qquad (5.40)$$

并称为系统的化学势 (chemical potential). 可以证明，由 N 个微观粒子组成的近独立粒子系统的化学势

$$\mu = \frac{G}{N}, \qquad (5.41)$$

这说明，化学势就是热力学系统中每个粒子所具有自由焓. 由此可知，在第 2.4 节中讨论微观粒子按微观状态能量的分布时引入的化学势具有确定的物理意义.

5.7 热力学第三定律

· 规定化学反应中熵的标准参考点的必要性

· 能斯特定理

· 热力学第三定律

● 规定化学反应中熵的标准参考点的必要性

如(5.15)式所示,化学反应中的熵变为其生成物和反应物的标准熵的差值.但是,对于化学反应,可以直接测量的是其反应热和反应温度,而其熵变却不能直接测量.另一方面,化学反应一般是在不可逆的条件下进行的,那么 Q/T 并不等于化学反应中的熵变 $\Delta S = S_k - S_j$,也就是说对化学反应中的熵变没有客观的可直接测量的标准.因此,人们必须选择一个标准参考点使得各种物质的熵差在所选的参考状态下的数值的确为 0,才能保证相对于它而确定的熵真正反映物质的性质,所以,对于熵不能任意规定参考点,而必须规定一个标准参考点.

● 能斯特定理

20 世纪初,化学家在研究低温下的化学反应时发现,$T \to 0$ 的情况下,化学反应中反应热与化学亲和势相等.因为反应热 $Q = -\Delta H$,化学亲和势 $A = -\Delta G$,于是得知,在绝对零度条件下的化学反应中,系统的自由焓的变化 ΔG 和焓的变化 ΔH 有相同的数值.能斯特(Walther Nernst)进一步假设它们随温度 T 的变化曲线在 $T = 0$ 处相切,其公切线与温度轴平行,如图 5-7 所示.按自由焓的定义 $G = H - TS$,在等温过程中 $\Delta G = \Delta H - T\Delta S$. $T \to 0$ 时,$\Delta G = \Delta H$,则 ΔS 应为有限数值.据此,能斯特于 1906 年指出:任何凝聚物质系统在绝对零度附近进行的任何热力学过程中,系统的熵不变,即

$$\lim_{T \to 0} (\Delta S)_T = 0, \tag{5.42}$$

此即著名的能斯特定理.

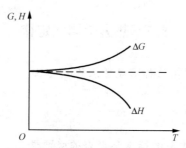

图 5-7　低温下凝聚物质的自由焓及焓的变化随温度变化

既然在绝对零度附近任何凝聚物质系统的熵为一个常量,普朗克(M. Planck)于 1911 年假设该常量为零,即

$$\lim_{T \to 0} S = 0. \tag{5.43}$$

这样,人们可以选取绝对零度为熵的标准参考点的状态.据此而确定的热力学系统的熵常称为普朗克熵,或普朗克绝对熵.

● 热力学第三定律

可以证明:不可能施行有限的过程把一个物体冷却到绝对零度.该规律称为热力学第三定律(third law of thermodynamics).虽然热力学第三定律的证明相当复杂,这里不能给出,但该定律可以从能斯特定理和普朗克假定来理解.因为在孤立系统的热力学过程中总有 $\Delta S \geqslant 0$,那么 $S=0$ 是不可能严格实现的,所以 $T=0$ K 也不可能通过有限的过程而达到.

虽然热力学第三定律表明不可能通过有限的过程达到绝对零度,但这并不排除通过一切手段无限接近绝对零度的可能性.目前利用氦(^{3}He-^{4}He)稀释冷却法即可获得 10^{-3} K 的低温,利用核自旋冷却法可以得 10^{-8} K 左右的低温.有关具体的低温技术及其原理这里不再讨论.

习　题

5.1　有人想用海洋不同深处温度的不同来制造一种机器,把海水的内能变为有用的机械功,这是否违反热力学第二定律?

5.2　想使一密闭绝热的房间冷却,是否可以将电冰箱的门打开由电冰箱运转达成?

5.3　西风吹过南北纵贯山脉,空气就会由山脉西边的谷底越过山脉,流到山脉东边,再向下流到和在西边的时候同样的高度.由于高度越高,气压愈低,空气上升的时候,就会膨胀,但是并没有热量与周围的大气互换.试定性说明:

(1) 空气流过山脉到另一边后,其温度如何变化?

(2) 这样的过程是否可逆? 此空气的熵如何变化?

5.4　同上题,如果空气中包含有大量的水蒸气,空气从西边流到山顶的时候就开始凝结成雨.试定性说明:

(1) 空气越过山脉,从西边谷底到东边谷底的温度和熵的变化.

(2) 这样的过程是可逆的吗?

5.5　用热力学第二定律证明绝热线与等温线不能相交于两点.

5.6　用热力学第二定律证明两条绝热线不能相交.

5.7　根据德拜(Debye)定律,金刚石的摩尔定体热容以下述方式随温度改变:

$$C_{V,m} = 3R \frac{4\pi^4}{5} \left(\frac{T}{\Theta}\right)^3,$$

其中 Θ 为一确定温度.现有 1.2 g 的金刚石保持体积一定,温度 T 由 10 K 升高到 350 K,以 R 为单位,求其熵的改变.(碳的相对原子质量是 12,$\Theta = 2230$ K)

5.8　在一绝热容器中,温度为 T_1、质量为 m 的液体,与质量为 m、温度为 T_2 的同类液体等压地混合,达到平衡态.求系统从初态到终态熵的变化,并说明熵增加了.(设液体的比定压热容 c_p 为常量)

5.9　在 24°C 时,水蒸气的饱和蒸气压为 2982.4 Pa,在此条件下,求每千克水蒸气凝结为水时熵的变化.(此时水蒸气的凝结热为 2444 kJ/kg)

5.10　10 g 20°C 的水于定压下变成 −10°C 的冰.假定每克液态水的比热容保持为 4.2 J/(g·K),而且冰的比热容为此值之半,又以 335 J/g 为 0°C 的冰的熔解热.试求系统熵值的总变化.

5.11　在一定的大气压下把 36 g 20°C 的水,变成 250°C 的水蒸气. 假定每克液态水的热容保持为 $4.2\ \mathrm{J/(g \cdot K)}$, 而且 $100\ {}^{\circ}\mathrm{C}$ 时水的汽化热为 $2260\ \mathrm{J/g}$. 试求系统熵值的总变化. 已知蒸汽的摩尔定压热容量 $C_{p,\mathrm{m}}$ 与温度有关:

$$C_{p,\mathrm{m}}/R = a + bT + cT^2,$$

其中 $a=3.634, b=1.195 \times 10^{-3}\ \mathrm{K}^{-1}, c=0.135 \times 10^{-6}\ \mathrm{K}^{-2}$.

5.12 $25\ \Omega$ 的电阻器上有 $10\ \mathrm{A}$ 的电流, 维持了 $1\ \mathrm{s}$ 的时间, 当时电阻器的温度保持为 $27\ {}^{\circ}\mathrm{C}$. 问:

(1) 该电阻的熵值变化多大?

(2) 电阻器与周围大气的总熵变多大?

若电阻器与外界绝热, 质量 $10\ \mathrm{g}$, $c_p = 0.84\ \mathrm{J/(g \cdot K)}$; 开始时的温度为 $27\ {}^{\circ}\mathrm{C}$, 则上述两熵变分别为多少?

5.13   一温度为 $400\ \mathrm{K}$ 的热库在与另一温度为 $300\ \mathrm{K}$ 的热库短时间接触中传递给它 $4.18\ \mathrm{J}$ 的热量, 两热库构成的系统的熵改变了多少?

5.14   在冬季, 某房间的热量流失率为 $1.045 \times 10^5\ \mathrm{kJ/h}$, 室温 $21\ {}^{\circ}\mathrm{C}$, 外界气温为 $-5\ {}^{\circ}\mathrm{C}$, 求此过程的熵增加率.

5.15   用理想气体熵公式证明: 理想气体在可逆绝热过程中熵保持不变.

5.16   设有 $1\ \mathrm{mol}$ 理想气体从平衡态 1 变到平衡态 3, 试利用图中所示的可逆过程计算其熵的变化, 并与直接用理想气体熵公式所得的结果进行比较.

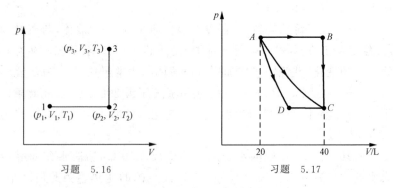

习题 5.16   习题 5.17

5.17   如图所示, $1\ \mathrm{mol}$ 理想气体氢 ($\gamma=1.4$) 在状态 A 的参量 $V_A=20\ \mathrm{L}, T_A=300\ \mathrm{K}$; 在状态 C 的参量为 $V_C=40\ \mathrm{L}, T_C=300\ \mathrm{K}$.

图中 AC 为等温线，AD 为绝热线；AB 和 DC 为等压线，BC 为等容线.试分别由三条路经计算 $S_C - S_A$：

(1) $A \rightarrow B \rightarrow C$；　　(2) $A \rightarrow C$；　　(3) $A \rightarrow D \rightarrow C$.

5.18　汽车以 65 km/h 的速率在水平道路上行驶时克服空气阻力和内外各种摩擦消耗功率 12 kW,其熵产生率为多少？设环境温度为 20°C.

5.19　2100 kg 的汽车以 80 km/h 的速率行驶时突然刹车,停止时闸瓦升温到 60°C,环境温度为 20°C.

(1) 在闸瓦处机械能耗散为热量时产生多少熵？

(2) 在闸瓦处热量散布到空气中时产生多少附加熵？

5.20　一热机在温度为 T_1 的物体和温度为 T_2 的热源之间循环工作,使物体的温度下降到 T_2 为止.在这过程中,热机从物体吸收热量 ΔQ_1,对外作功 W',物体熵的增量为 $\Delta S = S_2 - S_1$.请用熵增加原理证明：

$$W' \leqslant \Delta Q_1 + T_2 (S_2 - S_1).$$

5.21　一热机工作于两个温度分别为 T_1, T_2 的物体之间,若工作过程中压强保持不变,两物体的热容分别为 C_{p1}, C_{p2},试确定该热机可作的最大功.

5.22　一物体的温度和热源的温度相同,都为 T_1.现有一致冷机在此物体和热源之间工作,将物体的温度从 T_1 降到 T_2,整个过程中致冷机从物体吸收热量 Q,熵的减少为 $S_1 - S_2$,试证明：该过程中外界所提供的功至少为

$$W_{\min} = T_1 (S_1 - S_2) - Q.$$

5.23　两个相同的物体的定压热容 C_p 为常量,温度都为 T_i,现使一致冷机在这两个物体之间工作(保持压强不变),把一个物体的温度降成 T_f.试证明：该过程所需的最小功为

$$W_{\min} = C_p \left[\frac{T_i^2}{T_f} + T_f - 2T_i \right].$$

5.24　实用中也常以温度 T 和熵 S 作为描述均匀系统的独立状态参量,这样的以熵 S 为横坐标、温度 T 为纵坐标的图称为温熵图.试在温熵图上表示出卡诺循环过程,并用此图计算卡诺循环的效率.

6 单元系的相变与复相平衡

6.1 相、相变及相平衡的概念
6.2 一些常见相变
6.3 单元系的复相平衡

  热力学系统由其物质组成分为单元系和多元系，由其物质组成的均匀性分为单相系和复相系.单相系就是只有一个物相的均匀系统,复相系是有多种物相的非均匀系统.单元单相系统是最简单的热力学系统,多元单相系统是次简单的热力学系统,无疑,复相系是一个复杂系统.作为基础,本书主要介绍单元复相系统的一些基本概念和性质.

6.1 相、相变及相平衡的概念

· 相的概念　　　· 相变及其分类　　　· 相平衡及相图

● **相的概念**

  物质有气、液、固三种状态[①],人们有时也将气态、液态、固态称为气相、液相、固相.其实,相与物态不完全相同.先前讨论热力学系统分类的时候,我们根据研究对象的物质组成的均匀性把热力学系统分为单相系和复相系.这表明,"相"概念的要点在于"物质性质的均匀性".例如,通常的气态只有一个相.通常的液态也只有一个相.但能呈液晶的纯液态却有两个相(液相和液晶相).低温下的液氦更复杂,^{4}He 有氦 I 和氦 II 两个相,^{3}He 有三个相(A 相、B 相和正常液相).固体却可以有多个相,例如,冰有七个相(七种晶体结构),铁有

---

  ① 目前也常认为物质有气、液、固、等离子体、细小粉尘和玻色-爱因斯坦凝聚体六种状态.

四个相(在 1 大气压下将铁液逐步降温，1808 K 时结晶出体心立方 δ 铁，1673 K 时结晶出面心立方 γ 铁，1183 K 时结晶出体心立方 β 铁，1059 K 时结晶出有铁磁性的体心立方 α 铁)、碳有四个相(金刚石、石墨、通常的无定形碳和石墨烯)。由此可见，在具体考察物质的性质时，相是一个十分重要的概念。严格地，在没有外界影响下，被一定边界包围的，具有确定并且均匀的物理和化学性质的一个系统或系统的一部分称为物质的一个相。由此定义和上述实例可知，相与态的差别在于：态仅考虑表观状态，而相考虑物理和化学性质的均匀性，也就是考虑物质的内部结构。

- **相变及其分类**

   在压强、温度等外界条件不变的情况下，物质从一个相转变为另一个相的过程称为相变(phase transition)。相变过程常伴随有某种物理或化学性质的突然变化。例如，一种物质由固态变为液态的熔解过程和由液态变为固态的凝固过程，由液态转变为气态的汽化过程和由气态转变为液态的凝结过程，由固态转变为气态的升华过程和由气态转变为固态的凝华过程，等等，不仅有状态表观的明显变化，还伴随有体积、热容等的变化，并且需要吸收或放出热量。对于固态物质，由一种晶体结构到另一种晶体结构的变化称为同素异晶相变，在这种相变过程中也伴随有明显的物理性质的变化，例如，碳由正四面体晶体结构(金刚石)变为平面三角形键合起来的晶体结构(石墨)时(如图 6-1 所示)，由很硬的正八面体形固体变为很柔软的细鳞片

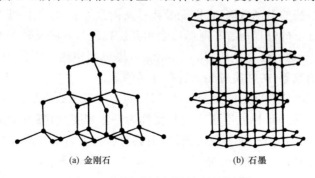

(a) 金刚石　　　　　　　　(b) 石墨

图 6-1　碳的部分同素异晶相的晶体结构

状固体,由高绝缘体变为有较好导电性质的导体.又如,可呈超导性质的物质相变时,由正常导体转变为超导体,电阻率和磁导率都由有限值突变趋于 0.再如,铁磁反铁磁相变发生时,磁铁失去磁性.处于液态的不同相之间发生相变时也伴有明显的物理性质变化,例如,液氦由氦 I 相变为氦 II 时,出现典型的无摩擦力、高热导率等超流现象.

除上述常见的早已引起广泛深入研究的相变过程外,目前认为,从宇宙演化到生命起源,从尺度小于 10^{-15} m 的微观世界到大于 10^{27} m 的广袤宇宙都存在相变.例如,宇宙起源甚早期的夸克和胶子强子化为重子、介子等强子,宇宙天体中可能存在夸克星及相对论重离子碰撞中可能出现夸克胶子等离子体等,都被认为是强相互作用物质在夸克胶子相和强子相间的相变,并且在重离子碰撞中还发现有类似液气相变的迹象,生命体中 D-氨基酸和 L-氨基酸可能是类似于自旋反转相的两种相,并且这些相变过程已成为当前原子核物理、粒子物理、宇宙学、生命科学、医学等多学科交叉研究领域的前沿课题.

相变现象如此丰富多彩,通常人们按其进行过程中物质性质的变化不同将其分为一级相变、二级相变及高级相变.一级相变就是在发生相变时两相之间有体积跃变和潜热(latent heat)的相变,例如固液相变、固气相变和液气相变等.二级相变就是当发生相变时两相之间无体积跃变和潜热,但有热容跃变的相变,例如,一些导体和陶瓷及金属氧化物的正常相和超导相之间的相变,液氦的氦 I 和氦 II 两相之间的相变都是二级相变.由于热力学系统的平衡条件可以由热力学系统的态函数熵、自由能及吉布斯函数等表示,并且对于等温等压条件下的过程用吉布斯函数表示其过程进行方向及平衡条件甚为方便,于是厄任费斯脱(P. Ehrenfest)提出利用热力学态函数(如吉布斯函数等)的性质对相变进行分类的理论.

按照厄任费斯脱的相变分类理论,热力学态函数连续,但其关于状态参量的一阶导数不连续的相变称为一级相变.而热力学函数及其对状态参量的一阶导数都连续,但其对状态参量的二阶导数不连续的相变称为二级相变.如图 6-2 所示,对 $p\text{-}T\text{-}V$ 系统,因为

$$dG = Vdp - SdT,$$

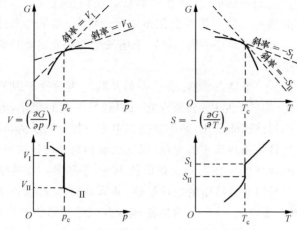

图 6-2 一级相变中吉布斯函数的典型行为

显然这是自由焓 G 作为状态参量 p, T 的全微分形式,则

$$V = \left(\frac{\partial G}{\partial p}\right)_T, \qquad S = -\left(\frac{\partial G}{\partial T}\right)_p,$$

那么,在两相 I 和 II 之间发生相变时,

$$\Delta V = V_{II} - V_I = \left(\frac{\partial G}{\partial p}\right)_{T_{II}} - \left(\frac{\partial G}{\partial p}\right)_{T_I},$$

$$L = H_{II} - H_I = T\Delta S = T\left[\left(\frac{\partial G}{\partial T}\right)_{p_I} - \left(\frac{\partial G}{\partial T}\right)_{p_{II}}\right].$$

这就是说,吉布斯函数关于压强的一阶偏导数 $\left(\dfrac{\partial G}{\partial p}\right)_T$ 的不连续性对应有体积跃变的表征,吉布斯函数关于温度的一阶偏导数 $\left(\dfrac{\partial G}{\partial T}\right)_p$ 的不连续性对应存在潜热的表征. 按此方法依次类推可以定义高级(n级)相变. 为简便,通常把二级及二级以上的相变统称为连续相变(continuous phase transition). 并且将热力学函数及其关于状态参量的任意阶导数都连续的一相到另一相的演化称为连续过渡(crossover).

● **相平衡及相图**

相变可以是单向发生的,也可以是双向发生的,并且多数是可以双向进行并达到平衡的. 所谓相平衡就是在相变过程中达到的一相及其物质的量不因另一相的变化而变化的状态. 如果尚未达到上述状态则称其为未达到相平衡. 显然,单向发生的相变实质是尚未达到相平衡的相变.

相平衡是一个动态平衡. 所谓一相及其物质的量不因另一相的变化而变化,实质上是说,如果存在一相到另一相的变化,则必然存在从另一相到该相的变化,如果原变化中使一相的物质的量减少,则必然存在从另一相到该相的变化,以抵消该相物质的量的减少,从而两相物质的物质的量在宏观上都保持不变,不随另一相的变化而变化. 例如,对封闭在容器中的液体加热,液体就会蒸发. 随着蒸发过程的进行,蒸气密度越来越大,返回液体的蒸气分子数也越来越多,最后达到动态平衡,使得单位时间内从液体表面逸出的分子的数目与返回液体的分子的数目相等,从而处于液相和处于气相的物质的量在宏观上不再发生变化.

相平衡时,描述不同相的某些状态参量的数值不能区分. 例如,对有体积跃变的一级相变,处于不同相的物质的压强和温度的差别会消失 (6.3 节将证明这些实质上是相平衡的条件). 那么在 p-T 图上不同的相及其间的平衡就可以由一条曲线图示出来. 这种把一物质的相、相变及相平衡以其状态参量作为变量所作的图示称为该物质的相图(phase diagram). 例如,图 6-3 所示的 p-T 图上的 Ⅰ,Ⅱ,Ⅲ 三条曲线把整个 p-T 空间分为三个部分,曲线 Ⅰ 表示该物质的气相、液相间发生相变,并达到相平衡时该两相间状态参量 p-T 间的关系,其两侧分别对应液相、气相,故称之为汽化曲线. 同理,曲线 Ⅱ 表示固、液两相的分界及相变和达到相平衡时该物质的固相和液相的状态参量 p-T 都应满足的关系,称为熔解曲线,曲线 Ⅲ 表示固、气两相共存时状态参量 p-T 间的关系,称为升华曲线. 由图可知,存在一个临界点 K(critical point),对

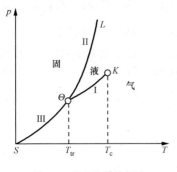

图 6-3　常见物质的相图

应温度 T_c 为临界温度(critical temperature),当温度 $T > T_c$ 时不存在液气共存的状态. 此外,还存在一个表示该物质固、液、气三相共存的点,对应的温度 T_{tr} 就是三相点温度.

6.2 一些常见相变

- 液气相变
- 固液相变
- 固气相变
- 连续相变

● 液气相变

物质自液相转变为气相的过程称为汽化过程(vaporization),自气相转变为液相的过程称为凝结(condensation)过程,汽化和凝结统称为液气相变. 实验表明,液体汽化时吸收热量,气体凝结时放出热量. 单位质量的物质由液体汽化成同温度的气体的汽化过程中吸收的热量称为该物质的汽化热,而单位质量的气体凝结成同温度的液体放出的热量称为凝结热. 历史上将汽化热和凝结热统称为液气相变过程中的潜热.

物质由液体汽化成气体的方式有两种,其中一种称为蒸发(evaporation),另一种称为沸腾(boiling). 蒸发是在任何温度下,在液体表面发生的汽化现象. 沸腾则是液体在某个特定温度下,在整个液体内部和表面同时发生的激烈的汽化现象,这一特定的温度称为该物质的沸点. 那么,当物质的温度达到其沸点时,其汽化的方式主要是沸腾. 而在温度低于沸点的情况下,汽化的方式主要是蒸发. 无论是蒸发还是沸腾,其实质都是液体的一些分子克服其他分子的吸引作用而逸出液体的过程,逸出的分子的热运动动能平均来讲比液体内部的分子的热运动动能大,那么,为克服其他分子的吸引作用,并获得较大的热运动动能一定需要消耗液体的内能,为维持温度不变,液体一定从外界吸收热量,所以物质汽化时一定都存在汽化热. 由于物质内分子间的相互作用强度依赖于物质的结构,液体分子逸出液体所需的能量又依赖于其原有的热运动动能,所以,汽化过程与物质的成分及其温度、压强等有关,不同物质有不同的沸点和汽化热,在不同的温度下,即使是同一种物质,也有不同的汽化热,并且,物质的沸点与压强密切相关. 表 6.1 列出一些液体在一个标准大气压下的沸点和相应的汽化热,表 6.2 列出水在不同温度下的汽化热.

表 6.1   几种常见液体在 1 个标准大气压下的沸点和相应的汽化热

液体	水	酒精	乙醚	汞	氨	一氧化碳	氮	氢
沸点/°C	100	78.3	34.6	356.57	-33.4	-191.6	-195.8	-252.7
汽化热/ $(10^5\ \mathrm{J \cdot kg^{-1}})$	22.5	8.5	35.0	2.39	13.7	2.16	1.99	4.5

表 6.2   水在不同温度下的汽化热

温度/°C	0	20	40	60	80	100	200	300	370	374
汽化热/ $(10^5\ \mathrm{J \cdot kg^{-1}})$	24.9	24.4	24.0	23.5	23.0	22.5	19.6	13.8	4.14	0.0

气体凝结时一定放出热量,不同物质在同一温度下有不同的凝结热,同一物质在不同温度下也有不同的凝结热.

液气相变有汽化和凝结两个互逆方向,但在一些条件下,某一方向的相变可以较另一方向的相变强,例如,随着温度的升高,汽化过程会逐渐占主导地位,而随着温度的下降,凝结过程将会逐渐显著. 但是由于凝结过程需要一定的因素诱导,对于非封闭系统,汽化过程通常强于凝结过程. 当没有补充时,液体物质会全部变为气态,从而会有河流、湖泊的干涸. 而对于封闭系统,在一定的温度、压强下,单位时间内由液相汽化到气相的分子数可以等于由气相凝结成液相的分子数,此时液相和气相保持动态平衡,也就是达到液气相变的相平衡. 液气相变相平衡时,处于气相的蒸气称为饱和蒸气,其压强称为饱和蒸气压.

由于物质的汽化热与温度有关,那么通过改变温度可以影响液气相变过程及其平衡,尤其是以蒸发方式进行的汽化过程. 再者,物质的沸点与压强有关,因此,通过改变压强也可以影响液气相变过程及其平衡. 当然同时改变温度、压强也可以影响液气相变. 另一方面,由相变的定义知,任一确定的液气相变及其平衡的过程都是等温过程. 那么,系统的等温线可以视为是该温度下液气相变的相平衡曲线,由之可以讨论相变过程及其达到平衡时压强与体积间的关系及体积跃变.

真实气体的等温线可以通过在保持温度恒定的条件下,测量不同压强下的体积及物态来确定,图 6-4 是最早测定的真实气体 CO_2

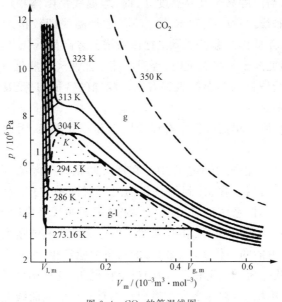

图 6-4 CO_2 的等温线图

在不同温度下的等温线(英国物理学家安德鲁斯(T. Andrews),1869 年).由图可知,在温度较低时,存在摩尔体积 $V_{l,m}$ 和 $V_{g,m}$,它们将整个 p-V 空间分为三个部分,一个部分是高压高密的摩尔体积小于 $V_{l,m}$ 区,CO_2 呈液体状态,一个部分是摩尔体积大于 $V_{g,m}$ 的低压低密区,CO_2 呈气态.而摩尔体积在介于 $V_{l,m}$ 和 $V_{g,m}$ 之间的区域内,等温线呈水平线,这就是说,CO_2 的压强不随体积的变化而变化.由此可知,该区域内液气两相共存,并达到平衡状态.相应的压强就是饱和蒸气压 p_s.随着温度的升高,在高压高密区和低压低密区,CO_2仍分别呈液相和气相,但中间的液气共存区域却逐渐减小.即气、液两相的摩尔体积的差别 $V_{g,m} - V_{l,m}$ 逐渐减小.当温度升高到一个确定温度(304 K)时,水平的等压线缩为一个点,即 $V_{g,m}$ 和 $V_{l,m}$ 的差别消失,该点就是所谓的临界点,相应的温度称为临界温度 T_c. 在临界状态下,液相和气相之间频繁地交换分子,使得光在其上的散射增强,原来透明的气体或液体变得浑浊起来,呈现一片乳白色,这种现象称为"临界乳光",它是液气相变在临界点附近丰富的临界现象的典型特征. 当温度高于临界温度 T_c 时,等温线呈随体积增加压强单调减小的曲线. 当 $T = 350$ K 时,CO_2 的等温线即较接近理想气体的等温线,并且在该温度下无论把压强增至多高都不会出现液态. 这表明,在温度高于临界温度时,等温压缩不能使气体液化. 后来,对其他气体实验测量的等温线也都有完全相同的特征,只是具体的定量关系存在差异.

由于在液气相变过程中有体积跃变和相变潜热,因此液气相变为一级相变.

实验表明,液气相变过程中存在液气两相共存区域,由液、气某单相存在向两相共存、再到另一相的过渡有两种方式. 深入研究表明,两相共存时,系统的自由能与体积的关系曲线呈中间上凸、两边上凹的形状,如图 6-5 示. 由物质状态的稳定性与其能量大小的关系知,对应自由能的整体极小(最小)的状态为稳定相,对应自由能的局域极小的状态为不稳定相(下面的讨论将说明,这种相可以在短时间内存在,但不稳定,常称之为亚稳相),不对应自由能曲线上任何极小值的状态是实际不能存在的状态,使自由能曲线上两极小值能量相同的温度为临界温度. 对于自由能处于上凸区域的以某一状态存在的系统,微小的密度涨落可以引起体积变化,从而引起系统的自由能减小. 5.6 节的讨论表明,等温过程总是沿着自由能减小的方向进行,处于稳定平衡态时系统的自由能最小,那么,上述微小密度涨落引起的自由能减小过程可以一直进行下去,直到具有最小自由能的两相分离共存状态. 这种由微小的密度涨落过渡成稳定的两相分离共存、并达到相变平衡的方式称为失稳分解(spi-

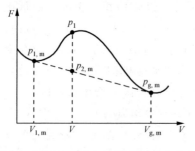

图 6-5　液气两相共存的系统的自由能曲线

nodal decomposition). 对于处于上凹区域的系统,由于微小的体积变化不会引起自由能减小,从而小的密度涨落不可能诱导大的密度分解. 所以,系统所处的这种状态称为亚稳态(metastable state). 在沸点之上,处于亚稳区的液体的自由能大于气体的自由能,所以应当可以汽化,但由于汽化中间状态的自由能高于液相的自由能而未能汽化,也就是说,系统呈过热液体状态;在沸点之下,处于亚稳区的气体可以液化,但未能液化,也就是说,系统呈过冷蒸气状态. 但是,如果小范围的局域涨落在一相里形成另一相的核时,该核可以逐步扩大自己的范围,然后形成两相共存的状态. 这种先在一相内形成另一相的核,然后发展到两相共存状态进而实现相变平衡的方式称为成核长大(nucleation growth).

过冷蒸气和过热液体都是处于过饱和状态的物态. 具体地,如果蒸气的压强高于该温度下的饱和蒸气压,则蒸气应凝结成液体,但事实上,有时即使蒸气压已高于饱和蒸气压,仍没有液滴形成,这种现象称为过饱和现象,这样的蒸气称为过饱和蒸气. 如果从压强的观点来看,蒸气的实际压强所对应的凝结温度较其实际温度低. 在该高于真实凝结温度的温度下,蒸气当然不凝结成液体,所以常称过饱和蒸气为过冷蒸气. 日常生活中,我们经常会看到天空中云层密布,但仍不下雨,即是这种过饱和现象. 如果利用飞机或火箭在云中喷洒一些粉末状物质(如碘化银等)即可在这些过冷水蒸气中形成凝结核,在此基础上水蒸气凝结成较大水滴而下落成雨. 这就是人工降雨. 科学研究中,利用这种过饱和现象及过饱和蒸气在有凝结核时即可凝结成液滴的原理,制成云室来探测微观粒子(尤其是带电粒子)的运动径迹,并在高能物理及核物理发展的早期为研究放射性原子核的性质及发现新的粒子等方面作出巨大贡献. 据此,其发明人威尔逊(C. T. R. Wilson)获得了 1927 年的诺贝尔物理奖. 同理,对于处于亚稳态的过热液体可以通过外界干扰使其中的某些分子有足够的能量而彼此推开形成小气泡,再进一步形成蒸气. 科学研究中也根据这一原理,利用过热液体(如液氢、液氦等)制成气泡室显示微观粒子(尤其是带电粒子)的径迹,其发明人格拉塞(D. A. Glaser)获得了 1960 年的诺贝尔物理奖.

● 固液相变

物 质 由 固 相 转 变 为 液 相 的 过 程 称 为 熔 解 过 程（solvation process），从液相转变为固相的过程称为凝固（solidification）过程，若凝固后的固态物质为晶体，则称之为结晶（crystallization）. 熔解过程和凝固过程统称为固液相变. 在熔解过程中，系统吸收热量，在凝固过程中，系统放出热量. 单位质量的物质在由固相转变为同温度下的液相的熔解过程中吸收的热量称为该物质的熔解热. 单位质量的物质在由液相转变为同温度下的固相的凝固过程中放出的热量称为该物质的凝固热. 一个系统的凝固热与其熔解热相等. 实用中，物质的量也常取 1 mol，相应系统的熔解热（凝固热）即称为物质的摩尔熔解热（摩尔凝固热）. 记摩尔熔解热为 $L_{sol,m}$，

$$L_{sol,m} = T_{sol}(S_{l,m} - S_{s,m}),\qquad(6.1a)$$

代入热力学第一定律，得

$$L_{sol,m} = (U_{l,m} - U_{s,m}) + p(V_{l,m} - V_{s,m}),\qquad(6.1b)$$

其中 T_{sol} 称为熔点，p 为熔点压强. 一些常见物质在标准大气压下的熔点和熔解热如表 6.3 所示.

表 6.3　一些常见物质在标准大气压下的熔点和熔解热

物　质	氦	氧	冰	锡	锌	铝	银	金	铜	铁	铂
$T_m/{}^\circ C$	-271.4	-218	0	231.9	410	660	960.5	1063	1083.2	1639	1773.5
$L_{sol}/(kJ \cdot kg^{-1})$	3.4	14	333	59	120	390	100	87	180	280	110

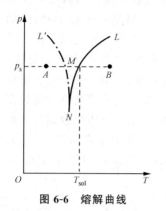

图 6-6　熔解曲线

由于固液相变过程中有体积跃变和相变潜热，所以固液相变为一级相变.

物质的熔点与压强的关系如图 6-6 所示，该关系曲线称为熔解曲线. 对大多数常见物质，其熔解曲线如图中曲线 NL 所示. 而对水、铋等特殊物质，由于 $V_{l,m} < V_{s,m}$，其熔解曲线如图中曲线 NL' 所示. 这种现象称为反常现象. 显然，熔解曲线上的任一点 M 都表示

系统中液固两相平衡共存的状态.

固液相变过程中也存在过冷、过热现象. 例如, 在液体中如果不存在结晶核, 即使其温度低于熔点(或结晶温度)T_{sol}, 液体也不会结晶, 这种液体称为过冷液体. 并通常把熔点 T_{sol} 与实际结晶温度 T_{cry} 的差值称为过冷度. 为得到晶体, 常在完全熔化的液体中放入晶核, 使熔液以晶核为中心, 沿着与结晶核相同的晶面方向生长成晶体. 由于晶核可由液体中的分子自发凝聚而成, 通常在熔液中可同时存在许多晶面方向互不相同的晶粒. 最后结果是形成多晶. 为了得到纯度很高的单晶, 常利用人工控制结晶的方法生产. 根据不同物质的熔点不同及实际结晶温度的差异, 人们可以利用这种方法提纯物质, 并已在生产中发挥重要作用.

- **固气相变**

物质由固相直接转变为气相的过程称为升华(sublimation), 例如樟脑、干冰、硫、磷等物质在常温下都可以直接挥发成气体, 均系升华现象. 舞台上的云雾通常就是利用干冰(固态 CO_2)升华而产生的. 物质从气相直接转变成固相的过程称为凝华, 例如, 寒冷的夜晚, 地面上的水蒸气形成霜的过程就是凝华. 升华和凝华统称为固气相变.

一系统在升华过程中所吸收的热量称为该系统的升华热. 如果系统中物质的量为单位质量, 则其升华热简记为该物质的升华热. 若系统中物质的量为 1 mol, 则其升华热称为该物质的摩尔升华热. 记摩尔升华热为 $L_{sub,m}$, 升华点为 T_{sub}, 则

$$L_{sub,m} = T_{sub}(S_{g,m} - S_{s,m}). \tag{6.2a}$$

代入热力学第一定律, 得

$$L_{sub,m} = (U_{g,m} - U_{s,m}) + p(V_{g,m} - V_{s,m}).$$

整理、计算, 得

$$L_{sub,m} = L_{sol,m} + L_{vap,m}, \tag{6.2b}$$

这就是说, 物质的摩尔升华热等于该物质的摩尔熔解热与摩尔汽化热之和. 由于固体升华时需要吸收大量的热量, 人们常用易升华的物质作为致冷剂. 例如, 现代高速飞机为克服摩擦生热造成的危害, 采取的措施之一就是将石墨喷涂于飞机表面, 利用石墨的升华来消耗

掉产生的热量.

　　由于固体升华时,分子不断脱离固体而成为蒸气,同时蒸气分子也会返回固体,当单位时间逸出和返回固体的分子数相等时,系统的固气两相就达到平衡.这时,固体外的蒸气的压强称为固气两相平衡的饱和蒸气压.该饱和蒸气压 p_s 的大小与温度密切相关,其关系在 p-T 图的表示曲线称为升华曲线,如图 6-3 中的曲线 $S\Theta$ 所示.升华曲线 $S\Theta$ 上任一点 M 代表固气两相平衡共存的状态,其左上方的区域表示系统呈固相,其右下方的区域表示系统呈气相.

　　实验表明,同一物质的汽化曲线、熔解曲线和升华曲线三者相交于一点,该交点表示的状态是该物质的气、液、固三相共存的平衡状态,称为该物质的三相点(triple point).一些常见物质的三相点温度 T_{tr} 及三相点压强 p_{tr} 如表 6.4 所示.由物质的汽化曲线、熔解曲线、升华曲线和三相点、临界点构成的表示物质各相存在区域及两相共存、三相共存状态的图称为该物质的相图,如图 6-3 所示.

表 6.4　一些常见物质的三相点温度和压强

物　质	氢	氧	氮	氨	二氧化碳	汞	水	锌	银
T_{tr}/K	13.956	54.361	63.18	195.4	216.55	234.15	273.16	692	1234
$p_{tr}/10^3\ \mathrm{Pa}$	7.194	0.15	12.53	6.075	517.28	1.3×10^{-7}	0.6113	0.01	7.9×10^{-5}

● **连续相变**

　　二级及二级以上的相变统称为连续相变.例如,有序无序相变、液氦相变及正常导体与超导体之间相变等都是典型的连续(二级)相变.连续相变有完全不同于一级相变的性质和规律,这里简要介绍连续相变的一些基本概念和现象.

　　对于由两种组分 A,B 组成的点阵,如图 6-7 所示,设只有最近邻的格点之间才有相互作用,并且 A 与 A 之间及 B 与 B 之间的相互作用分别为 V_{AA},V_{BB},而 A 与 B 之间的相互作用为 V_{AB},那么,在系统处于很低温度的情况下,如果 $V_{AB}>(V_{AA}+V_{BB})/2$,则从能量上来讲,所有的 A 组分和所有的 B 组分分别处于不同的区域,如图 6-7(a) 所示.如果 $V_{AB}<(V_{AA}+V_{BB})/2$,则从能量上来看,A 组分和 B

组分互为近邻、交替排列的状态是最概然的状态,如图 6-7(b)所示. 例如,具有离子晶体结构的 NaCl 的 Na^+ 和 Cl^- 即按图 6-7(b)所示的方式排列. 显然,上述两种状态都是规则的有序的. 但是,如果使系统的温度升高,A,B 两组分的热运动动能增加,从而可使 A,B 偏离其原来的平衡位置,并趋于无规化. 当温度高于一特定温度时,A 组分和 B 组分在格点的排列完全随机,即 A,B 占据某一格点的概率都为 1/2. 例如,对黄铜(Cu-Zn 合金),当温度较低时,Cu 原子和 Zn 原子交错排列,当温度高于 742 K 时,Cu 原子和 Zn 原子在各格点上随机排列,热容量测量显示,在 $T = 742$ K 附近,黄铜的热容量有 λ 形尖峰,也就是说发生了相变. 这种由两种不同组分从规则排列到无规则排列而引起的相变称为有序无序相变,发生这类相变的温度称为临界温度,记作 T_c.

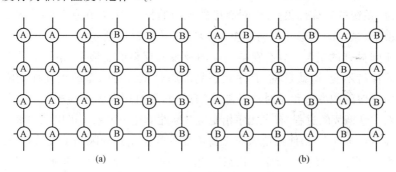

图 6-7　A,B 两种组分排列状况示意图

在很低温度下,各组分(如上述的 A 和 B)规则排列,随着温度升高,各组分开始偏离原来占据的格点,当温度升高到高于临界温度时,各组分在格点上的排列完全无规则. 各组分排列的有序程度可以通过定义一个序参量来描述,而温度称为控制参量. 记 R,W 分别是 A 或 B 两组分占据或不占据它们在规则排列时所占据格点的概率,则序参量 η 定义为

$$\eta = \frac{R - W}{R + W}. \tag{6.3}$$

显然,$\eta = 1$ 表示各组分全部占据其该占据的格点,即 $R = 1, W = 0$;$\eta = -1$ 表示各组分全部不占据其原该占据的格点,即 $R = 0, W = 1$,

也就是 A,B 两组分全部交换其占据的格点. 宏观上看, 这两种情况是完全等价的, 即序参量 $\eta=1$ 和 $\eta=-1$ 等价, 因此, 我们可以仅考虑 η 的绝对值 $|\eta|$. 如果 $\eta=0$, 则一定有 $R=W=1/2$, 这就是说, A, B 两组分占据格点的情况相对于其规则排列时的占据情况对错参半. 对于一个格点来讲, A,B 两组分占据它的概率都是 $1/2$, 即处于完全无序的状态. 由于 A,B 两组分在格点上的排列情况由控制温度决定, 则当温度 T 很低时, $|\eta|$ 趋于 1; 随着温度升高, 但 $T<T_c$ 时, 序参量 $|\eta|$ 的取值可正可负, 但 $0<|\eta|<1$; 当温度 T 达到临界温度 T_c 时, A,B 两组分的排列完全无序, 即当 $T\geqslant T_c$ 时, $\eta=0$.

各组分在格点上的排列情况还可以由对称性来描述. 所谓对称性就是在一定的变换或操作下的不变性. 那么, 对于完全无序的排列, 不论如何变换(例如转动、空间反演等), 系统的状态都保持不变, 这就是说, 系统的对称性很高. 但对有序的规则的排列, 只有在一些特殊的变换下, 系统的状态才保持不变, 例如, 对图 6-7(b) 所示的 A,B 两组分相间排列的情况, 只有在空间反演及镜面反射的变换下, 系统的状态才保持不变. 这就是说, 有序状态的对称性低. 因此, 系统由无序向有序过渡的相变过程是对称性破缺的过程, 而有序向无序的相变过程是对称性恢复的过程. 有序无序相变与对称性的这一关系还可以由序参量表示, $|\eta|=1$ 时, 使系统状态保持不变的变换受到的限制很大, 即对称性低; 当 $\eta=0$ 时, 保持系统状态不变的变换的任意性很大, 即对称性高.

典型的二级相变是液氦相变. 实验测量表明液氦(^{4}He)在低温下有 HeI 和 HeII 两个相, 相变临界温度 $T_c\approx 2.17$ K. 利用毛细管法测量 HeII 的黏度表明其黏度为 0, 即 HeII 具有完全不同于正常流体的流动性, 因此, 称之为超流体, 相应的现象称为超流现象. 实验还发现, 把空烧杯置于 HeII 中, HeII 会沿着烧杯壁进入烧杯, 如图 6-8 所示. 这显然也与正常液体不同, 常称为爬膜效应(creeping film effect). 对正常液体, 由于杯壁与液体之间存在微小温差, 若杯壁温度稍高, 液膜会迅速蒸发, 若杯壁温度稍低, 液膜将形成液滴落回液体, 因此液膜厚度随高度而减小, 从而有毛细现象中常见的弯曲液面. 爬膜效应表明, HeII 与其所处的杯壁之间不存在温度差, 不然 HeII 会迅速蒸发掉或形成大液滴而回落. 因刚置入 HeII 时烧杯温度一定高于 HeII 温度, 由实验现象推知的 HeⅡ与杯壁间不存在温度差,说明烧杯壁中蕴藏的热量快速传递入 HeⅡ,并且不引起 HeⅡ的温度明显上升(否则由 HeⅡ转变为 HeⅠ),这说明 HeⅡ不仅具有很高的热导率,还具有很大的热容.精确测量表明在温度降低到接近临界温度 2.17 K,[4]He 由 HeⅠ相变为 HeⅡ时,其热容呈对数发散增大(λ 型).这说明液氦相变是典型的二级相变.

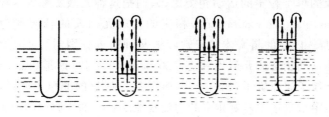

图 6-8   HeⅡ的爬膜效应示意图

另一方面,采用旋转黏度计测量 HeⅡ的黏度发现,HeⅡ的黏度比 HeⅠ的还大.由于利用上述两种方法测量 He 的黏度时,HeⅡ的流动速度不同,那么,比较这两种测量的结果可知,HeⅡ的流动性质与其流速有关,也就是说,是否存在超流现象取决于 HeⅡ的流动速度.这种流动与流速密切相关的性质还表现在 HeⅡ中存在无色散的波动或温度波,这种波称为第二声波.声波是由于介质中密度分布呈周期性变化而形成的疏密波,而第二声波却是密度、压强均匀分布,温度周期性变化的波.由于热力学系统的温度是组成系统的微观粒子的无规则运动的剧烈程度的度量,那么,第二声波现象说明[4]He 分子的运动速度随分子所处区域呈周期性分布.这一总的密度均匀分布而温度呈周期性分布现象说明 HeⅡ由两种组分——超流体和正常流体组成,记其密度分别为 ρ_s 和 ρ_n,则 HeⅡ的密度 $\rho = \rho_s + \rho_n$ 保持不变,但不同温度处的 ρ_s 和 ρ_n 各不相同.与黏度实验相联系,可知,温度低时,ρ_s 较大,甚至 $\rho_s = \rho$,$\rho_n = 0$;随着温度的升高,ρ_s 减小,ρ_n 增大,直至 $\rho_s = 0$,$\rho_n = \rho$,从而使 HeⅡ表现为正常液体.因此,利用不同方法测量 HeⅡ的黏度时,所得结果完全不同.由此还可以解释 [4]He 的"喷泉效应"等力热特性.

为认识液氦相变和超流现象的本质需要从微观运动的本质出发.根据 2.4 节的讨论,对玻色子系统,当温度降到一个极低的特定值后,越来越多的玻色子都处于能量最低的状态,也就是动量为零的状态,这种现象称为玻色-爱因斯坦凝聚.根据玻色-爱因斯坦凝聚,当液氦的温度降低到其临界温度时,氦原子间出现了很强的关联,形成"抱团很紧"的集体,要改变整个集体的运动状态,使其激发,需要消耗相当大的能量.这种激发称为元激发(elementary excitation).与微观的单个粒子的运动相类比,人们把这种元激发称为准粒子激发(quasi-particle excitation),相应的代表元激发的粒子称为准粒子.这样,HeⅡ 的超流体和正常液体两种组分分别对应 He 原子处于集体运动状态或元激发状态.20 世纪 40 年代,朗道(Landau)把这种准粒子叫作旋子(roton),并唯象提出液氦的准粒子能谱,从而很好地定量描述了液氦相变和超流现象.后来,朗道假设的准粒子能谱由中子散射实验证实(1959~1961 年间).于是,朗道据此获得了1962 年的诺贝尔物理奖.

　　另一个典型的二级相变是超导相变.1908 年,卡末林-昂内斯(Kamerlingh-Onnes)成功地将最后一个气体氦液化,从而得到新的低温区(4.2 K),之后,即致力于研究该温区中导体电阻率的行为.按照传统的电学理论,导体的电阻率随温度降低而连续线性减小.但实验测量结果并不尽然.1911 年,卡末林-昂内斯发现温度 $T \approx$ 4.2 K 时,汞的电阻突然下降到仪器无法测量的很小值,并且突变前后电阻值的变化率超过 10^4.于是,卡末林-昂内斯认为发现了物质的一种新的形态,称之为超导态(superconductive state),这种现象称为超导现象.这种正常导体到超导体的相变称为超导相变.20 世纪 80 年代中后期,人们发现,除上述低温情况下导体和超导体之间的相变外,一些化合物也有超导性质,在高温情况下(几十 K,甚至上百K),金属氧化物、陶瓷材料、铁基化合物也有超导现象,从而推动了既有重大理论意义,又有广阔应用前景的超导物理学的发展.对于超导态的典型特征——零电阻现象和完全抗磁性,在电磁学中有详细阐述,这里不予重复.但值得注意,对超导相变,不仅存在临界温度,还存在临界磁场和临界电流,并且也存在热容量跃变等现象.利用热力学理论基本可以描述超导相变的这些热力学性质.当然,超导现象的本质是量子效应,对低温超导机理已有 Bardeen-Cooper-Schrieffer

理论(简称 BCS 理论),但对高温超导机理的研究仍是目前炙手可热的课题.

6.3 单元系的复相平衡

- 单元系复相平衡的条件
- 单元系复相平衡的性质
- 单元两相平衡系统的状态参量间的关系——克拉珀龙方程

● 单元系复相平衡的条件

假设 α 和 β 是一个单元系的已经达到平衡的任意两个相,并且这两个相构成一个孤立系,则 α 相和 β 相的总内能 $U_\alpha + U_\beta$、总体积 $V_\alpha + V_\beta$ 和总分子数 $N_\alpha + N_\beta$ 都守恒.再设想 α 相和 β 相发生了一个无穷小的变动,则上述孤立系的平衡条件要求:

$$\delta U_\alpha + \delta U_\beta = 0,$$
$$\delta V_\alpha + \delta V_\beta = 0,$$
$$\delta N_\alpha + \delta N_\beta = 0.$$

将封闭系统的热力学基本方程(5.35)式推广(考虑系统的组分粒子增多时需要能量),可得

$$dS = \frac{1}{T}(dU + p\,dV - \mu\,dN),$$

其中 μ 为化学势.对上述的 α 相和 β 相,则有

$$\delta S_\alpha = \frac{\delta U_\alpha + p_\alpha\,\delta V_\alpha - \mu_\alpha\,\delta N_\alpha}{T_\alpha},$$
$$\delta S_\beta = \frac{\delta U_\beta + p_\beta\,\delta V_\beta - \mu_\beta\,\delta N_\beta}{T_\beta}.$$

那么,系统的总熵变为

$$\begin{aligned}
\delta S &= \delta S_\alpha + \delta S_\beta \\
&= \left(\frac{\delta U_\alpha}{T_\alpha} + \frac{\delta U_\beta}{T_\beta}\right) + \left(\frac{p_\alpha}{T_\alpha}\,\delta V_\alpha + \frac{p_\beta}{T_\beta}\,\delta V_\beta\right) \\
&\quad - \left(\frac{\mu_\alpha}{T_\alpha}\,\delta N_\alpha + \frac{\mu_\beta}{T_\beta}\,\delta N_\beta\right).
\end{aligned}$$

将前述 α 相和 β 相整体的内能、体积、粒子数守恒的条件代入,则有

$$\delta S = \left(\frac{1}{T_\alpha} - \frac{1}{T_\beta}\right)\delta U_\alpha + \left(\frac{p_\alpha}{T_\alpha} - \frac{p_\beta}{T_\beta}\right)\delta V_\alpha - \left(\frac{\mu_\alpha}{T_\alpha} - \frac{\mu_\beta}{T_\beta}\right)\delta N_\alpha.$$

由热平衡系统的平衡条件知,当 α 相和 β 相间的相变达到平衡时,系统总的熵有极大值,即 $\delta S = 0$. 由于 δU_α,δV_α,δN_α 三者都可以独立改变,那么 δS 中这些项的系数应分别等于 0,于是有该两相平衡的条件:

$$T_\alpha = T_\beta, \tag{6.4a}$$

$$p_\alpha = p_\beta, \tag{6.4b}$$

$$\mu_\alpha = \mu_\beta. \tag{6.4c}$$

由于这里的 α 相和 β 相是单元复相系中的任意两相,则这些平衡条件可以直接推广到多于两相的单元复相系统. 所以,单元复相系相平衡的条件为:所有各相的温度、压强、化学势都分别相同.

● **单元系复相平衡的性质**

由单元系复相平衡条件知,单元系复相平衡时,一定可以在 p-T 图上作出两相共存的平衡曲线. 相平衡曲线上的任一点不仅说明已达到相变平衡的两相的温度和压强相同,还说明该两相的化学势也相同. 但是,如果两相共存的状态有所改变,即沿着上述相平衡曲线变化时,两相间的化学势如何变化呢? 设 (T, p) 和 $(T+\mathrm{d}T, p+\mathrm{d}p)$ 是两相 α,β 的相平衡曲线上的两邻近点,由相平衡条件知

$$\mu_\alpha(T, p) = \mu_\beta(T, p),$$

$$\mu_\alpha(T+\mathrm{d}T, p+\mathrm{d}p) = \mu_\beta(T+\mathrm{d}T, p+\mathrm{d}p).$$

上述两式的等号两端相减,则得

$$\mathrm{d}\mu_\alpha = \mathrm{d}\mu_\beta. \tag{6.5}$$

由此知,单元系复相平衡时有性质:对任意两共存相,如果其中一相状态变化引起化学势有所改变,则与该相平衡的相的状态也发生相应变化,并且化学势的改变与该相化学势的改变数值相同.

● **单元两相平衡系统的状态参量间的关系——克拉珀龙方程**

相、相变和相平衡可以由相图来描述,但由于理论上通常缺乏关于化学势的全部知识,相图中的相平衡曲线一般由实验测定. 尽管如

此,我们可以根据热力学理论确定相平衡曲线的斜率.

由化学势的定义 $\mu = \left(\dfrac{\partial G}{\partial N}\right)_{p,T} = \dfrac{G}{N}$ 和由自由焓表示的热力学基本方程 $dG = -SdT + Vdp$ 知,

$$d\mu = \frac{dG_m}{N_A} = \frac{1}{N_A}(-S_m dT + V_m dp),$$

其中 G_m, S_m, V_m 分别为系统的摩尔自由焓、摩尔熵、摩尔体积.

再由相平衡的性质知,α 和 β 两相平衡时 $d\mu_\alpha = d\mu_\beta$,于是

$$-S_{\alpha,m} dT + V_{\alpha,m} dp = -S_{\beta,m} dT + V_{\beta,m} dp,$$

则

$$\frac{dp}{dT} = \frac{S_{\beta,m} - S_{\alpha,m}}{V_{\beta,m} - V_{\alpha,m}}. \tag{6.6}$$

由于在常见的一级相变中都有相变潜热,以 L_m 表示 1 mol 物质由 α 相转变到 β 相时的相变潜热,则由相变过程中温度保持不变,得

$$S_{\beta,m} - S_{\alpha,m} = \frac{L_m}{T},$$

所以

$$\frac{dp}{dT} = \frac{L_m}{T(V_{\beta,m} - V_{\alpha,m})}. \tag{6.7}$$

这表明了一级相变的相平衡曲线的斜率 dp/dT 与状态参量及相变潜热之间的关系. 它首先由克拉珀龙于 1834 年利用其他方法得到,常称其为克拉珀龙方程(Clapeyron equation). 根据熵的概念,上述导出方法既简单,物理意义又明确,故也称其为克拉珀龙-克劳修斯方程.

利用克拉珀龙方程可以直接判定相图上相平衡曲线的变化趋势. 例如,对汽化过程,由于 $V_{\alpha,m} < V_{\beta,m}$,$L_m > 0$,则 $dp/dT > 0$,所以汽化曲线一定是随着温度的增加而上升的曲线. 例如,对水的饱和蒸气压与温度变化的关系及沸点与压强的关系,已知 1 atm 下水的沸点 $T_b = 373.15$ K,汽化热 $L_{vap,m} = 4.0638 \times 10^4$ J/mol,$V_{l,m} = 1.8798 \times 10^{-5}$ m^3/mol,$V_{g,m} = 3.0139 \times 10^{-2}$ m^3/mol,所以

$$\frac{dp}{dT} = \frac{L_{vap,m}}{T(V_{g,m} - V_{l,m})}$$

$$= \frac{4.0638 \times 10^4}{373.15 \times (3.0139 \times 10^{-2} - 1.8798 \times 10^{-5})} \text{ N/(m}^2 \cdot \text{K)}$$

$$= 3.6157 \times 10^3 \text{ N/(m}^2 \cdot \text{K)}$$

$$= 3.568 \times 10^{-2} \text{ atm/K}.$$

由此知,饱和蒸气压随温度升高而增大.由于饱和蒸气压等于 1 atm 时对应的温度就是沸点,所以,沸点随压强变化的关系为

$$\frac{\mathrm{d}T}{\mathrm{d}p} = \left(\frac{\mathrm{d}p}{\mathrm{d}T}\right)^{-1} = 28.027 \text{ K/atm}.$$

这就是说,压强每升高一个大气压,水的沸点升高 28.027 K.由等温大气模型知,大气压强随高度增加的变化规律为 $p = p_0 \mathrm{e}^{-\frac{mgz}{k_B T}}$,即随着高度的升高压强指数减小,相应地水的沸点降低.所以,在高原地带为保证将食物煮熟,需要使用高压锅.又如,对熔解过程,由于绝大多数物质在熔解时体积都变大,且吸收热量,则 $\mathrm{d}p/\mathrm{d}T > 0$,于是,大多数物质的熔解曲线也是随着温度的升高而上升的曲线(例如,图 6-6 中的曲线 NL).对于冰等特殊物质,熔解时虽然吸收热量,但体积却缩小,所以 $\mathrm{d}p/\mathrm{d}T < 0$,那么,冰等特殊物质的熔解曲线是随着温度的升高而下降的曲线(例如,图 6-6 中的曲线 NL').

克拉珀龙方程反映了一级相变达到平衡时,两相物质的状态与其热力学态函数及相变潜热之间的关系,该方程可用以讨论一些实际过程.对液气相变,饱和蒸气压与沸点密切相关.因为液气相变的汽化过程中 $V_{\beta,m} \gg V_{\alpha,m}$,则克拉珀龙方程化为

$$\frac{\mathrm{d}p_s}{\mathrm{d}T} = \frac{L_m}{TV_{\beta,m}}, \tag{6.8}$$

那么,再考虑蒸气的状态方程 $V_{\beta,m} = V_{\beta,m}(p,T)$,即可确定饱和蒸气压与沸点的关系式——饱和蒸气压方程

$$p_s = p_s(T). \tag{6.9}$$

当压强不太高时,饱和蒸气可以近似为理想气体,即 $V_{\beta,m} = RT/p_s$,那么(6.8)式化为

$$\frac{\mathrm{d}p_s}{\mathrm{d}T} = \frac{p_s L_m}{RT^2}. \tag{6.10}$$

由于 $L_m = H_{\beta,m}(T) - H_{\alpha,m}(T)$,而摩尔焓 $H_m(T)$ 依赖于参考点的选取.取焓的参考点的温度为 T_0,则

$$H_m(T) = H_m(T_0) + \int_{T_0}^{T} C_{p,m} \mathrm{d}T. \tag{6.11}$$

所以

$$L_{\mathrm{m}}(T) = \Delta H_{\mathrm{m}}(T_0) + \int_{T_0}^{T} \Delta C_{p,\mathrm{m}} \mathrm{d}T, \tag{6.12}$$

其中

$$\Delta H_{\mathrm{m}}(T_0) = H_{\beta,\mathrm{m}}(T_0) - H_{\alpha,\mathrm{m}}(T_0),$$

$$\Delta C_{p,\mathrm{m}} = C_{p\beta,\mathrm{m}} - C_{p\alpha,\mathrm{m}}.$$

因为理想气体和液体的定压热容量在一定温区内可近似为常量,则

$$L_{\mathrm{m}}(T) = \Delta H_{\mathrm{m}}(T_0) + \Delta C_{p,\mathrm{m}}(T - T_0).$$

那么

$$\frac{\mathrm{d}p_{\mathrm{s}}}{\mathrm{d}T} = \frac{p_{\mathrm{s}}\left[(\Delta H_{\mathrm{m}}(T_0) - \Delta C_{p,\mathrm{m}}T_0\right]}{RT^2} + \frac{p_{\mathrm{s}}\Delta C_{p,\mathrm{m}}}{RT}.$$

于是有

$$\ln \frac{p_{\mathrm{s}}}{p_0} = B\left(1 - \frac{T_0}{T}\right) + C \ln \frac{T}{T_0}, \tag{6.13}$$

其中

$$B = \frac{\Delta H_{\mathrm{m}}(T_0) - \Delta C_{p,\mathrm{m}}T_0}{RT_0},$$

$$C = \frac{\Delta C_{p,\mathrm{m}}}{R}.$$

(6.13)式就是可近似成理想气体的饱和蒸气的蒸气压方程.当温度在很小范围内变化时,相变潜热 L_{m} 可近似为常量,则由(6.10)式可得到饱和蒸气压与温度的关系为

$$p_{\mathrm{s}} = p_0 \mathrm{e}^{-\frac{L_{\mathrm{m}}}{RT}}. \tag{6.14}$$

对于二级相变,当相变达到平衡时,由于无体积跃变,无相变潜热(无熵变),直观上,(6.6)式成为无实际意义的 0/0.但利用数学上的洛必达法则可以证明,系统的热力学态函数和状态参量之间也有一定的关系——厄任费斯脱方程.由于厄任费斯脱方程比较复杂,这里不再讨论.

例题 1 已知水在 100℃ 时的汽化热为 2.26×10^6 J·kg^{-1},设大气温度为 300 K,试问从海平面每上升 1 km,水的沸点变化多少?

解 由大气的力学平衡条件知,大气压强与高度的关系为

$$\frac{\mathrm{d}p}{\mathrm{d}z} = -\rho g,$$

那么　　　　　$$\frac{\mathrm{d}p}{\mathrm{d}T} = \frac{\mathrm{d}p}{\mathrm{d}z}\frac{\mathrm{d}z}{\mathrm{d}T} = -\rho g\,\frac{\mathrm{d}z}{\mathrm{d}T},$$

即有　　　　　$$\frac{\mathrm{d}T}{\mathrm{d}z} = -\rho g\,\frac{\mathrm{d}T}{\mathrm{d}p}.$$

设大气温度为 T_0,摩尔质量为 μ,按理想气体近似处理,则

$$\rho = \frac{\mu p}{R T_0},$$

那么　　　　　$$\frac{\mathrm{d}T}{\mathrm{d}z} = -\frac{\mu g p}{R T_0}\cdot\frac{\mathrm{d}T}{\mathrm{d}p}.$$

将克拉珀龙方程 $\dfrac{\mathrm{d}p}{\mathrm{d}T} = \dfrac{L_{\mathrm{vap,m}}}{T(V_{\mathrm{g,m}} - V_{\mathrm{l,m}})} \approx \dfrac{L_{\mathrm{vap,m}}}{T V_{\mathrm{g,m}}}$ 代入,并考虑理想气体状态方程 $pV_{\mathrm{g,m}} = RT$,则得

$$\frac{\mathrm{d}T}{\mathrm{d}z} = -\frac{\mu g p}{R T_0}\frac{T V_{\mathrm{g,m}}}{L_{\mathrm{vap,m}}} = -\frac{\mu g\,T^2}{T_0 L_{\mathrm{vap,m}}} = -\frac{g\,T^2}{T_0 L_{\mathrm{vap}}}$$

$$= -\frac{9.8 \times 373^2}{300 \times 2.26 \times 10^6}\ \mathrm{K/km} = -2.01\ \mathrm{K/km},$$

所以,海平面上每上升 1 km,水的沸点大约降低 2 K.

例题 2　设地幔内某一深度的熔岩与岩石的分界面的温度为 1300℃,熔岩与岩石的密度之比 $\dfrac{\rho_l}{\rho_s}$ 大约为 0.9,该深度处的重力加速度 g 约为 9.8 m/s²,岩石的熔解热为 4.18×10^5 J/kg,试问在此深度附近,每降低 1 km 时,岩石的熔点变化多少?

解　记地幔内熔岩的摩尔体积和岩石的摩尔体积分别为 $V_{\mathrm{l,m}}$ 和 $V_{\mathrm{s,m}}$,岩石的熔点为 T_s,摩尔熔解热为 $L_{\mathrm{s,m}}$,由拉克珀龙方程 $\dfrac{\mathrm{d}p}{\mathrm{d}T} = \dfrac{L_{\mathrm{m}}}{T(V_{\beta,\mathrm{m}} - V_{\alpha,\mathrm{m}})}$ 知,岩石在地幔内的熔解和凝固达到平衡时

$$\frac{1}{T_s}\frac{\mathrm{d}T_s}{\mathrm{d}p} = \frac{V_{\mathrm{l,m}} - V_{\mathrm{s,m}}}{L_{\mathrm{s,m}}}. \tag{a}$$

因地球内部的压强由重力引起,则其中压强的变化 $\mathrm{d}p$ 可以由地球半径的变化 $\mathrm{d}r$ 表示为

$$\mathrm{d}p = -\rho_s\,g\,\mathrm{d}r.$$

又由摩尔体积与密度之间的关系

$$V_{l,m} = \frac{\mu}{\rho_l}, \quad V_{s,m} = \frac{\mu}{\rho_s},$$

知

$$V_{l,m} - V_{s,m} = \frac{\mu}{\rho_l} - \frac{\mu}{\rho_s} = \frac{\mu}{\rho_s}\left(\frac{\rho_s}{\rho_l} - 1\right).$$

那么,由(a)式知

$$\frac{dT_s}{T_s} = \frac{(V_{l,m} - V_{s,m})}{L_{s,m}}dp = \frac{\mu(\rho_s/\rho_l - 1)}{L_{s,m}\rho_s}(-\rho_s g\,dr)$$

$$= \frac{1 - \rho_s/\rho_l}{L_s} g\,dr,$$

即

$$\frac{dT_s}{dr} = \frac{T_s g}{L_s}\left(1 - \frac{\rho_s}{\rho_l}\right).$$

把 $T_s = 1300°C = 1573$ K, $g = 9.8$ m/s^2, $L_s = 4.18 \times 10^5$ J/kg, $\dfrac{\rho_l}{\rho_s} = 0.9$ 代入,则得

$$\frac{dT_s}{dr} = \frac{1573 \times 9.8}{4.18 \times 10^5} \times \left(1 - \frac{1}{0.9}\right) \text{ K/m} = -\frac{1573 \times 9.8}{9 \times 4.18 \times 10^5} \text{ K/m}$$

$$= -0.0041 \text{ K/m} = -4.1 \text{ K/km}.$$

所以,地幔内该处附近每降低 1 km,岩石的熔点升高 4.1 K.

例题 3 在 $700 \sim 739$ K 的温度范围内,1 mol 镁的饱和蒸气压 p 与温度 T 的关系由经验公式 $\lg p = -\dfrac{7527}{T} + 13.48$ 给出,式中 p 是以 Pa 为单位的压强的数值.试确定镁的升华热.

解 设镁的摩尔升华热为 $L_{sub,m}$,则由克拉珀龙方程可知

$$\frac{dp}{dT} = \frac{L_{sub,m}}{T(V_{g,m} - V_{s,m})},$$

因为摩尔体积 $V_{g,m} \gg V_{s,m}$,则上式即

$$\frac{dp}{dT} = \frac{L_{sub,m}}{TV_{g,m}}.$$

假设镁蒸气可近似为理想气体,则 $V_{g,m} = \dfrac{RT}{p}$,于是有

$$L_{sub,m} = T \cdot V_{g,m}\frac{dp}{dT} = R\frac{dp}{p} \cdot \frac{T^2}{dT} = R\frac{dp/p}{dT/T^2}$$

$$=-R\,\frac{\mathrm{d}(\ln p)}{\mathrm{d}(1/T)}=-2.303R\,\frac{\mathrm{d}(\lg p)}{\mathrm{d}(1/T)}.$$

将 $\lg p=-\dfrac{7527}{T}+13.48$ 代入,则得

$$L_{\mathrm{sub,m}}=-2.303R\,\frac{-7527\mathrm{d}(1/T)}{\mathrm{d}(1/T)}=2.303\times7527R$$

$$=144051.2\ \mathrm{J/mol}.$$

所以,镁的升华热为

$$L_{\mathrm{sub}}=\frac{L_{\mathrm{sub,m}}}{\mu}=\frac{144051.2}{24.305\times10^{-3}}\ \mathrm{J/kg}=5.927\times10^{6}\ \mathrm{J/kg}.$$

习　题

6.1　在 $p_0=101325\ \mathrm{Pa}$ 的压强下,冰的熔点为 $273.15\ \mathrm{K}$,此时冰的溶解热为 $l_{\mathrm{sol}}=3.35\times10^5\ \mathrm{J/kg}$,冰的比体积为 $v_\alpha=1.0907\times10^{-3}\ \mathrm{m^3/kg}$,水的比体积为 $v_\beta=1.00013\times10^{-3}\ \mathrm{m^3/kg}$.试求冰水两相平衡曲线的斜率 $\mathrm{d}p/\mathrm{d}T$.

6.2　在 $p_0=101325\ \mathrm{Pa}$ 的压强下,水的沸点为 $99.974\,^\circ\mathrm{C}$,此时水的汽化热为 $l_{\mathrm{sub}}=2.257\times10^6\ \mathrm{J/kg}$,水的比体积为 $v_\alpha=1.043\times10^{-3}\ \mathrm{m^3/kg}$,水蒸气的比体积为 $v_\beta=1.673\ \mathrm{m^3/kg}$,试求水和水蒸气两相平衡曲线的斜率的倒数 $\mathrm{d}T/\mathrm{d}p$.

6.3　在 $101325\ \mathrm{Pa}$ 的压强下,固态氨的熔解温度为 $83\ \mathrm{K}$,其摩尔熔解热为 $1176\ \mathrm{J/mol}$,全部熔解时其摩尔体积增加 $3.5\times10^{-6}\ \mathrm{m^3}$.有外力施加时,其熔解热保持不变,但体积的变化与 $T^{3/2}$ 成反比.试问:若要使它的熔点提高一倍,需施加多少压力?

6.4　液 He 的正常沸点为 $4.2\ \mathrm{K}$,压强降为 $133.3\ \mathrm{Pa}$ 时的沸点为 $1.2\ \mathrm{K}$,试估计 $^4\mathrm{He}$ 在这一温度范围内的平均汽化热.

6.5　设某种液体在某一压强下的沸点为 $400\ \mathrm{K}$,且沸点每升高 $1\ \mathrm{K}$,其平衡压强升高 5%,试估计这种液体的汽化热.

6.6　假定水蒸气可视为理想气体,由下表所列数值计算 $27\,^\circ\mathrm{C}$ 时冰的升华热.

温度/°C	27.1	27.0	26.9
饱和蒸气压/10^3 Pa	3.587	3.566	3.545

6.7 在三相点附近,固态氨的饱和蒸气压(单位为 atm)方程为:

$$\ln p = 23.03 - \frac{3754}{T},$$

液态氨的饱和蒸气压方程为

$$\ln p = 19.49 - \frac{3063}{T},$$

试求氨的三相点温度、压强以及氨在三相点的汽化热、升华热和熔解热.

6.8 某物质的摩尔质量为 μ,三相点温度和压强分别为 T_{tr} 和 P_{tr},三相点时固态及液态的密度分别为 ρ_s, ρ_l,其蒸气可视为理想气体,又知在三相点时的熔解曲线的斜率为 $(\mathrm{d}p/\mathrm{d}T)_{sol}$,饱和蒸气压曲线斜率为 $(\mathrm{d}p/\mathrm{d}T)_{sv}$.

(1) 试求升华曲线的斜率 $(\mathrm{d}p/\mathrm{d}T)_{sub}$;

(2) 证明在通常情况下有:$(\mathrm{d}p/\mathrm{d}T)_{sub} > (\mathrm{d}p/\mathrm{d}T)_{sv}$.

6.9 已知池中水面上冻结了 1 cm 厚的冰层,冰上面空气的温度为 $-20°C$,冰的热导率 $\kappa = 2.092$ J/(m·s·K),结冰时的潜热 $l = 3.349 \times 10^5$ J/kg,水的密度 $\rho = 10^3$ kg/m³,试求:

(1) 开始时,冰层厚度增加的速度;

(2) 冰层厚度增加一倍所需的时间.

6.10 在温度为 T,压强为 p_1 的情况下,质量为 M、密度为 ρ_1 的固体熔解为密度为 ρ_2 的液体,熔解热为 l.试求:

(1) 固体熔解成液体时内能的增量;

(2) 熵的增量.

附录　常见高斯积分表

$$\int_0^\infty e^{-\lambda x^2} \, dx = \frac{1}{2}\sqrt{\frac{\pi}{\lambda}}$$

$$\int_0^\infty x e^{-\lambda x^2} \, dx = \frac{1}{2\lambda}$$

$$\int_0^\infty x^2 e^{-\lambda x^2} \, dx = \frac{1}{4}\sqrt{\frac{\pi}{\lambda^3}}$$

$$\int_0^\infty x^3 e^{-\lambda x^2} \, dx = \frac{1}{2\lambda^2}$$

$$\int_0^\infty x^4 e^{-\lambda x^2} \, dx = \frac{3}{8}\sqrt{\frac{\pi}{\lambda^5}}$$

$$\int_0^\infty x^5 e^{-\lambda x^2} \, dx = \frac{1}{\lambda^3}$$

$$\int_0^\infty x^6 e^{-\lambda x^2} \, dx = \frac{15}{16}\sqrt{\frac{\pi}{\lambda^7}}$$

习 题 答 案

第 1 章

1.1 $\dfrac{(t_p' - t_i') \cdot (t_s - t_i)}{(t_s' - t_i')} + t_i.$

1.2 (1) $107°C$；　　(2) 8.4 cm.

1.3 0.873 cm，　3.716 cm.

1.4 (1) $t^* = T_{tr} + \ln \dfrac{T_i}{T_{tr}}$；

　　　(2) $273.16°$，　$273.47°$；

　　　(3) 理论上可能存在,但实际上难以实现.

1.5 $\dfrac{273.15}{273.16}.$

1.6 373.15 K.

1.7 400.59 K.

1.8 182 m^3/kg.

1.9 388.36 kg.

1.10 5404 N.

1.11 $\dfrac{1}{2}\left[\sqrt{\left(a - h + \dfrac{p_0}{\rho g}\right)^2 + 4ah} - \left(a - h + \dfrac{p_0}{\rho g}\right)\right].$

1.12 456 K.

1.13 (1) 3.54 cm；

　　　(2) 在大气压强 $p_0 \leqslant 50$ cmHg 的情况下.

1.14 751.02 mmHg.

1.15 不变.

1.16 43.17 kg.

1.17 9.6 天.

1.18 (1) 1.66 atm；　　(2) 66.67%.

1.19 $91.04°C$.

1.20 2.78 atm.

1.21 (1) 84.73 m；　(2) 6.33×10^4 Pa.

1.22 28.92 g/mol.

1.23 (1) 不能；　(2) 向氧气一侧移动；　(3) $210K$.

1.24 7.73×10^3 K，　1.29×10^{-4} eV.

1.25 1.89×10^{18}.

1.26 1.176×10^{-2} Pa.

1.27 6.42 K，　6.67×10^4 Pa.

1.28 对理想气体 $\alpha=1/T,\beta=1/T,\kappa=1/p$；

对范德瓦耳斯气体 $\beta=\dfrac{1}{T-\dfrac{a(V_m-b)}{RV_m^2}}$.

1.29 398 K.

1.30 29.863 atm，　30.755 atm.

1.31 $T=a/Rb$，称为玻意耳温度.

第 2 章

2.1 (1) 略；　(2) $\dfrac{1}{v_0}$；　(3) $\dfrac{v_0}{2}$.

2.2 $\dfrac{\int_{v_1}^{v_2} vf(v)\mathrm{d}v}{\int_{v_1}^{v_2} f(v)\mathrm{d}v}$.

2.3 $\sqrt{\dfrac{2m}{\pi k_B T}}$.

2.4 $\dfrac{k_B T}{2}$.

2.5 $\sqrt{\dfrac{k_B T}{m}}$，　$\sqrt{\dfrac{2k_B T}{\pi m}}$，　0.

2.6 $\sqrt{\dfrac{2k_B T}{m}}$，　$\sqrt{\dfrac{\pi k_B T}{2m}}$，　$\sqrt{\dfrac{k_B T}{m}}$.

2.7 略.

2.8 $\dfrac{3\pi}{8}$.

2.9 394.7 m/s，　445.4 m/s，　483.4 m/s.

2.10 6.35×10^{13} m^{-3}, 2.63×10^{-7} Pa.

2.11 $\dfrac{k_B T}{2}$.

2.12 $\dfrac{n}{2}\left(\dfrac{m}{2\pi k_B T}\right)^{1/2}\left(\dfrac{2k_B T}{m}+v_0^2\right)\exp\left\{-\dfrac{mv_0^2}{2k_B T}\right\}$.

2.13 略.

2.14 略.

2.15 2021.8 m.

2.16 2.86×10^4 Pa，3.31×10^4 Pa.

2.17 $k_B T$.

2.18 1960.4 m.

2.19 3741.37 J, 2494.25 J.

2.20 均为 6232.5 J，各为 3116.25 J 和 222.6 J.

2.21 25%.

2.22 3750 J.

2.23 5.89 J/(g·K).

2.24 平均动能相同,方均根速率之比为

$$\frac{1}{\sqrt{M_{Hg}}} : \frac{1}{\sqrt{M_{Ne}}} : \frac{1}{\sqrt{M_{He}}}.$$

2.25 $e^{-10^{13}}$.

第 3 章

3.1 略.

3.2 $\omega_0 e^{-\frac{\pi R^2 \eta}{mh}t}$.

3.3 0.20 K.

3.4 略.

3.5 略.

3.6 (1) -1.026 kg·m^{-4}；

(2) $(1.191+9.364 \times 10^{-8}) \times 10^{23}$ s^{-1}，

$(1.191-9.364 \times 10^{-8}) \times 10^{23}$ s^{-1}；

(3) 7.0×10^{-10} kg·s^{-1}.

3.7 略.

3.8 3.11×10^{-5} s.

3.9 3.1×10^{-2} Pa.

3.10 (1) 10 cm;　　(2) 60.65 μA.

3.11 (1) 2.64×10^{-7} m;　　(2) 8.9×10^{-11} m.

3.12 $n = 3.22 \times 10^{17}$ m^{-3},　$\bar{\lambda} = 7.77$ m,　$\bar{Z} = 60.2$ s^{-1}.

3.13 1.34×10^{-7} m.

3.14 2.74×10^{-10} m.

3.15 (1) 5.2×10^{4} Pa;　　(2) 3.8×10^{6}.

3.16 $2, \sqrt{2}, \sqrt{2}, 2\sqrt{2}$.

3.17 nmv^2(因卫星速率比声速大得多,故假定卫星运行在静止的粒子云之中).

3.18 1.19×10^{-23} J/K.

第 4 章

4.1 (1) $\dfrac{1}{2}k_1(V_2^2 - V_2^2)$;　　(2) 0;　　(3) $\dfrac{\nu R}{k_3}(V_2 - V_1)$.

4.2 (1) $\Delta U = 623.25$ J, $Q = 623.25$ J, $W = 0$ J;

　　(2) $\Delta U = 623.25$ J, $Q = 1038.75$ J, $W = -415.5$ J;

　　(3) $\Delta U = 623.25$ J, $Q = 0$ J, $W = 623.25$ J.

4.3 $Q_{吸} = n\left[a(T_2 - T_1) + \dfrac{b}{2}(T_2^2 - T_1^2) + C\left(\dfrac{1}{T_2} - \dfrac{1}{T_1}\right)\right]$.

4.4 $Q_1 = 16RT_0\ln 2$, $Q_2 = 4RT_0\ln 2$, $Q_1 \neq Q_2$,其中 T_0 为标准状况的温度.

4.5 (1) $H = cT + bp^2 + pV_0$;

　　(2) $C_{p,m} = c$, $C_{V,m} = c - \dfrac{(V - V_0)a}{b} + \dfrac{2a^2}{b}T$.

4.6 略.

4.7 343.7 m/s.

4.8 76.0 J.

4.9 利用相对论性模型,假设为绝热膨胀,697 m.

4. 10　略.

4. 11　略.

4. 12　利用相对论性模型, $RT=$ 常量.

4. 13　略.

4. 14　略.

4. 15　(1) $n=1.2$；　　　(2) $\Delta U=-62.5$ J；

　　　　(3) $W'=125$ J；　　(4) $Q=62.5$ J.

4. 16　(1) 略；　　(2) 200.0 J；　　(3) 9.3%.

4. 17　(1) 提高 93.3 K；　　(2) 降低 46.6 K.

4. 18　(1) 70%；　　(2) 1.02×10^8 J；　　(3) 1.24 K.

4. 19　(1) $0.395p_1V_1$；　　(2) 11.3%；　　(3) 62%.

4. 20　略.

4. 21　82.84%.

4. 22　$\dfrac{Q_2}{W}=\dfrac{T_2}{T_1-T_2}$.

4. 23　略.

4. 24　0.202 kg.

4. 25　$\eta=1-\left(\dfrac{V_2}{V_1}\right)^{\gamma-1}$.

4. 26　$\eta=1-\dfrac{1}{\gamma}\left(\dfrac{V_2}{V_1}\right)^{\gamma-1}\dfrac{\left(\dfrac{V_3}{V_2}\right)^{\gamma}-1}{\left(\dfrac{V_3}{V_2}\right)-1}$.

4. 27　略.

4. 28　0.422 元.

第 5 章

5. 1　理论上不违反.

5. 2　否.

5. 3　(1) 不变；　　(2) 可逆,不变.

5. 4　(1) 升高,增加；　　(2) 不可逆.

5. 5　略.

5.6 略.

5.7 $0.03R$.

5.8 $mC_p \ln \dfrac{(T_1+T_2)^2}{4T_1T_2}$.

5.9 -8.23×10^3 J/K.

5.10 -16 J/K.

5.11 278.1 J/K.

5.12 (a) (1) 0; (2) 8.33 J/K;

(b) (1) 5.79 J/K; (2) 5.79 J/K.

5.13 3.48×10^{-3} J/K.

5.14 9.57 J/(K·s).

5.15 略.

5.16 $\Delta S = C_{p,m} \ln \dfrac{T_2}{T_1} + C_{V,m} \ln \dfrac{T_3}{T_2}$.

5.17 (1) $R\ln 2$; (2) $R\ln 2$; (3) $R\ln 2$.

5.18 41 J/(K·s).

5.19 (1) 1556 J/K; (2) 1658 J/K.

5.20 略.

5.21 $W_{\max} = C_{p1}T_1 + C_{p2}T_2 - (C_{p1}+C_{p2}) T_1^{\frac{C_{p1}}{C_{p1}+C_{p2}}} T_2^{\frac{C_{p2}}{C_{p1}+C_{p2}}}$.

5.22 略.

5.23 略.

5.24 图略, $\eta = 1 - \dfrac{T_2}{T_1}$.

第 6 章

6.1 -1.35×10^7 Pa/K.

6.2 2.764×10^{-4} K/Pa.

6.3 4.1×10^8 N/m^2.

6.4 92.6 J/mol.

6.5 65 033 J/mol.

6.6 2.45×10^6 J/kg.

6.7 (1) $T_{tr} = 195.2$ K, $p_{tr} = 4.52 \times 10^6$ Pa.

(2) $l_{汽} = 1.497 \times 10^6$ J/kg,

$l_{升} = 1.835 \times 10^6$ J/kg,

$l_{熔} = 3.38 \times 10^5$ J/kg.

6.8 (1) $\left(\dfrac{\mathrm{d}p}{\mathrm{d}T}\right)_{sub} = \left(\dfrac{\mathrm{d}p}{\mathrm{d}T}\right)_{sv} + \dfrac{\mu p_{tr}}{RT_{tr}}\left[\left(\dfrac{\mathrm{d}p}{\mathrm{d}T}\right)_{sol} - \left(\dfrac{\mathrm{d}p}{\mathrm{d}T}\right)_{sv}\right]\left(\dfrac{1}{\rho_l} - \dfrac{1}{\rho_s}\right);$

(2) 略.

6.9 (1) 1.25×10^{-5} m/s; (2) 20 min.

6.10 (1) $\Delta U = M\left[l - \left(\dfrac{p_1}{\rho_2} - \dfrac{p_1}{\rho_1}\right)\right];$ (2) $\Delta S = M \cdot l/T.$

主要参考书目

1. 李椿，章立源，钱尚武. 热学. 北京：高等教育出版社，1986.
2. 包科达. 普通物理学·热学. 北京：北京大学出版社，1990.
3. 赵凯华，罗蔚茵. 新概念物理教程·热学. 北京：高等教育出版社，1998.
4. 秦允豪. 热学. 南京：南京大学出版社，1990.
5. 李洪芳. 普通物理学教程丛书·热学. 上海：复旦大学出版社，1994.
6. 王竹溪. 热力学简程. 北京：人民教育出版社，1964.
7. 王竹溪. 统计物理学导论. 北京：人民教育出版社，1956.
8. 汪志诚. 热力学·统计物理. 北京：高等教育出版社，1993.
9. 于渌，郝柏林. 相变和临界现象. 北京：科学出版社，1984.
10. 李如生. 非平衡态热力学与耗散结构. 北京：清华大学出版社，1986.
11. 冯端，冯步云. 熵. 北京：科学出版社，1992.
12. Reichl L E. A Modern Course in Statistical Physics. University of Texas，1980.
13. Zemansky M W，Dittman R H. Heat and Thermodynamics. 6th Edition，McGraw-Hill Book Company，1981.
14. Resnick R，Halliday D and Krane K S. Physics. 4th Edition，John Wiley & Sons，Inc.，1992.